高速铁路施工技术
（路基工程分册）

中铁二局股份有限公司　卿三惠　等　编著

中国铁道出版社有限公司

2020年·北　京

内 容 简 介

《高速铁路施工技术》系列丛书，分为《概论分册》、《路基工程分册》、《桥梁工程分册》、《隧道工程分册》、《轨道工程分册》、《"四电"工程分册》、《施工测量分册》、《工程试验与检测分册》8个分册出版。

《高速铁路施工技术(路基工程分册)》主要介绍高速铁路路基的结构构造、技术标准及施工技术，重点突出地基处理、路堤填筑、路堑开挖、路基过渡段、路基支挡结构、路基边坡防护、路基防排水、路基堆载预压、路基沉降观测与评估等的施工工艺、质量检测及控制标准等。

该书理论联系实际，论述深入浅出，内容系统完整，可作为铁路施工企业员工的技术培训教材，也可供高速铁路施工、设计、科研人员及大专院校土木工程专业的师生学习和参考。

图书在版编目(CIP)数据

高速铁路施工技术·路基工程分册/中铁二局股份有限公司，卿三惠等编著.—北京：中国铁道出版社，2013.11(2020.1重印)

ISBN 978-7-113-17383-8

Ⅰ.①高… Ⅱ.①中… ②卿… Ⅲ.①高速铁路—铁路施工②高速铁路—路基工程—工程施工 Ⅳ.①U238

中国版本图书馆CIP数据核字(2013)第232470号

书　　名：高速铁路施工技术(路基工程分册)
作　　者：中铁二局股份有限公司　卿三惠　等

责任编辑：冯海燕　　电话：010-51873371　　电子信箱：bjbfhy@126.com
封面设计：崔丽芳
责任校对：焦桂荣
责任印制：郭向伟

出版发行：中国铁道出版社有限公司(100054，北京市西城区右安门西街8号)
网　　址：http://www.tdpress.com
印　　刷：三河市燕山印刷有限公司
版　　次：2013年11月第1版　　2020年1月第3次印刷
开　　本：787 mm×1 092 mm　1/16　印张：13.25　字数：328千
书　　号：ISBN 978-7-113-17383-8
定　　价：34.00元

主 编 简 介

卿三惠，男，1956年生，贵州省息烽县人，工学博士，教授级高级工程师，国家注册土木工程师。1982年～2006年在中铁二院工程集团有限公司从事铁路工程勘察设计25年（其间任院副总工程师8年），2006年至今任中铁二局股份有限公司总工程师。历经南防、南昆、黎湛、株六、水柏、黔桂、渝怀、遂渝、达成、大丽、玉蒙、滇藏、京津、京沪、武广、广珠等新（改）建铁路的前期研究、勘察设计及施工实践，长期致力于工程勘察设计技术与结合工程的科学试验研究，多项成果获国家、省（部）级奖励，为铁路的事业技术进步作出了积极的贡献。

勘察设计：《水柏铁路北盘江大桥工程地质勘察》获铁道部工程勘察一等奖及国家银奖；《渝怀铁路圆梁山隧道工程地质勘察》、《黔桂铁路工程地质勘察》、《高烈度地震区铁路工程地质与环境地质综合选线》获省（部）工程勘察一等奖；《水柏铁路选线设计》、《时速200公里遂渝铁路路基工程设计》分获省（部）工程设计一、二等奖。

科技研究：《京津时速350公里铁路线路工程技术及应用》获铁道部科学技术特等奖；《时速350 km高速铁路CRTSⅡ型板式无砟轨道施工技术及关键设备研究》、《海底隧道钻爆法施工关键技术》、《富水砂卵石地层土压平衡盾构施工关键技术》、《大跨径曲线梁非对称外倾式钢箱拱桥施工关键技术》获省（部）科技进步一等奖；《客运专线独塔斜拉连续刚构组合桥施工关键技术》、《客运专线无砟轨道制造与施工成套设备及工艺研究》、《遂渝铁路一次铺设跨区间无缝线路轨道关键技术试验研究》、《超深埋大断面隧道群施工关键技术》、《特殊环境修建复杂洞室群地铁车站整体洞桩法施工关键技术》获省（部）科技进步二等奖；《红层软岩地区建造时速200公里客货共线铁路路基关键技术》、《超浅埋地铁大断面长距离水平冻结施工技术》、《高压富水地层超深埋特长隧道施工技术》、《城市地下互通立交隧道群施工技术》、《高瓦斯特长隧道建设关键技术》获省（部）科技进步三等奖。

学术成就：公开发表科技论文30余篇，对山区铁路选线设计、工程地质及水文地质勘察、岩溶和软弱地基处理、滑坡或边坡工程治理、复杂地质隧道灾害防治、高速铁路设计与施工、路基填料试验等技术问题进行了有益的研究和探索；主编出版《西南铁路工程地质研究与实践》、《土木工程施工工艺》（包括路基路面、桥梁、隧道及地铁、铺架与“四电”、房建五个分册)、《高速铁路隧道工程施工技术指南》、《铁路隧道施工安全技术规程》、《工程项目管理标准化手册》,参编出版《铁路路基填筑连续压实控制技术规程》、《铁路混凝土支架法现浇施工技术规程》、《CRTSⅡ型板式无砟轨道施工质量验收标准》、《高速铁路地基处理手册》、《铁路工程声屏障施工技术指南》等技术专著、规范、标准、手册;研发国家级工法5项、省(部)级工法10项;获国家授权发明专利12项、实用新型专利5项。

社会荣誉:2000年以来,先后荣获“全国铁路火车头奖章”、“四川省工程勘察大师”、“四川省学术和技术带头人”、中建协和中施协“全国技术创新先进个人”、中国中铁总公司“突出贡献中青年专家”和“十一五科技创新标兵”等社会荣誉。

《高速铁路施工技术》系列丛书编委会

序

高速铁路是当今世界的一项重大技术成就，它集中反映了一个国家铁路线路结构、列车牵引动力、高速运行控制、高速运输组织和经营管理等方面的技术进步，也体现了一个国家的科技和工业水平。高速铁路是社会经济发展的必然产物，有利于促进国家或地区间城市一体化发展进程，在经济发达、人口密集的地区经济和社会效益非常显著。高速铁路以其速度快、安全性好、正点率高、全天候运行、舒适方便、输送能力大、能耗低、污染轻等一系列技术优势，已成为世界许多国家和地区旅客运输发展的共同趋势。

20 世纪 60 年代以来，高速铁路在日本、德国、法国、意大利、西班牙、韩国等发达国家蓬勃兴起。截止 2012 年底，全世界高速铁路运营里程总长 24 000 km，分布在 20 个国家和地区。列车的最高试验速度从 1964 年 10 月世界上第一条高速铁路日本东海道新干线达到 210 km/h 后也在不断被刷新。1981 年 2 月法国 TGV 达 380 km/h；1988 年 5 月德国 ICE 最高试验速度达 406.9 km/h；1990 年 5 月 18 日法国 TGV-A 型高速列车最高试验速度达 515.3 km/h；2007 年 4 月 3 日法国 TGV-V150 超高速列车最高试验速度达 574.8 km/h，创造了有轨列车瞬间最高试验速度的世界纪录。这些瞬间高速（最高试验速度）说明轮轨技术是可以高速的，但不能真正运行。我国高速铁路建设过程中，从安全、可靠、适用、经济四个指标进行研究的结果表明，决定高速铁路运营速度的路基、桥梁、隧道和线路结构应按 350 km/h 的标准建设和配置机车，验收速度应按额定速度的 110%验收；从经济运营角度分析，根据空气动力学试验，250 km/h 是高速铁路的经济速度。因此，我国城际铁路一般按该速度进行建设。

20 世纪 90 年代以来，中国政府致力发展高速铁路，开展大规模的高速铁路试验研究。大体经历三个历史进程：

1997 年～2007 年，实施既有线改造和六次大提速。通过既有线改造和六次大提速，掌握了 200～250 km/h 高速铁路修建技术，使全国旅客列车最高运行速度从 120 km/h 以下提高到 200 km/h 以上的既有线路营业里程达到 6 003 km。

1999 年～2007 年，新建 160～200 km/h 试验线。1999 年 8 月开工建设秦沈客运专线，2002 年 11 月 27 日"中华之星"列车在该线上试验最高速度 321.5 km/h，2003 年 10 月 12 日按200 km/h开通运营；2002 年 11 月开工建设客货共线遂渝铁路，2005 年 5 月"长白山"列车在该线上试验最高速度 234 km/h，2006 年 4 月 1 日按 200 km/h 开通运营。2007 年 4 月 18 日，新建广深铁路三、四线采用"和谐号"动车组按 200 km/h 开通运营，成为我国第一条客货分线，实现完全公交化的城际客运专线。

2004 年以来，全面新建 250 km/h 和 350 km/h 高速客运专线。2004 年 1 月

国务院发布《中长期铁路网规划》,并于2008年进行调整,确定了“到2020年建设高速客运专线16 000 km以上”的发展目标。从此,中国铁路拉开了以“四纵四横”客运专线和城际快速客运系统为重点的大规模高速铁路建设序幕。2005年6月开工建设中国第一条250 km/h客货共线铁路合宁铁路,2008年4月按200~220 km/h开通运营;2005年7月4日开工建设中国第一条350 km/h的京津城际高速铁路,2008年6月24日和谐号动车组在该线上最高试验速度394.3 km/h,2008年8月按300 km/h开通运营;2011年1月中国CRH380BL型和谐号动车组在350 km/h的京沪高速铁路线上创造了中国铁路无砟轨道列车的最高试验速度487.3 km/h,2011年6月按300 km/h开通运营,标志着中国高速铁路技术已步入国际先进水平。其中长距离、温差大、无缝轨道技术处于世界领先水平。

截止2012年底,中国已建成高速铁路运营里程9 356 km,在建高速铁路长度达12 700 km,居世界第一。

中国铁路按照“安全、可靠、适用、经济、先进”的技术方针,通过原始创新、集成创新和引进消化吸收再创新,在工程建设、高速列车研制、列车运行控制、系统集成、运营维护、客运服务等技术领域实现了重大突破,形成具有自主知识产权的高速铁路技术标准体系,全面掌握了高速铁路设计、施工、运营、维修等关键技术,实现了具有世界先进水平的客运动车组、施工装备的国产化。目前,中国已成为世界上高速铁路发展最快、运营里程最长、运营速度最高、在建规模最大、系统技术最全、集成能力最强的国家。

为总结高速铁路的建设经验,中铁二局股份有限公司组织国内铁路技术专家及工程技术人员,在全面系统地总结我国高速铁路试验研究及建设实践的基础上,广泛吸收世界高速铁路建设的先进技术,精心编著完成的具有中国特色的《高速铁路施工技术》系列丛书,终于出版了。

该丛书理论联系实际,论述深入浅出,内容系统完整,图文并茂,展现了当今高速铁路施工的最新技术及应用前景,具有较高的理论和实用价值,可以引领我国的高速铁路建设。

借本丛书出版之际,谨以此序向多年来为我国高速铁路建设作出突出贡献的广大科技人员,以及为本丛书的出版付出辛勤劳动的各位编审人员表示感谢。

我将本丛书推荐给从事高速铁路设计、施工、科研、教学等工作的人员和广大非专业读者。相信本丛书的出版,将有助于推动我国高速铁路施工技术的不断进步,实现国富民强之本。

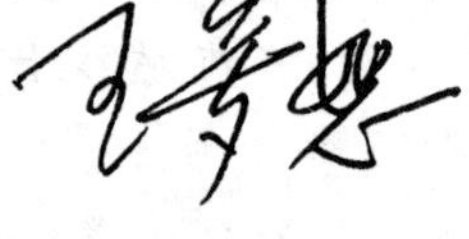

中国工程院院士

2013年5月

前　　言

2004年1月，国务院发布《中长期铁路网规划》，并于2008年进行调整，确定了"到2020年建设客运专线16 000 km以上"的发展目标。从此，中国铁路拉开了以"四纵四横"客运专线和城际快速客运系统为重点的大规模高速铁路建设序幕。截止2012年底，中国已建成高速铁路运营里程9 356 km，在建高速铁路12 700 km，成为世界上高速铁路发展最快、运营里程最长、运营速度最高、在建规模最大、系统技术最全、集成能力最强的国家。

为总结我国高速铁路的建设经验，中铁二局股份有限公司组织国内铁路技术专家及工程技术人员，在全面系统总结我国高速铁路试验研究及建设实践经验的基础上，广泛吸收国外先进技术，精心编著而成《高速铁路施工技术》系列丛书。

全套丛书包括《概论分册》、《路基工程分册》、《桥梁工程分册》、《隧道工程分册》、《轨道工程分册》、《"四电"工程分册》、《施工测量分册》、《工程试验与检测分册》共8个分册。

1.《概论分册》，主要介绍高速铁路的概念、作用、技术经济优势、主要技术特征；高速铁路基础设施(线路、路基、桥梁、隧道、轨道)的特点；国内外高速铁路的成就与发展趋势，重点突出我国高速铁路的技术创新成果及应用前景；高速铁路的系统集成、技术体系和技术标准体系等内容。

2.《路基工程分册》，主要介绍高速铁路路基的结构构造、技术标准及施工技术，重点突出地基处理、路堤填筑、路堑开挖、路基过渡段、路基支挡结构、路基边坡防护、路基防排水、路基堆载预压、路基沉降观测与评估等的施工工艺、质量检测及控制标准等内容。

3.《桥梁工程分册》，主要介绍高速铁路桥梁的结构构造、技术标准及施工技术。重点突出桥梁基础与墩台、预应力混凝土简支梁、连续梁、结合梁以及拱桥、斜拉桥、组合桥等桥式结构；钻孔灌注桩、钢围堰、预应力混凝土简支梁预制与架设、节段预制拼装、连续梁悬臂施工、原位支架法及移动模架施工、转体施工、无支架缆索吊装施工、大跨度桥梁施工监控、桥梁支座、桥面附属工程等的施工工艺、质量检测及控制标准等内容。

4.《隧道工程分册》，主要介绍高速铁路隧道的结构构造、技术标准及施工技术。重点突出隧道洞口工程、开挖与支护、二次衬砌、防排水、附属构筑物、辅助坑道，施工通风与防尘、超前地质预报、施工监控量测，不良地质与特殊岩土隧道、明挖隧道、TBM 隧道、盾构隧道等的施工方法、施工工艺、质量检测及控制标准等内容。

5.《轨道工程分册》，主要介绍高速铁路轨道的结构构造及轨道的制造、运输、铺设、精调施工技术、质量检测与控制标准等内容。轨道结构的界面限定为路基基床表层以上、桥梁桥面混凝土保护层以上、隧道仰拱混凝土层以上的工程实体。重点突出 CRTSⅠ型、CRTSⅡ型双块式无砟轨道，CRTSⅠ型、CRTSⅡ型、CRTSⅢ型板式无砟轨道，板式无砟道岔、长枕埋入式无砟道岔施工技术；有砟轨道及道岔施工技术；无缝线路施工技术；轨道施工组织方案等。

6.《"四电"工程分册》，主要介绍高速铁路"四电"系统集成的概念、程序、内容、模式、主要原则和措施、接口管理、RAMS 管理、EMC 技术管理、风险管理、系统兼容性和匹配性、集成试验和环境保护方案；重点突出高速铁路通信、信号、牵引供电系统施工技术及电力系统供电技术，包括系统构成、关键施工技术、质量控制要点与相关接口施工、试验与检测技术等。

7.《施工测量分册》，主要介绍高速铁路施工测量体系；精密测量控制网施工复测与加密测量；路基、桥梁、隧道工程施工控制测量及竣工测量；施工期间建筑物变形监测；轨道控制网测量、各类轨道板铺设施工测量、工程竣工测量；测量仪器设备配置的基本要求等。重点突出各工序环节的测量内容、方法、技术要点及质量检验、控制标准等内容。

8.《工程试验与检测分册》，主要介绍高速铁路试验与检测的主要技术标准及施工中混凝土、路基、桥梁、隧道、无砟轨道、无缝线路的试验检测技术，重点突出高速铁路区别于普通铁路对原材料的特殊技术要求与相应的试验检测方法，以及混凝土、无缝钢轨等结构实体的试验检测等内容。

本丛书理论联系实际，内容系统完整，工程实例丰富，展现了当今高速铁路施工的最新技术及推广应用前景，可作为铁路施工企业员工的技术培训教材，也可供高速铁路设计、施工、科研人员及大专院校土木工程专业师生学习和参考。

本丛书编撰过程中，引用了大量的参考文献资料，特向原作者个人和单位表示感谢。由于编者水平所限，书中难免存在疏漏和不足之处，恳请读者批评指正，以便不断完善。

中铁二局总经理 [签名]

2013 年 5 月于成都

目　　录

1 概 述

在我国高速铁路的建设实践中，广大科技人员结合我国地域广阔、地质条件复杂的实际情况，对高速铁路路基的设计、施工进行了长期大量的研究。

自 1999 年开工建设秦沈客运专线以来，对高速铁路路基的研究与认识达到了一个新的水平，在我国提出了路基分层结构的概念，如基床表层、基床底层、基床以下路堤、路基过渡段等。

秦沈客运专线首次强调路基也是结构工程，第一次将路基放到与桥梁和隧道结构同等重要的位置来认识和对待，是我国铁路建设史上对路基认识的飞跃。

随着我国迈入建设 250～350 km/h 高速铁路时代的到来，路基的沉降与控制、路基结构的动力响应等，更是引起了科研、设计、施工等各个方面的高度关注，纷纷进行大量的试验和研究，随之高速铁路路基施工标准也发生了较大的变化。例如我国路基本体填料的最大粒径由原来的 150 mm 减至 75 mm，显著提高了路基的建设质量，使得我国铁路的路基更能适应铁路高速化的需要，这是我国路基施工标准的一次革命。

高速铁路路基的边坡加固与防护，也一改过去混凝土或浆砌片石护坡的老面孔，而是大量采用生态环保的绿色植物防护和新型防护结构，使得铁路与周围的环境更加和谐。

我国铁路路基的建设，已经由过去的“填料粗放控制、轻型设备压实、沉降任由它去、平整度大致可以”的传统施工理念，转变成“工艺性试验、认真分层填筑、沉降严格控制、专业平地机平整、重型设备压实”的新施工理念。从而推动了我国高速铁路路基施工技术的进步。

2 高速铁路路基结构与构造

2.1 高速铁路路堤标准断面

按照道床结构的不同,高速铁路路堤标准横断面如图 2-1～图 2-4 所示。

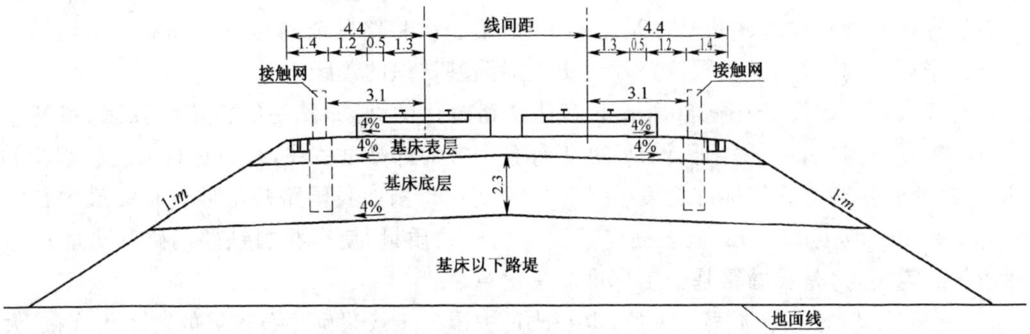

图 2-1 双线无砟轨道路堤标准横断面图(单位:m)

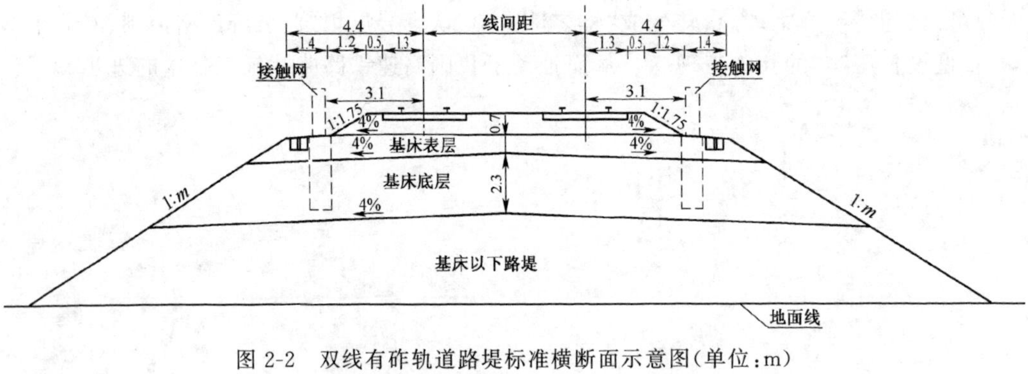

图 2-2 双线有砟轨道路堤标准横断面示意图(单位:m)

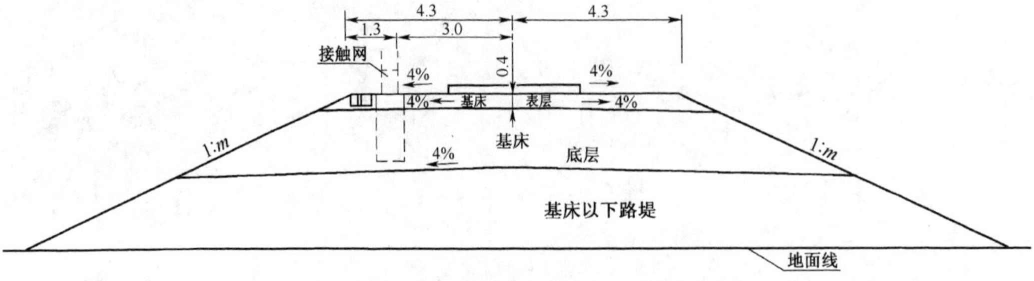

图 2-3 单线无砟轨道路堤标准横断面示意图(单位:m)

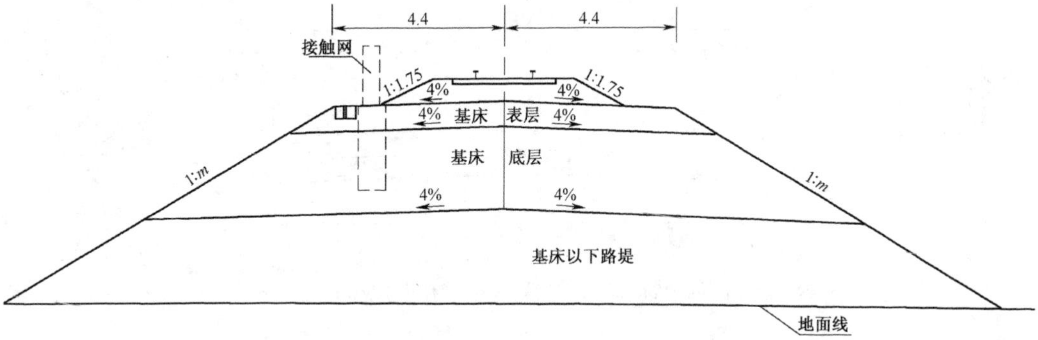

图 2-4 单线有砟轨道路堤标准横断面示意图(单位:m)

2.2 高速铁路路堑标准断面

按照道床的结构和堑底地质的不同,高速铁路路堑标准横断面如图 2-5～图 2-8 所示。

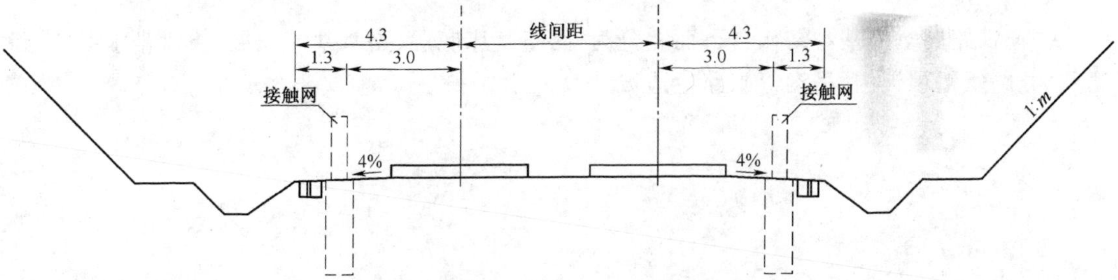

图 2-5 双线无砟轨道硬质岩路堑标准横断面示意图(单位:m)

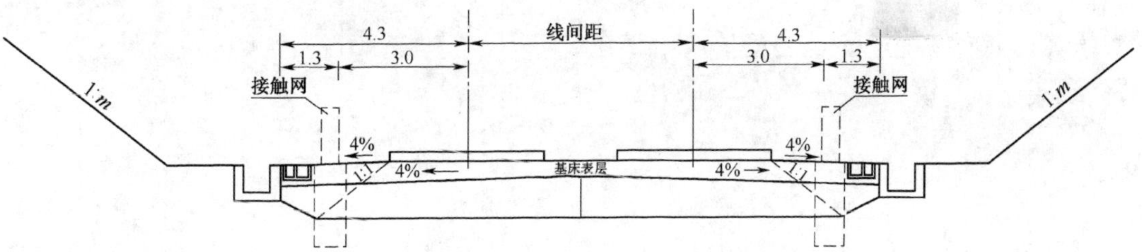

图 2-6 双线无砟轨道非硬质岩路堑标准横断面示意图(单位:m)

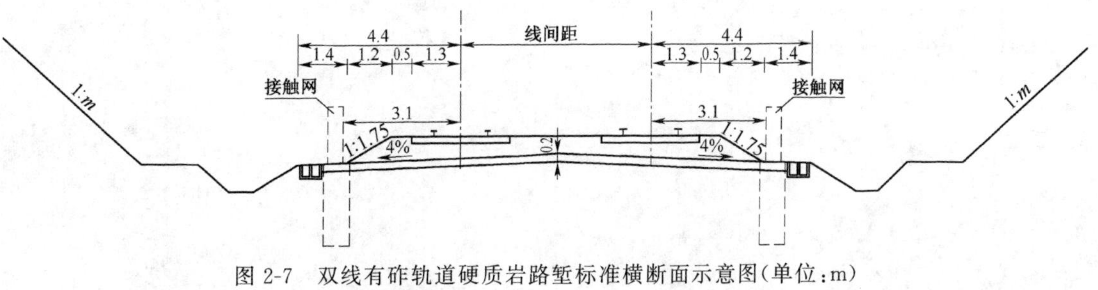

图 2-7 双线有砟轨道硬质岩路堑标准横断面示意图(单位:m)

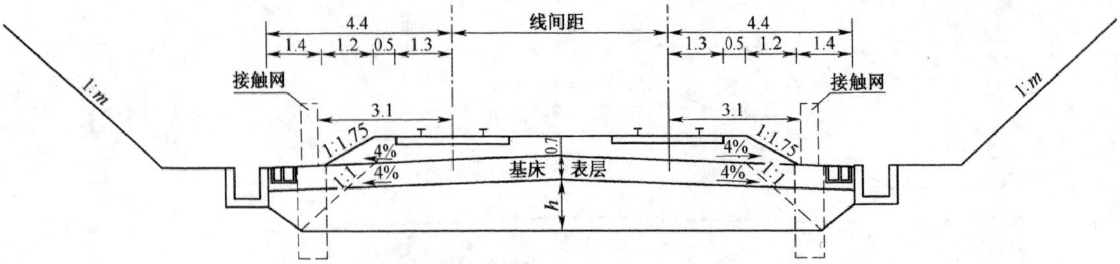

图 2-8 双线有砟轨道非硬质岩路堑标准横断面示意图(单位:m)

2.3 高速铁路路堤的分层结构

高速铁路路堤自下而上的分层结构为:基床以下路堤、基床底层、基床表层。

2.4 高速铁路路堑的基本结构

高速铁路路堑的基本结构自下而上分为:路堑基床底层、路堑基床表层、路堑排水系统(路堑侧沟、路堑堑顶天沟、吊沟等)、路堑边坡。

3 高速铁路路基技术标准

3.1 填料技术标准

3.1.1 基本技术标准

(1)路堤填筑前应对设计选定料场的路基填料进行取样试验,缺少符合设计要求的普通填料时,应根据当地资源情况设置填料生产场,对不符合要求的填料进行改良。

(2)填料生产场应根据需要配备相应的破碎、筛分设备,有改良要求的填料生产场应配备相应的填料制备和拌和系统。

(3)设计料场的质量或数量不能完全满足要求时,应重新选择料场,并按建设管理程序报相关单位。

(4)路堤填筑材料的使用、运输、存放应符合下列规定。

1)基床表层和过渡段填筑应选用级配碎石,基床表层以下路基部位填筑可选用普通填料或改良土。

2)普通填料应级配良好。基床底层填料的最大粒径应小于 60 mm,基床底层以下路堤填料的粒径应小于 75 mm。

3)石灰、水泥等化学改良土外掺料的运输、使用应有保护环境的措施,外掺料应分类堆放,与原地面架空隔离,并有防风、防雨设施,防止材料受潮、变质。

(5)改良土填料生产应符合下列规定。

1)改良土填料生产应选择先进的设备和工艺,满足拌和施工质量要求和环境保护要求,条件具备时应优先选择场拌。

2)填料生产过程中应定期检查筛网有无破损或筛孔尺寸是否超出限值。

3)化学改良土外掺料应与原土料拌和均匀,色泽一致,无灰团、灰条和花面现象。

(6)不同填料在正式填筑前均应进行现场填筑压实工艺试验,取得的试验参数及成果应报监理单位确认。

3.1.2 普通填料标准

(1)普通填料的质量应满足设计要求,正线路基普通填料还应符合下列规定。

1)用于寒冷地区路基冻结影响范围的填料,设计无要求时,砾石类土的细粒含量不应大于 15%,砂类土的细粒含量不应大于 5%。

2)用于浸水路堤的填料,细粒含量应小于 10%。

(2)普通填料出场前应进行最大干密度试验。

(3)普通填料出场时的含水率应在工艺试验确定的范围内。

3.1.3 改良土填料标准

(1)化学改良土的原土料质量应符合设计及下列规定。

1)用石灰改良的原土料,有机质含量不宜大于5%,硫酸盐含量不应大于0.8%。

2)用水泥改良的原土料,有机质含量不宜大于2%,硫酸盐含量不应大于0.25%。

(2)化学改良土的外掺料质量应满足设计要求,并应符合下列规定。

1)外掺料为水泥时,水泥宜采用普通硅酸盐水泥或矿渣硅酸盐水泥,强度等级为42.5级或32.5级,初凝时间不宜小于3.0 h,终凝时间不宜小于6 h,安定性和强度指标应符合现行《通用硅酸盐水泥》(GB 175—2007/XG 1—2009)的要求。不得使用快硬水泥、早强水泥。

2)外掺料为石灰时,宜采用一等建筑钙质生石灰粉或合格建筑钙质生石灰,其石灰的(CaO+MgO)含量不应小于80%,CO_2 含量不应大于9%,生石灰粉0.90 mm筛的筛余不应大于0.5%、0.125 mm筛的筛余率不应大于12%,建筑钙质生石灰未消化残渣含量(5 mm圆孔筛余)不应大于15%。

3)外掺料为粉煤灰或同类外掺料时,矿物成分($SiO_2+Al_2O_3+Fe_2O_3$)含量不宜小于70%,0.045 mm方孔筛的筛余率不应大于25%,三氧化硫(SO_3)含量不应大于3%、烧失量不应大于8%。

4)化学改良土外掺料剂量允许偏差为试验配合比的外掺料剂量−0.5%~+1.0%。

(3)化学改良土使用前应进行配合比和无侧限抗压强度验证试验,并应符合下列要求。

1)基床以下部位按设计推荐配合比配制的化学改良土7 d饱和无侧限抗压强度不应小于250 kPa。

2)基床底层按设计推荐配合比配制的化学改良土7 d饱和无侧限抗压强度不应小于350 kPa,寒冷地区路基冻结影响范围的基床底层化学改良土7 d饱和无侧限抗压强度不应小于550 kPa。

(4)物理改良土使用前应进行配合比试验,混合料质量应符合相关质量规定。

(5)改良土混合料拌制前,应检查配料计量系统的工作状态,测定原土料和混合料的含水率,并根据测试结果和环境条件及时调整施工配合比,改良土混合料出场时的含水率宜在工艺试验确定的范围内。

(6)化学改良土外掺料剂量允许偏差为试验配合比的外掺料剂量−0.5%~+1.0%。

(7)化学改良土混合料中应不含有未消解石灰颗粒,路拌法改良土混合料中应不含有素土团或素土层。

(8)改良土出场前应进行最大干密度试验。

3.1.4 级配碎石填料标准

(1)生产级配碎石用原材料质量应满足设计要求,并应符合下列规定。

1)粒径大于1.7 mm颗粒的洛杉矶磨耗率应不大于30%,硫酸钠溶液浸泡损失率应不大于6%。

2)粒径小于0.5 mm的细颗粒的液限应不大于25%,塑性指数应小于6。

(2)基床表层级配碎石应符合设计及下列规定。

1)级配碎石材料由开山块石、天然卵石或砂砾石经破碎筛选而成。

2)级配碎石颗粒级配应符合表 3-1 的要求,不均匀系数 C_u 不得小于 15;0.02 mm 以下颗粒质量百分率不应大于 3%;大于 22.4 mm 的粗颗粒中带有破碎面的颗粒所占的质量百分率不应小于 30%;不得含有黏土及其他杂质。

表 3-1　基床表层级配碎石粒径级配要求

方孔筛边长(mm)	0.1	0.5	1.7	7.1	22.4	31.5	45
过筛质量百分率(%)	0～11(5)	7～32	13～46	41～75	67～91	82～100	100

注:括号内数字适用于寒冷地区铁路。

(3)过渡段级配碎石应按《高速铁路路基工程施工质量验收标准》(TB 10751—2010)要求选用,并应符合设计及下列规定。

1)碎石颗粒中针状和片状碎石含量不大于 20%。

2)质软和易破碎的碎石含量不应超过 10%。

3)过渡段用级配碎石的级配范围应符合表 3-2 的要求。

(4)级配碎石混合料拌制前,应检查配料计量系统的工作状态,测定各种集料的含水率,根据测试结果和环境条件及时调整施工配合比,级配碎石混合料出场时的含水率宜在工艺试验确定的范围内。

(5)级配碎石出场前应进行最大干密度试验。

(6)过渡段级配碎石中掺入水泥的品种、规格及质量检验与化学改良土外掺料的质量要求一致。

(7)过渡段级配碎石中水泥掺加剂量允许偏差为试验配合比的 0～+1.0%。

表 3-2　过渡段用碎石级配范围要求

级配编号	通过筛孔(mm),质量百分率(%)									
	50	40	30	25	20	10	5	2.5	0.5	0.075
1	100	95～100	—	—	60～90	—	30～65	20～50	10～30	2～10
2	—	100	95～100	—	60～90	—	30～65	20～50	10～30	2～10
3	—	—	100	95～100	—	50～80	30～65	20～50	10～30	2～10

3.2　填筑技术要求

3.2.1　基本填筑要求

(1)路堤必须严格按设计文件进行地基处理,并经检验满足设计要求后开始填筑。

(2)在进行大规模填筑前,应根据填料的类型、设备组合等在工程现场选取有代表性的地段作为试验段,进行摊铺填筑压实工艺性试验,确定施工工艺参数,并报监理单位确认后,方可进行施工。

(3)路堤填筑前应做好路基范围及两侧地面排水、防渗和地下水拦截、引排,地下水的出露位置和处理前、后的出水情况应有记录。填筑施工不得污染农田和周围环境。

(4)路堤填筑时应符合下列规定。

1)路堤填筑应按“三阶段、四区段、八流程”的施工工艺组织施工,每个施工区段的长度应根据使用机械的能力、数量确定,一般宜在 200 m 以上或以构筑物为界。各区段或流程内严禁多种作业交叉进行。

2)不同类别的填料应分别填筑,不得混填,每一摊铺层填料中的粗细料应摊铺均匀。

3)填筑时应横断面全宽、纵向分层填筑压实。当原地面高低不平时,应先从最低处分层填筑。

4)碾压时填料的含水率应控制在试验段所确定的施工允许含水率的范围内。

5)路基分段填筑时,纵向接头处应在已填筑压实基础上挖出硬质台阶,台阶宽度不宜小于 2 m,高度同填筑层厚度。

6)路堤雨季施工,每次作业收工前应将铺填的松土层摊铺压实完毕,且填筑的每一压实层面均做成向路基两侧 2%～4%的横向排水坡。严禁雨天进行非渗水土的填筑。

(5)加筋土路堤施工应符合下列规定。

1)土工合成材料运至工地后,应分批整齐堆放在料棚(库)内,防止阳光曝晒,并保持料棚(库)通风干燥。

2)铺设土工合成材料前应整平、压实下承层,其平整度、横坡及压实质量应符合相应部位的压实要求,表面不应有坚硬凸出物。

3)土工合成材料铺设时,一般情况下应将强度高的方向置于垂直于路堤的轴线方向(或按照设计要求的方向铺设),并必须拉紧、展平与下承层面密贴,不得褶皱、扭曲和损坏。

4)土工合成材料受力方向上的连接必须牢固,连接强度不得低于材料的设计容许抗拉强度。

5)土工合成材料多层铺设时,上下层接缝应按设计要求错开。

6)加筋土路堤填筑过程中严禁施工机械直接在土工合成材料上行走作业。

7)土工合成材料摊铺后应及时填筑填料,避免阳光长时间直接照射。

(6)软土、松软土地基上的路堤及预压土填筑。

1)软土和松软土地段路基施工组织应注意不同地基处理措施可能产生的差异沉降,并应保证必要的预压期。

2)采用排水固结地基处理措施时,应控制填筑速率,路堤中心线地面沉降速率大于每昼夜 10 mm、坡脚水平位移速率大于每昼夜 5 mm 时,应停止填筑,待昼夜变化值恢复到限值以内再进行填筑。

3)反压护道应与路基同步填筑,其填料、填筑压实方法、压实标准应符合路堤相应部位的规定。护道顶面应平顺并有向路基两侧的排水坡,边坡应顺直无凹陷。

(7)膨胀土地基上的路堤填筑应符合以下规定。

1)施工前应结合永久排水设施做好地表排水设施,路堤填筑施工过程中应保证路基施工范围内排水畅通。

2)膨胀土不应作为路基填料。

3)换填厚度应根据开挖后地基检测结果确定,且不得小于设计要求。

4)基底换填应与开挖紧密衔接。如有困难,应预留厚度不小于 50 cm 的人工清理层。

(8)黄土地区的路堤填筑,根据其填料种类及特点,施工前应结合永久排水设施做好地表排水设施,施工中路基范围黄土地基上不得浸水。

(9)盐渍土地基上的路堤填筑,应测定盐渍土含盐量,当盐渍土地基的含盐量大于规定值时，应铲除表层盐渍土，挖除厚度应根据开挖后地基检测结果确定，且不得小于设计要求，铲除宽度应包括护道，并应有自路基中线向两侧不小于2%的横向排水坡。

(10)浸水路堤施工应尽量选择在枯水季节进行。

3.2.2　改良土填筑要求

(1)改良土填筑前，应对改良土原材料、外掺料和混合料的出场检验资料进行核查。

(2)化学改良土混合料摊铺、拌和、整型及碾压应按照下列要求进行。

1)改良土填料应按工艺试验确定的填筑压实厚度分层填筑，具体的摊铺厚度及碾压遍数应按试验段确定的并经监理确认的参数进行控制。

2)化学改良土混合料中不应含有大于15 mm的土块和未消解石灰颗粒。

3)碾压时，各区段交接处应互相重叠压实，纵向搭接长度不得小于2 m，纵向行与行之间的轮迹重叠不小于40 cm，上下两层填筑接头应错开不小于3 m。

(3)化学改良土外掺料剂量允许偏差为试验配合比的外掺料剂量(以百分率表示)的－0.5%～＋1.0%。

(4)站场站线路基基床以下化学改良填筑的压实质量应符合设计和相关验收标准的要求。

(5)物理改良土压实质量检验应符合《高速铁路路基工程施工质量验收标准》(TB 10751—2010)的相关规定。

3.2.3　加筋土填筑要求

(1)加筋材料的种类、规格及质量应符合设计要求；且无老化，外观无破损，无污染。

(2)加筋材料的铺设位置、层数、方向及连接方法应符合设计要求。

(3)路堤填料的进场检验应根据填料种类按照普通填料和改良土填筑的要求进行。

(4)路堤填筑和基床以下加筋土路基施工质量检验应按照《高速铁路路基工程施工质量验收标准》(TB 10751—2010)有关标准执行。

3.2.4　基床填筑要求

1. 基床底层

(1)在进行大面积填筑前，应选取有代表性的地段作为试验段，进行摊铺压实工艺试验，确定施工工艺参数，并报监理单位确认。

(2)基床底层填筑材料的使用、运输、存放应符合路堤填筑材料的相关规定。

(3)基床底层填筑施工(含软土、松软土地基上填筑基床底层)时应符合基床以下路堤填筑的相关规定。

(4)路堑开挖至基床的换填底面高程时，开挖表面应平顺整齐，并按设计做成横向排水坡，基床表面以下不得扰动和泥化。

(5)基床底层填料的种类、质量应符合设计要求，填料的最大粒径应小于60 mm，普通填料、物理改良土填料、化学改良土填料的检验应符合《高速铁路路基工程施工质量验收标准》(TB 10751—2010)的各项相关规定。

(6)基床底层普通填料分层填筑应符合下列规定。

1)每一水平层的全宽应用同一种填料填筑。

2)不同填料每层的具体摊铺厚度及碾压遍数应按试验段工艺性试验确定,并经监理工程师确认的参数控制。

3)上下相接的压实层使用不同种类及不同颗粒条件的填料时,其粒径应符合标准的要求。当下部填土为化学改良土时,可不受此项规定限制。

(7)改良土混合料摊铺、拌和、整形、碾压的检验应符合相关标准的相关规定。

(8)化学改良土掺料剂量及混合料的检验应符合相关标准的相关规定。

(9)基床底层普通填料、物理改良土压实标准应根据填料类别采用地基系数 K_{30}、动态变形模量 E_{vd} 和压实系数 K 三项指标控制。化学改良土压实标准按要求采用压实系数 K 和 7 d 饱和无侧限抗压强度指标控制。

(10)路堑基床底层按设计要求采取翻挖回填、加强碾压夯实、换填、地基改良或加固措施时,分层压实质量及检验应符合《高速铁路路基工程施工质量验收标准》(TB 10751—2010)的规定。

(11)路堑基床底层按设计换填,换填深度及宽度应符合设计要求。

2. 级配碎石基床表层

(1)基床表层填筑前应按照《高速铁路路基工程施工质量验收标准》(TB 10751—2010)验收合格后方可进行基床表层填筑。

(2)在进行大面积填筑前,应根据初选的摊铺和碾压机械及试生产的填料,在现场选取长度不小于100 m 的地段进行摊铺压实工艺性试验,确定工艺参数,并报监理单位确认。

(3)级配碎石必须场拌生产,拌和设备应计量准确。

(4)基床表层级配碎石施工按下列要求进行。

1)基床表层的填筑应按“三阶段、四区段、六流程”施工工艺组织施工,每个区段的长度应根据使用机械的能力、数量确定,一般宜在 100 m 以上。各区段或流程内严禁几种作业交叉进行。

2)基床表层下层的级配碎石可采用摊铺机或平地机摊铺,但面层应采用摊铺机进行摊铺。

3)碾压应遵循先轻后重、先慢后快的原则。各区段交接处应相互重叠压实,纵向搭接长度不小于 2 m,纵向行与行之间的轮迹重叠不小于 40 cm,上下两层填筑接头应错开不小于 3 m。

(5)如路堑设计只换填基床表层,路堑开挖至基床表层换填高程时,开挖表面应平顺整齐,并按设计要求做成由路基中心向两侧的横向排水坡,基床表层以下不应扰动。

(6)路基面施工应符合下列要求。

1)有路拱与无路拱路基面的连接,应在无路拱地段按设计要求长度削铲顺坡。路拱坡面应平顺。

2)路基面应平顺无缺损,肩棱整齐,不易风化的硬质岩石路堑路基面超挖凹坑应用不低于 C25 的混凝土填平,凸起部分人工凿平。

3)接触网支柱基础、渗水暗沟、电缆沟槽等施工不应破坏路基面。如有破坏,应用普通混凝土补齐。

(7)基床表层级配碎石施工质量应符合设计要求。

(8)级配碎石填料应分层填筑,碾压时的含水率应控制在由工艺试验确定的施工允许含水率范围内。每层摊铺厚度及碾压遍数应按工艺试验确定的并经监理工程师批准的参数进行控制。

(9)过渡段基床表层级配碎石中水泥掺加剂量应符合设计要求,允许偏差为试验配合比的0～+1.0%。

(10)基床表层级配碎石的压实标准应采用地基系数 K_{30}、动态变形模量 E_{vd} 和压实系数 K 三项指标控制。站场路基基床表层的压实质量应符合设计和相关验收标准的要求。

(11)路堑基床表层按设计要求换填级配碎石时,压实质量及检验应符合《高速铁路路基工程施工质量验收标准》(TB 10751—2010)的规定。

(12)路堑基床表层换填深度及宽度应符合设计要求。

(13)基床表层填筑厚度的允许偏差、检验数量及检验方法应符合设计和标准要求。

(14)基床表层级配碎石表面中线高程、路肩高程、中线至路肩边缘距离、宽度、横坡、平整度的允许偏差应符合设计和标准要求。

3.2.5　路堤边坡成型标准

(1)路堤边坡宜采用加宽超填或专用边坡压实机械施工。采用加宽超填方法时,超填宽度宜控制在50 cm 左右。

(2)路基刷坡宜采用机械刷坡。机械刷坡时应根据路肩线用坡度尺控制坡度。人工刷坡时应采取挂方格网控制边坡平整度和坡度,方格网桩距应以方便操作为宜。

(3)路堤边坡应平顺、密实、稳固。

(4)路堤边坡超填部分应按设计路基宽度、边坡坡率完全刷坡,坡率应符合设计要求,偏陡量不得大于设计值的3%。

(5)路堤变坡点位置、平台的允许偏差应符合相关的验收标准。

(6)基床底层、表层的填筑压实质量应符合《高速铁路路基工程施工质量验收标准》(TB 10751—2010)的要求。

3.2.6　基床表层以下过渡段填筑要求

1. 过渡段基底处理

(1)过渡段基底处理过程中及处理后应严格按照设计要求做好地面排水,软土、松软土、膨胀土和黄土地基地段,应确保降水及地表径流对施工质量无不利影响。

(2)过渡段基底范围及其两侧的排水、防渗和地下水的拦截、引排应符合设计要求。地下水的出露位置和处理前后的出水情况应有记录。

(3)过渡段采用打入桩、挤密桩地基处理措施时,应先施工过渡段打入桩、挤密桩,后施工桥台基础桩基。

(4)过渡段基底处理应按设计要求与桥台、横向结构物、相邻路堤、相邻隧道的基底处理同时进行,开挖处理后的基底压实质量应符合相关验收标准的要求。

(5)路堤与路堑过渡段应按设计要求顺原地面纵向开挖台阶,开挖坡面的纵向坡度及台阶开挖高度应符合设计要求。

2. 基坑回填

(1)桥台后基坑及横向结构物基坑必须在隐蔽工程验收合格后,方可进行回填和填筑施工。

(2)桥台后基坑及横向结构物基坑应按设计选用回填材料,及时回填并分层压实,避免积水。

(3)基坑采用混凝土回填时,混凝土强度等级应符合设计要求。

(4)基坑采用碎石或灰土回填时,应分层回填,并采用小型振动机械压实,压实后其动态变形模量 $E_{vd} \geqslant 30$ MPa。

(5)基坑采用灰土回填时,灰土应拌和均匀,色泽一致,无灰团、灰条和花面现象。

(6)基坑回填顶面高程的允许偏差为±50 mm。

3. 基床表层以下过渡段级配碎石填筑

(1)施工前应选择有代表性的过渡段作为试验段,进行基床表层以下过渡段级配碎石及两侧和锥体填土的摊铺压实工艺性试验,确定施工工艺参数,报监理单位确认。

(2)过渡段填筑前,应根据场地情况,采取相应的施工临时排水设施。桥台背后排水系统应与过渡段级配碎石填筑协调组织施工,确保工程质量。

(3)基床表层以下过渡段级配碎石填筑应按以下要求进行。

1)过渡段应与相邻的路堤及锥体按一个整体同时施工,并将过渡段与连接路堤的碾压面按大致相同的水平分层高度同步填筑并均匀压实。

2)桥台后 2 m 范围外,大型压路机能碾压到的部位应采用大型压路机机械碾压,大型压路机碾压不到的部位及在台后 2 m 范围内应采用小型振动压实设备进行压实。

3)横向结构物两侧的过渡段填筑必须对称进行,并与相邻路堤同步施工。

4)涵背两端大型压路机能碾压到的部位宜采用大型压路机机械碾压。大型压路机碾压不到的部位应采用小型振动压实设备进行压实。靠近横向结构物的部位,应平行于横向结构物背壁面进行横向碾压。

5)横向结构物的顶部填土厚度小于 1 m 时,不得采用大型振动压路机进行碾压。

6)掺入水泥的级配碎石混合料应在 4 h 内使用完毕。

(4)过渡段级配碎石材料应符合相关的级配碎石质量验收规定。填筑料运至填筑现场后,应对其出厂检验资料进行核实,并抽样检验。

(5)级配碎石中掺入水泥的品种、规格及质量应符合设计要求。其质量应符合相关验收标准的规定。

(6)在填筑压实过程中,应保证桥台、横向结构物稳定,无损伤。

(7)基床表层以下过渡段级配碎石填筑应按工艺试验确定并经监理单位确认的摊铺厚度及碾压遍数等工艺参数进行控制。

(8)级配碎石中水泥掺加剂量应符合设计要求,允许偏差为试验配合比 0～+1.0%。

(9)基床表层以下过渡段级配碎石填层的压实质量应按地基系数 K_{30}、动态变形模量 E_{vd} 和压实系数 K 三项指标控制。

(10)基床表层以下过渡段级配碎石填层的允许偏差、检验数量及检验方法应符合设计和标准的规定。

4. 基床表层以下过渡段两侧及锥体填土标准

(1)基床表层以下过渡段两侧及锥体填土应与过渡段级配碎石及相邻的路堤按水平分层同步填筑,并均匀压实。

(2)锥体填筑前应核查基底无软土、松软土,或确认已完成地基处理并验收合格。

(3)基床表层以下过渡段两侧及锥体填料应符合设计要求,其检验应符合普通填料或改良土填料的规定。

(4)基床表层以下过渡段两侧及锥体填筑压实质量应符合设计和标准的规定。

(5)在填筑压实过程中，应保证桥台、横向结构物稳定、无损伤。

(6)基床表层以下过渡段两侧、相邻路基及锥体填土与过渡段级配碎石间应符合设计和标准的要求。

(7)基床表层以下过渡段填筑的几何尺寸偏差应符合相关验收标准的规定。

5. 路堤与路堑过渡段基床表层以下填土层填筑

(1)路堤与路堑连接处应按设计要求顺原地面纵向开挖台阶。

(2)路堤与软质岩石或土质路堑过渡段路堤填料的种类、质量应符合设计要求，普通填料、物理改良填料、化学改良填料的检验应符合相关验收标准的规定。

(3)路堤与路堑连接处为硬质岩石路堑过渡段基床表层以下填筑压实过程中，应保证桥台、横向结构物稳定、无损伤。

(4)路堤与硬质岩石路堑过渡段基床表层以下填筑、路堤与路堑连接处为硬质岩石路堑过渡段基床表层以下填筑、路堤与软质岩石或土质路堑过渡段基床以下路堤填筑、路堤与软质岩石或土质路堑过渡段基床底层填筑施工质量应符合《高速铁路路基工程施工质量验收标准》(TB 10751—2010)的相关规定。

6. 过渡段混凝土填层

(1)混凝土的运输、浇筑及间歇的全部时间不应超过混凝土的初凝时间。

(2)同一过渡段的混凝土应连续浇筑，并应在底层混凝土初凝前将上一层混凝土浇筑完毕。

(3)混凝土施工前，应按设计要求进行基底处理，基底应平整、密实、无积水，处理后的基底压实质量应符合设计要求。

(4)混凝土所用水泥、粗骨料、细骨料、矿物掺和料、外加剂等材料的品种、规格、质量应符合设计要求，其进场检验应符合有关规定。

(5)模板应支撑牢固，无变形、漏浆，模板安装应符合有关规定。

(6)过渡段混凝土填层表面应密实、平整，不应有孔洞、疏松等缺陷。

(7)过渡段混凝土填层的几何尺寸允许偏差应符合相关验收标准的规定。

3.3 路堑技术要求

(1)路堑施工前应完善排水系统，做好堑顶截、排水。临时排水设施应与原有排水系统及永久性排水设施相结合。堑顶为土质或含有软弱夹层的岩层时，天沟应及时铺砌或采取其他防渗措施。

(2)开挖前应检查坡顶、坡面的危石、裂缝和其他不稳定情况并妥善处理。

(3)路堑开挖应符合下列要求。

1)路堑开挖应保持排水系统畅通。

2)路堑开挖应自上而下纵向、水平分层开挖，纵向坡度不得小于4%。严禁掏底开挖。

3)膨胀土、黄土路堑不应在雨季施工，且基床换填、边坡防护封闭应与开挖紧密衔接。当不能紧跟开挖防护时，应预留厚度不小于50 cm的人工其清理层。

4)设有支挡结构的路堑边坡应分段开挖、分段施工。设计要求分层开挖、分层防护的路堑边坡,应自上而下分层开挖、分层施工,支挡工程施工应与开挖紧密衔接。衔接困难时,应预留厚度不小于 50 cm 的人工清理层。

5)对于多级边坡,开挖一级验收一级,若上级边坡未验收,则下级路堑边坡不应开挖施工。

(4)路基爆破施工应符合国家爆破安全规程及环保的有关规定,并应符合以下规定。

1)石质路堑开挖宜采用松动爆破,严禁采用峒室爆破。石质边坡面应采用光面或预裂爆破开挖。

2)爆破不得对路堑各部和相邻建筑物造成损伤和产生隐患。

3)爆破设计方案必须报有关部门审核批准后方可实施,监理单位应参与审核每次爆破设计且与现场核对。

(5)路堑开挖过程中,应对照设计文件核对水文地质和工程地质资料。

(6)半挖半填路基轨道下横跨挖方与填方两部分时,应按设计要求开挖换填。填筑区域基底表面应平整。

(7)在设有渗水盲沟的路堑地段,应做好路堑开挖与盲沟施工的协调和组织,尽早开工,防止渗水浸泡路堑。

(8)采用机械开挖或光面、预裂爆破应保证开挖面完整平顺、无危石和坑穴。边坡坡面应平整且稳定无隐患,局部凹凸差不大于 15 cm。边坡防护封闭无变形、开裂。

(9)石质路堑采用爆破法开挖的装药量应符合爆破批准的设计用药量。

(10)路堑开挖边坡坡率不得陡于设计值。

(11)路堑边坡变坡里程应符合设计。

(12)路堑开挖至设计高程后,应核查地质情况,基床为软质岩及土质层时,其范围内的地基土比贯入阻力 P_S 值不应小于 1.5 MPa 或基本承载力 σ_0 不应小于 0.18 MPa。地质情况与设计不符时,应提出变更设计。

(13)路堑边坡变坡点位置、边坡及侧沟平台几何尺寸的允许偏差应符合设计和标准的相关规定。

4　高速铁路路基工程施工

4.1　地基处理

4.1.1　原地面处理施工

1. 工艺概述

原地面地基处理是指不采用排水固结或复合地基处理的原地面上，进行清表、挖台阶、翻挖压实等作业内容的地基处理方式。

本工艺适用于高速与客运专线铁路路基原地面处理。

2. 作业内容

施工场地临时排水、原地面平整、坑穴处理及碾压、清除表层植被、挖除树根、清除原地面表土、腐殖土、挖台阶及翻挖及回填压实等。

3. 施工工艺及质量控制流程

原地面处理施工工艺及质量控制流程如图 4-1 所示。

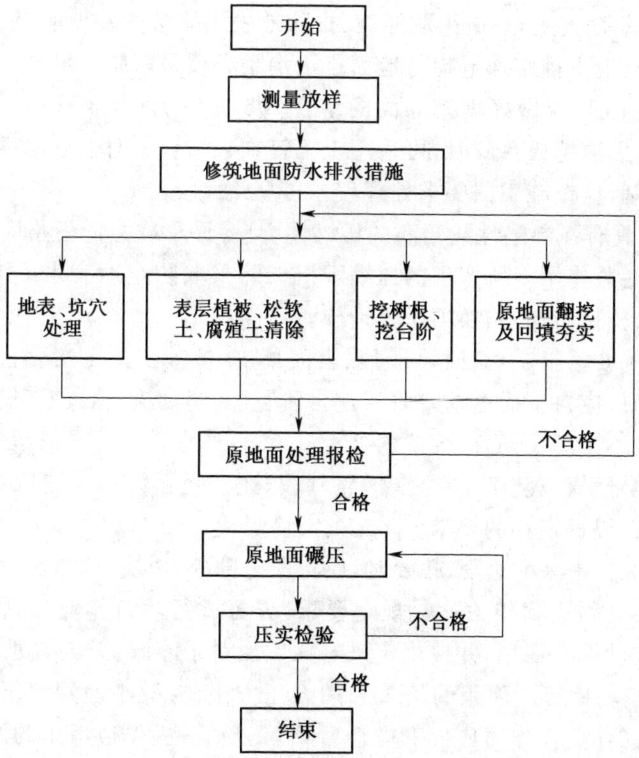

图 4-1　原地面处理施工工艺质量控制流程图

4. 工艺步骤说明

(1) 施工开始条件。为了保证施工方便,行车安全和路基稳定,在正式施工前,必须做好清理原地面的工作。清理工作内容包括砍伐和收集林木,挖除树墩及树根、小树木、灌木丛,清除基底表面杂草、植被和腐殖土、淤泥,疏松土壤。

修筑临时排水沟,疏干场内积水,使周边水不再进入场内,雨水、渗水随时排出。

(2) 测量放样。测设路基用地范围桩及边桩。

(3) 临时排水。做好场地附近的排水工作,保持场地干燥,以保证工程质量和施工的顺利进行。在路堑开挖前,应先挖天沟或临时排水沟,顶面附近有积水时,应事先排除,在路堤施工前应排除基底积水,在路基两侧挖临时排水沟,并与永久排水设施相结合。排出的水不得流入农田、耕地;也不得引起水沟淤积和路基冲刷。水田、堰塘地段按施工图进行处理,当无施工图时应视其具体情况采取排水清淤或晾晒压实。若水塘需要保留一部分,则应按浸水路堤的相关要求填筑。

(4) 地表清理。路堤填筑前应在路基施工范围内清除基底表层植被,挖除树根。基底为耕地或松软土时,应先清除有机土、种植土,集中堆放并按水土保持要求进行覆盖保存,用于耕地复耕恢复,平整后按规定进行压实。当杂草、腐殖土、淤泥的厚度小于0.5 m,运距小于 100 m,可用推土机清除;当厚度超过 0.5 m,运距较长时,可选用装载机配合自卸汽车清除。

(5) 基底处理。在黄土地区填筑路堤时,路基基底处理应按施工图要求进行施工并应符合以下要求。

1) 若基底为非湿陷性黄土,且无地下水活动时,可按一般土地基进行基底处理同时做好两侧的施工排水、防水措施。

2) 若地基为湿陷性黄土,则应采取拦截、排除地表水的措施防止地表水下渗,以减少地基地层湿陷性下沉。其地下排水构造物与地面排水沟渠必须采取防渗措施。

3) 黄土路堤施工时,应做好填挖界面的结合(纵向),清除坡面杂草,挖好向内倾斜的台阶。如结合面陡立,无法挖成台阶时,可采用土工钉加强结合。对强湿陷性、高胀缩性、承载力不足和有陷穴的地基,应按施工图要求处理后才可填筑路堤。

4) 若地基土层具有强湿陷性或较高的压缩性,且容许承载力低于路堤自重压力时应考虑地基在路堤自重和活载作用下所产生的压缩下沉。除采取防止地表水下渗的措施外,可考虑采用重锤夯实,石灰桩挤密加固,换填土等措施。

(6) 地面自然横坡缓于 1∶5 时,可清除表面草皮、植被土并压实后直接填筑路基。当原地面坡度陡于1∶5时,应自下而上挖台阶。挖台阶宽度、高度应符合施工图要求。当施工图无要求时,挖台阶宽度不小于 1 m,向内倾斜 2%～4%。当基岩斜坡上的覆盖层较薄时,应将其挖除后再挖台阶。自然横坡陡于 1∶2.5 的路基段,尤其是顺倾山坡路段,必须彻底清除覆盖土、凿台阶,以满足路堤稳定性的要求。

(7) 翻挖及回填。在深耕地段,必要时,应将松土翻挖,土块打碎,然后进行回填、整平、压实。其中整平、压实必须达到相关验收规定要求,方可进行填筑作业。原地面的坑、洞、墓穴等,应用原地的土或砂性土回填,并按规定进行压实。对于溶洞、天坑的处理按设计要求进行。

(8) 压实。平整场地等大面积的填土采用碾压方法,对较小面积填土工程则采用夯击法和振动压实法。压实作业操作时应遵循先轻后重、先慢后快、先边后中的原则,碾压过程中保持压路机行驶方向的直线性。到达碾压地段的尽头时应迅速而平稳地换向,并使左右相邻两压实带有1/3的重叠量，以保证碾压质量。对于压不到的边角，应辅以人工或小型机具夯实。

(9) 检测。按《高速铁路路基工程施工质量验收标准》(TB 10751—2010)的有关要求进行。

5. 质量检验标准

(1)一般规定。施工前应清除路基范围原地面表层植被，挖除树根，做好临时排水设施。原地面松、软表土及腐殖土应清除干净，翻挖回填压实质量应符合施工图要求，基底应密实、平整。

(2)主要项目质量要求、检验数量及检验方法见表4-1。

表4-1 原地面处理质量要求、检验数量及检验方法

检验项目		质量要求	检验数量	检验方法
主控项目	地基条件	路堤地基条件应满足施工图要求，当不能满足时，应提出变更设计，采取地基加固处理等措施	沿线路纵向每100 m检验2点	静力触探试验等
	原地面处理	当路堤地基条件满足施工图要求时，原地面处理应符合施工图要求	根据所处路堤部位分别按施工图要求进行检验	根据所处路堤部位分别按施工图要求进行检验
	外观	基底无草皮、树根等杂物，且无积水；原地面基底密实、平整，坑穴处理彻底，无质量隐患；路拱横坡应符合施工图要求	全部检验	观察基底处理外观，坡度尺量路拱坡度
一般项目	挖台阶	原地面坡度陡于1∶5时，应自上而下挖台阶，并整平碾压，沿线路横向挖台阶宽度、高度应符合施工图要求，沿线路纵向挖台阶宽度不应小于2 m	每个台阶检验3点	尺量

4.1.2 换填施工

1. 工艺概述

换填，是将具一定深度的软弱土层挖除，然后回填符合要求的材料，通过碾压、夯实等措施，使其符合高速铁路地基的要求。

其特点是工艺简单，成本低廉，应用广泛。

(1)换填工艺属于浅层地基处理，挖除需换填的土层，并将底部整平。当底部起伏较大，可设置台阶，回填时按先深后浅的顺序进行换填施工。

(2)换填材料应分层铺设夯实，并按相关质量验收要求，检验合格后方可进行上层施工。

(3)冬季换填的底槽如受冻，应清除冻层后再换填，暂时停顿或隔夜继续换填的底层上要覆盖保温材料。

2. 作业内容

进行不良土层挖、运、弃和换填料分层填筑压实、整理等。

3. 施工工艺及质量控制流程

换填施工工艺及质量控制流程如图4-2所示。

4. 工艺步骤说明

(1)开始。

1)完成施工准备工作。

2)按照实际的机械设备、作业人员和作业环境等条件，进行实地工艺试验，验证施工技术、施工组织能否达到预期的质量和施工效率。

(2)测量放线。测设控制开挖范围和高程的标志，以便控制开挖范围和对每层换填料厚度进行控制。

(3)基底清理。

1)换填前应清除坑内浮土、积水和泥浆，基坑边坡必须稳定，防止塌方。

2)在挖除基础下一定深度内的软弱土层时，应避免坑底原状土层受扰动，为此可保留 300～500 mm 厚的人工清理土层暂不挖去，待填筑换填料前再挖至设计高程。应防止基坑边坡坍塌土混入填层。

(4)基坑检查。按基坑检查要求进行。

(5)换填料检验。按换填材料质量检验的相关标准进行。

(6)分层铺换填料。

1)回填料基底面宜铺设在同一高程上，如深度不同时，基底面应挖成台阶，搭接处应夯压密实，回填施工应按先深后浅的顺序进行。

2)分段填筑时每层接缝处应做成斜坡形，碾迹重叠，路基换填施工如图 4-3 所示。

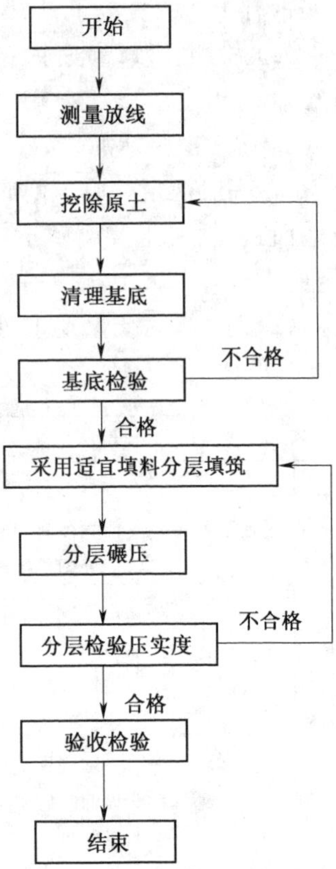

图 4-2 换填施工工艺及质量控制流程图

图 4-3 路基换填施工

(7)分层压实。

1)为保证换填土压实的均匀及密实度，在重型碾压机碾压之前，应平整填层面。视换填的范围大小和深度，可使用机械整平、机械碾压；也可采用人工整平，小型机械压实。

2)压实换填料时应控制碾压机械行驶速度，经静压 1～2 遍后，即采用强振碾压。

3)用压路机进行大面积换填碾压时，应从两侧逐渐压向中间，每次碾压轮迹应有重叠，避免漏压。碾压不到之处，应用小型夯实机械配合人工夯实。

4)土层表面太干时，应洒水湿润，以保证上下层结合良好。夯实前应初步平整，夯实应按照由四边开始，然后再夯中间，后夯压前半夯，夯夯相接，行行相连，分层夯压。

5)对于换填中粗砂，机械不易压实，可以考虑采用灌水沉降法。采用碎石换填时，要注意碎石的级配合理，便于机械压实。按设计要求进行压实检验。

6)找平验收，最后一层碾压完成后，应检查高程和平整度，低洼处应及时补充填料并碾压密实。

7)做好施工记录，按顺序编号归档。

5. 质量检验标准

质量要求及检验标准见表 4-2。

表 4-2 质量要求及检验标准

检验项目	质量要求	检验数量	检验方法
中粗砂	采用天然级配的中、粗、砾砂不含草根、垃圾等杂质，其含泥量不得大于 5%，用作排水固结地基的砂垫层其含泥量不得大于 3%	同一产地、品种、规格且连续进场的砂料，每 3 000 m^3 为一批，当不足 3 000 m^3 时也按一批计	现场抽样检验砂子含泥量，并进行筛分试验，在施工过程中观察检查有无草根、垃圾等杂质
碎石	采用未风化的干净砾石或碎石，其最大粒径不得大于 50 mm，含泥量不得超过 5%，且不含草根、垃圾等杂质	同一产地、品种、规格且连续进场的碎石，每 3 000 m^3 为一批，当不足 3 000 m^3 时也按一批计	在现场抽样检验碎石最大粒径、含泥量，并在施工过程中观察检查有无草根、垃圾等杂质及岩性变化情况
普通填料	应符合设计和相关标准的规定。当填料发生变化或更换取土场时应重新进行检验	应符合设计和相关标准的规定	按《铁路工程土工试验规程》(TB 10102—2010)规定的试验方法检验
化学改良土	应符合设计和相关标准的规定，无侧限抗压强度应符合施工图要求	每检验批每压实层抽样检验 3 处无侧限抗压强度(左、中、右各 1 处)	从已摊铺好填料的地段现场抽样，在室内按要求的压实密度成型，进行无侧限抗压强度试验；压实系数检验宜用环刀法
换填深度	土层应挖除干净，坑底应按施工图要求整平	全部检验	尺量、水准仪测量

4.1.3 砂、碎石垫层施工

1. 工艺概述

砂、碎石垫层是在路堤底部地面上铺设一层较薄的砂、碎石层，具有提高地基承载力、加速软土排水固结、防止冻胀、调整复合地基桩土应力的作用。仅采用砂石垫层处理的软土地基，在填土过程中，荷载逐渐增加，促使地基软土排水固结，渗出的水就可从垫层中排出，缩短排水通路，有利于地基的固结。这种方法施工简易，占地面积小，但施工时需严格控制路堤填筑速率使地基在排水固结过程中所增长的强度和路堤填高相适应。

本工艺适用于当地有丰富砂、碎石来源，采用排水固结法(如袋装砂井、塑料排水板、砂井等)、桩处理地基、换填等处理的软土路基地基表层的施工。

2. 作业内容

基底清理、整平、备置中粗砂或碎石、分层摊铺、碾压等。

3. 施工工艺及质量控制流程

砂、碎石垫层施工工艺及质量控制流程如图 4-4 所示。

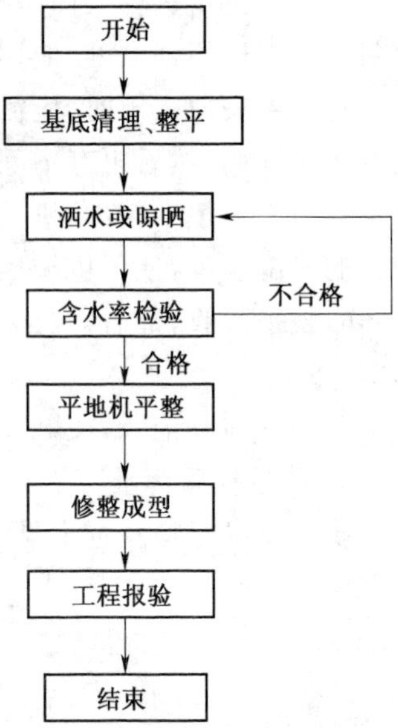

图 4-4 砂、碎石垫层施工工艺及质量控制流程图

4. 工艺步骤说明

(1)施工开始条件。

1)地基处理完毕,做好临时排水沟,施工测量完成。

2)已经完成压实工艺试验,确定施工参数,并报监理批准。按照实际的设备、作业人员和作业环境等条件,进行实地工艺试验,验证施工技术,施工组织指标和能达到的质量、进度效果,机械设备和人员配置合理,施工效率应能满足施工组织确定的工期。

3)机械设备配套,人员到位。

(2)基底清理、碾压。对已结束的地基处理,采用推土机、自卸车,配合人工进行清理,并按照施工图要求进行基底碾压,并做成 2%~4%土拱。

(3)砂、碎石垫层施工。砂、碎石垫层采取分层填筑和碾压,每层厚度20~30 cm,每层洒水的施工工序:铺砂—洒水—压实—检测,采用 5~10 t 的轻型振动压路机进行碾压。砂、碎石垫层的最优含水率为 15%~20%,砂、碎石施工现场如图 4-5、图 4-6 所示。

图 4-5 碎石垫层施工

图 4-6 砂垫层施工

为防止砂、碎石垫层的流失,垫层两侧坡脚及时按设计进行干砌片石护脚,同时做好反滤层。

(4)压实检测。铺设后的砂、碎石垫层应依据材料的性质,按照相关质量验收要求进行检测。

5. 质量检验标准

(1)一般规定。

1)施工前应进行压实工艺试验,确定施工参数,并报监理单位确认。

2)砂、碎石垫层填筑或填筑完后必须及时完成两侧干砌片石护坡,并同时做好反滤层。

(2)砂垫层主控项目质量要求、检验数量及方法见表4-3。

表4-3 砂垫层主控项目质量要求、检验数量及检验方法

检验项目		质量要求	检验数量	检验方法
原材料	砂	砂垫层应采用天然级配的中、粗、砾砂，不含草根、垃圾等杂质，其含泥量不得大于5%，用作排水固结地基的砂垫层其含泥量不得大于3%	同一产地、品种、规格且连续进场的砂料，每的3 000 m^3为一批，当不足3 000 m^3时也按一批计。每批抽样检验1组	现场抽样检验砂子含泥量，并进行筛分试验，在施工过程中观察有无草根、垃圾等杂质
	碎石	碎石垫层应采用未风化的干净砾石或碎石，其最大粒径不得大于50 mm，含泥量不得超过5%，且不含草根、垃圾等杂质	同一产地、品种、规格且连续进场的碎石，每3 000 m^3为一批。当不足3 000 m^3时也按一批计。每批抽样检验1组	在现场抽样检验碎石最大粒径、含泥量，并在施工过程中观察检查有无草根、垃圾等杂质及岩性变化情况
	反滤层	反滤层材料含泥量、颗粒级配应符合施工图要求	同一产地、品种、规格且连续进场的碎石，每3 000 m^3为一批。当不足3 000 m^3时也按一批计。每批抽样检验1组	现场抽样检验含泥量，筛分试验检验其颗粒级配并在施工过程中观察有无草根垃圾等杂质
施工	铺设	砂、碎石垫层、反滤层铺设位置应符合施工图要求	沿线路纵向每100 m抽样检验3处	观察、测量
	压实	砂、碎石垫层的压实质量应符合施工图要求	沿线路纵向每一压实层每100 m抽样校验3个点，其中：路基中间1点，两侧距路基边缘2 m处各1点	按《铁路工程土工试验规程》(TB 10102—2010)规定的试验方法检验。砂垫层宜采用环刀法检测干密度和相对密度

(3)砂、碎石垫层(反滤层)铺设范围、厚度、顶面高程、横坡的允许偏差见表4-4。

表4-4 砂、碎石垫层(反滤层)施工的允许偏差、检验数及检验方法

检验项目	允许偏差	施工单位抽检数量	检验方法
铺设范围	不小于设计值	沿线路纵向每100 m抽样检验5处	尺量
厚度	不小于设计值	沿线路纵向每100 m抽样检验5处	尺量
顶面高程	+50 mm，−20 mm	沿线路纵向每100 m抽样检验5处	水准仪测量
横坡	±0.5%	沿线路纵向每100 m抽样检验5个断面	坡度尺量

4.1.4 袋装砂井施工

1. 工艺概述

袋装砂井是排水固结法加固深层地基的一种。适用于含水较大的饱和淤泥质软土地基的加固，最佳处理深度小于20 m。

本工艺固结所需工期较其他非排水固结处理措施长，优点是造价低廉、施工简便。

袋装砂井为三维排水固结，可缩短软土地基中孔隙水排水距离，减少固结时间，提高软土地基承载力。与普通砂井相比有以下特点。

(1)有效保证砂井的连续性。

(2)设备轻型化，更容易实现在软弱地基上施工。

(3)固结效果更明显。

(4)砂柱体受袋子约束,柱体的变化较小,砂粒不易挤入孔壁,减少用砂量。

(5)加快施工速度,降低工程造价。

(6)袋装砂井适用于厚度较大的饱和软土和充填土地基处理。

2. 作业内容

装砂袋扎口、定位、打钢管、下砂袋、拔钢管、补灌砂袋等。

3. 施工工艺及质量控制流程

袋装砂井施工工艺及质量控制流程如图 4-7 所示。

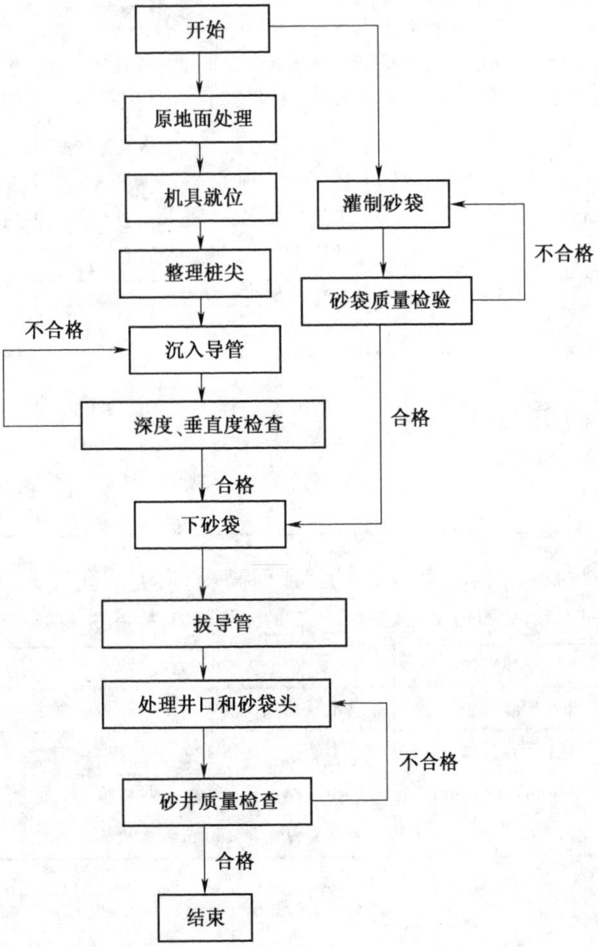

图 4-7　袋装砂井施工工艺质量控制流程图

4. 工艺步骤说明

(1)施工开始的条件。

1)完成施工准备工作。

2)完成施工工艺设计。按照实际的机械设备、作业人员和作业环境等条件,进行实地工艺试验,验证设计、施工技术、作业组织能达到预期的质量、进度效果,机械设备和人员配置合理,施工效率能满足施工组织确定的工期。

(2)测量定位。按线路中线进行控制,准确测设出每个砂井位置,钉设木桩(竹片桩或点白灰标示)。

(3)机具就位。保证桩尖落点对应标记出的点位,并调整支架垂直。保证沉管的垂直度。打设机底支垫要平稳牢固,若采用的是轻型柴油打设机,则用卷扬机定位。在打设导管成孔过程中,如连续出现两根袋装砂井打入深度超过施工图要求时,说明桩锤过重,要更换较轻的锤。

(4)整理桩尖。桩尖有与导管相连的活瓣桩尖和分离式的混凝土预制桩尖,在导管沉入前应安装和检查,尤其是活瓣桩尖是否能正常开合,还要检查导管与桩尖是否密合,清除导管内泥土,避免导管内过多存泥,影响砂井深度。若管内加压后,砂袋仍然拔起,则可能是活门的开启失灵,需要拔出来排除故障。施工时应经常检查桩尖与导管口封闭情况。

(5)沉入导管。采用振动法或静压法将导管沉入土层。沉入导管时应先松后振。导管压入过程中不得起管。定位时要保证桩锤中心与地面定位在同一点上,并用经纬仪或其他观测办法控制桩锤导向架的垂直度。开始时落锤要轻缓,防止导管突然偏斜。导管入土深度距施工图标示深度 2 m 时,要控制振动频率,防止超深。

(6)检查砂井深度、垂直度。砂井深度可以用导管压入的长度直接控制．首先应在导管上部做出进深标识。

(7)灌制砂袋。宜使用风干砂,避免湿砂干燥后体积减小,造成砂井中砂柱高度不足,或缩径、砂体中断,甚至与排水垫层不搭接。

(8)检查砂袋质量。灌砂应饱满,充填要密实,袋口应扎紧,不得有中断、拧结现象。已灌制好的砂袋,在搬运施工中不得有破损,凡受损的砂袋应进行修补,否则不得施工。运至工地井位盘成圈型堆放。

(9)下砂袋。砂袋运输要用专门的运送工具,严禁在地上拖拉。导管入口处应装设滚轮,避免砂袋被刮破漏砂。砂袋依靠自重落入导管,下砂袋时,应将整根砂袋吊起,人工配合将端部放入套管口,拉住袋尾,经导管入口滚轮,平稳迅速将砂袋送入导管内,使砂袋徐徐下放;必须保证砂袋到达导管底部,如出现砂袋下不去的现象,则应检查桩尖活门和接头,排除管内杂物,处理好活门和接头。

(10)拔导管。为了减小砂袋与导管壁的摩擦力,保证顺利拔管,不带出砂袋,必要时可适当灌水。拔管前应检查砂袋头露出地面的高度,必要时补充灌砂。拔管时,应先启动微振,后提升导管,做到先振后拔。起拔时要连续缓慢地进行,中途不得放松吊绳,防止因导管下坠而损坏砂袋。当导管拔出后,露出地面的长度大于理论值,说明砂袋有随导管拔起的现象,应进行补救处理,并在拔管速度、管壁及管口光滑情况等方面查找原因,采取预防措施。拔管过程中,应检查砂袋口,若砂袋不饱满,应及时向袋内补砂。

(11)处理井口和砂袋头。清除井口泥土;砂袋高出井口部分可以割除,重新扎牢袋口。砂量不足应予补充。露出地面的砂袋应埋入砂垫层中,埋入长度应符合设计要求或大于 0.3 m,如图 4-8 所示。

(12)填写质量记录。每步检查应填写质量记录,最后把记录收集整理,按顺序编号归档。

5. 质量检验标准

(1)中粗砂粒度和含泥量。中粗砂应级配良好,含泥量不超过 3%,无杂物和有机质。不宜采用粉砂、细砂。

(2)袋装砂井施工质量检验标准见表 4-5、表 4-6。

图 4-8　袋装砂井

表 4-5　袋装砂井质量检验标准

检验项目	质 量 要 求	检 验 数 量	检 验 方 法
砂	采用天然级配的风干中、粗砂,其含泥量不得大于 3%	同一产地、品种、规格连续进场的砂料,每 3 000 m^3 为一批次,当不足 3 000 m^3时也按一批次统计	在料场抽样检验砂子含泥量,进行筛分试验,并在袋装过程中观察鉴别砂的风干程度
砂袋	各项技术指标符合设计要求	同一产厂家、同一批号且连续进场的砂袋,每 100 000 m 为一批次,当不足 100 000 m 时也按一批次统计	检查每批产品出厂合格证、性能报告单,抽样检验砂袋原材料的规格、质量、条带拉伸强度、渗透系数、等效孔径
打入深度	满足施工图纸要求,袋装砂井施工允许偏差应符合设计和相关标准的要求	抽样检验袋装砂井总数的 5%	测量套管上划的深度控制线,并在施工过程中观察是否达到控制标志
砂袋灌砂	饱满、密实。已打设的袋装砂井,当砂袋不饱满时,应及时向砂袋内补砂	抽样检验砂井总数的 10%	观察入土袋装砂井袋头的充盈状态。袋装砂井施工的允许偏差、检验数量及检验方法应符合设计和相关标准的要求
钢套管	内径宜大于砂井直径,以减少施工过程中对地基图的扰动。套管上应划出控制高程的刻画线,以保证砂井打入长度符合施工图要求	抽样检验砂井总数的 10%	当拔出套管带出砂袋长度大于 0.5 m 时,必须重新补打

表 4-6　袋装砂井施工允许偏差、检验数量及检验方法

检验项目	允 许 偏 差	检 验 数 量	检 验 方 法
井位(纵横向)	50 mm	按砂井总数的 5%抽样检验	尺量
井深	符合施工图要求		尺量
袋装直径	±5 mm		尺量
袋装埋入砂垫层长度	$^{+100}_{0}$ mm		尺量

4.1.5　塑料排水板施工

1. 工艺概述

塑料排水板适用于含水率高、压缩性大、透水性差和强度低的软弱饱和黏性土地基加固。特别适用于存在连续薄砂层的地基。

塑料排水板滤水性好，能确保排水效果并有一定的强度和延伸率，具备适应地基变形的能力。排水板质量容易控制，成本较低。断面小，插放时对地基扰动小，施工方便，在施工过程中没有排水孔断面不均匀和受堵塞的情况。打设机械轻，可用于较软的地基。

2. 作业内容

打拔钢管、插打塑料排水板、截断排水板等。

3. 施工工艺及质量控制流程

塑料排水板施工工艺及流程如图 4-9 所示。

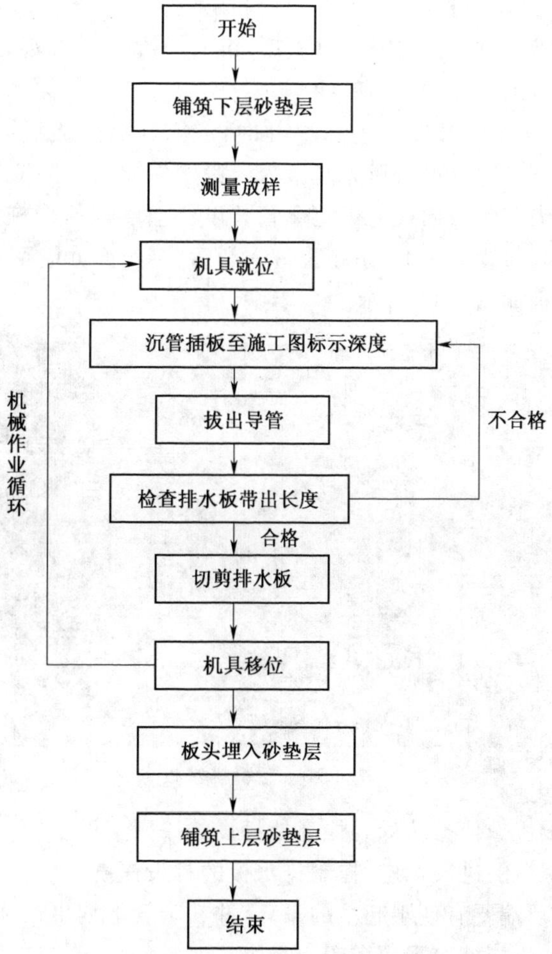

图 4-9　塑料排水板施工工艺及流程图

4. 工艺步骤说明

(1)施工开始的条件。完成施工准备工作；完成施工工艺设计。

(2)现场调查及工艺试验。

1)打设前应先了解地下有无障碍物。

2)按照实际的机械设备、作业人员和作业环境等条件,进行实地工艺试验,验证施工技术、施工组织能达到预期的质量、进度效果,机械设备和人员配置合理,施工效率能满足施工组织确定的工期。

(3)修筑顶拱坡面。

1)用土质相同或接近的土按施工图要求填筑路拱或横坡,碾压密实。

2)两侧挖纵向排水沟,以便疏散砂砾石垫层中析出的水。

(4)铺设砂(砾石)垫层。修筑好的路基预拱坡面上铺设砂砾石垫层,压路机静压,铺设后的砂砾石垫层要求表面平顺,形成同土路拱或横坡相同的坡度,以便塑料排水板排出的水能迅速从该垫层中析出。

(5)测量放样及检测。

1)按照施工图标示间距放样,并插木桩标示和定位。

2)施工中随时检查套管成孔的位置、垂直度,沉管时要有专人观测套管入土深度,确保打拔桩不出现倾斜或位移,出现问题要及时纠正。

3)拔管时若塑料板被带起长度大于 0.5 m 时,应重新沉管插板;若塑料板还没插到施工图标示深度已达到基岩时,则以最大压力能压入的深度为准。

(6)套管检查及桩尖安装。插板前标定套管长度、直径,应符合施工图要求,管内无杂物;桩尖与塑料板连接牢固,与管靴密贴,防止土进入套管;接长部分应平顺牢固,防止断管、脱节。

(7)插打塑料排水板如图 4-10 所示。

图 4-10 塑料排水板

1)插打塑料排水板机械依据从低处往高处打设的原则安设。

2)插打机上设有明显的进尺标志,控制排水板的打设深度。

3)设套管时,套管顶端要有便于起吊的吊环,并在套管上划出控制高程的刻度线。若套管接长,应在打设前试接,连接处要平顺密闭。

4)在塔架插板卷筒上安置塑料板,然后将塑料板通过套管从管靴穿出,固定在桩尖上,并一起贴紧管靴并对准板位。

5)开始时沉管要缓慢,防止套管突然偏斜。

6)沉管到施工图标示深度后即可拔管,拔管时要连续缓慢进行,中途不得放松吊绳,防止因套管下沉而损坏塑料板。

7)拔出后留够板头长度,截断塑料排水板。

(8)塑料排水板头部处理。

1)剩余塑料板与另一卷连接使用时,将两个滤膜翻剥开,先接板芯,然后把滤膜翻卷盖住接头,防止泥土进入,确保输水畅通。

2)插好的塑料板,顶端埋入砂垫层,插管形成的孔洞用砂埋好。埋入长度大于 0.3 m 或符合施工图要求。

(9)铺设上部砂垫层。整段软土地基插板结束后,均匀等厚地铺设第二层砂砾石垫层,应覆盖塑料插板。随后进行路堤填筑施工。

5. 质量检验标准

塑料排水板施工质量标准及检验方法见表 4-7、表 4-8。

表 4-7　质量检验标准

检验项目	质量要求	检验数量	检验方法
塑料排水板	妥善存放,严禁长时间在阳光下曝晒,并保持通风、干燥和远离高温源品种、规格符合施工图要求。不扭曲,防止泥土、杂物进入导管,透水滤膜不得被扯破和污染。不得接长使用,排水板与桩尖连接应牢固,桩尖平端与导管靴配合要适当,避免错缝	同一厂家、同一批号的塑料排水板,每 100 000 m 为一批,当不足 100 000 m 时也按一批计	查验每批产品出厂合格证、性能报告单,抽样检验芯板材料单位长度质量、厚度、宽度、抗拉强度、伸长率、纵向通水率和黏膜材料单位面积重、抗拉强度、渗透系数、等效孔径
打插深度	满足施工图要求,当拔导管将塑料排水板带出长度大于 0.5 m 时,必须重新补打	抽样检验排水板总数的 5%	测量导管上划出的深度控制线,并检查施工中是否达到此控制标志

表 4-8　塑料排水板施工的允许偏差、检验数量及检验方法

检验项目	允许偏差	检验数量	检验方法
桩位	50 mm	按排水板总数的 5% 抽样检验	尺量
桩长	不小于施工图要求		尺量
伸入砂垫层的长度	$^{+100}_{\ \ 0}$ mm		尺量

4.1.6　真空预压施工

1. 工艺概述

真空预压是在竖向排水体上,用抽真空代替堆载体加速软土层排水固结的地基加固方法,具有固结均匀、工期短等优点。

真空预压法是在需要加固的软土地基表面铺好砂垫,打设袋装砂井或塑料排水管等,埋设过滤水管,再在砂垫层上铺设不透气的塑料薄膜。用橡胶管将出膜装置与真空装置连成一体,利用真空装置将密封膜下的空气抽出,使其成为真空。在真空的负压作用下将土体中的孔隙水排出,通过砂井、砂垫层、滤水管排出膜外,从而使土体固结压密。

对密封膜下软土地基,进行连续抽真空作业,造成膜外内压力差,迫使土中孔隙水产生渗流,在真空吸力作用下,孔隙水压力不断降低,有效应力不断增加,压力差减少,当压力差消失,渗流停止时,固结完成。

真空预压法适用于均质黏性土及含薄粉砂夹层黏性土等地基的加固,尤其适用于新填土地基的加固(加固深度在 10 m 以内);适用于含水率高、孔隙比大、强度低、渗透系数和固结系数小的砂黏土;适用于堆载预压、碎石桩联合加固软土地基。

2. 作业内容

平整场地、铺设水平排水垫层、埋设排水滤管、挖封闭沟、铺设密封膜并进行密封、抽真空及真空维持、真空预压和卸荷验收等。

3. 施工工艺及质量控制流程

真空预压施工工艺及质量控制流程如图 4-11 所示。

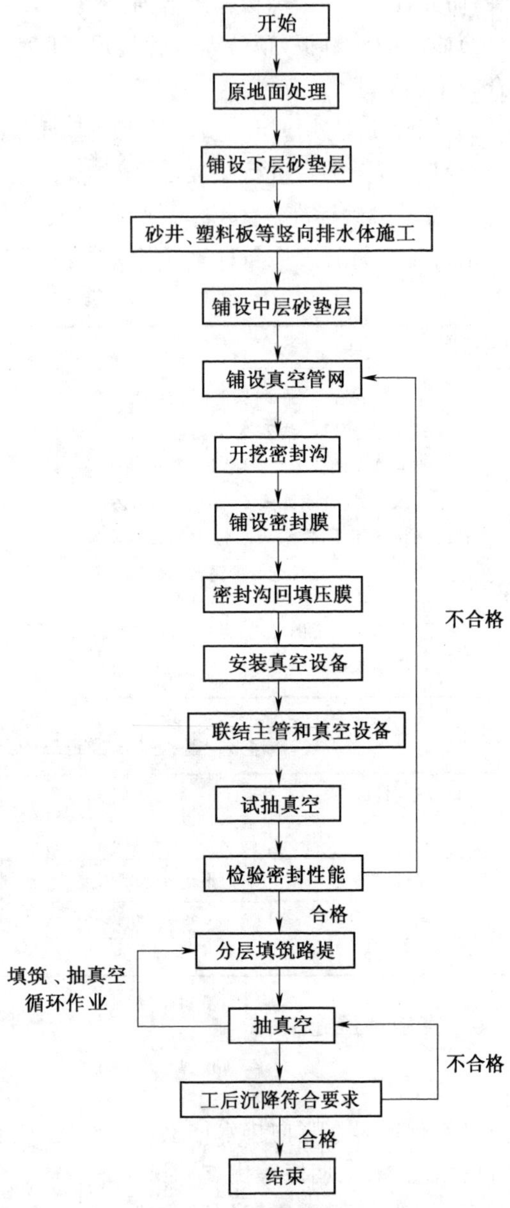

图 4-11 真空预压施工工艺及质量控制流程图

4. 工艺步骤说明

(1)开始。完成施工准备工作。

(2)竖向排水体检查。主要检查竖向排水体是否露出地面并符合要求。如果不能满足要求,则应首先对竖向排水体进行处理。

(3)铺设水平排水垫层。

1)按照施工图要求的平面尺寸和厚度铺设水平垫层。

2)当地基表层具有一定厚度的硬壳层,有一定承载力,能承受施工机械运行时,可以用机械分堆摊铺法铺砂,汽车运进的砂料先卸成若干砂堆,然后用推土机摊平。

3)当硬壳层承载力不足时,一般采用顺序推进摊铺法。即汽车倒进卸料,推土机向前推赶推平。

4)地基较软不能承受机械碾压时,可用轻型传送带由外向里(或由一边向另一边)铺设。

5)在排水垫层的施工过程中,无论采用何种施工方法,都应避免对软土表层的过大扰动和隆起,以免造成砂垫层与软土混合,影响垫层的排水效果。

(4)埋设排水滤管。

1)滤水管应设在砂垫层中,砂料中的石块、瓦砾等尖利杂物必须清除干净,以免扎破密封膜。

2)水平滤管可铺设成条形、梳齿状及羽毛状等形式,滤管布置应形成回路。主管通过出膜管道(出膜器)与外部真空泵连接。

3)滤水管可采用钢管或塑料管,外包尼龙纱或土工织物等滤水材料。三通、弯管等管材采用钢管,滤管与钢管间胶管接头并用铅丝绑牢。

(5)挖密封沟。

1)密封膜周边的密封可采用挖沟埋膜,密封沟的截面尺寸应视具体情况而定,以保证周边密封膜上有足够的硬土厚度和压力。

2)如果密封沟底或两侧有碎石或砂垫层等渗透性较好的夹层存在,应将该夹层挖除干净,回填土。

3)挖密封沟的弃土,不得堆在砂垫层上,还应避免砂粒滑入沟中。

4)对于表层存在良好的透气层或在处理范围内有充足水源补给的透水层时,应采取有效措施隔断透气层或透水层。

(6)铺设密封膜。

1)密封膜的热合和粘接采用双热合缝的平搭接。

2)密封膜应事先仔细检查,按先后顺序同时铺设,每铺完一层都要进行细致的检查补漏,以提高膜的密封性能。

3)密封膜周边可采用挖沟埋膜、平铺并用黏土覆盖压边等方法进行密封。

4)沟中回填的翻土要密实且不夹杂砂石。

5)膜四周密封处．膜与软土接触要有足够的长度,保证有足够长的渗径;膜周边密封处应有一定的压力,保证膜与软土紧密接触,使膜周边有良好的气密性。

6)封闭采取板桩墙加沟内覆水、围堤沟内覆水等辅助密封法,根据实践经验既保证了整个加固区的密封性又能减缓膜的老化。

7)地基在加固过程中,加固区外的土层向着加固区移动,使地表产生裂缝,膜上全面覆水较裂缝宽度不断扩大井向下延伸,也逐渐由加固区边缘向外发展。可拌制一定稠度的黏土浆倒灌到裂缝中,泥浆会在重力和真空吸力的作用下向裂缝深处钻进,泥浆会慢慢充填于裂缝中,堵住裂缝达到密封的效果。

(7)施工检测。

1)预压过程中,应对加固范围的地基稳定安全、固结度、垂直变形、侧向变形控制和加固效果进行实时监督和控制,监测被加固体内不同部位的负压实时状况。

2)监测项目选取孔隙水压力、膜内真空度、排水板内真空度、土体真空度、地面沉降量、深层沉降量和土体水平位移。

3)孔隙水压力监测是检测施工期向地基土体在荷载作用下不同深度的超静孔隙水压力的消长规律,及时了解土体的固结状态和强度增长情况。在孔隙水压力监测断面附近,应配套布置地下静水位观测装置,并与孔隙水压力对应观测,以便分析监测结果时剔除静水位变化的影响。

4)真空度监测应包括膜内真空度、垂直排水体内真空度和土体真空度等三个组成部分,以综合控制真空预压加固效果。在抽气的开始阶段,膜内真空度须测读一次,以便准确测出真空压力的上升过程,并有利于检查密封情况;当真空压力达到要求后,再测读一次,并做好记录。

在垂直排水体内预埋真空测头时,首先按预定的深度将测头布置在垂直排水体内。同一垂直排水体内只安装1个测点,在不改变排水体的工作性能的情况下,可以将几个不同深度的测点置于同一垂直排水体内。垂直排水体深度大时,测点间距取大值,反之取小值。抽气的开始阶段,垂直排水体真空度须测读一次;当真空度压力达到要求后且变化较小时,再测读一次,需要时可根据膜内真空度的变化情况,调整测读密度。

在土体中设置真空度测头时,平面位置应保证测头位于排水板平面布置的几何形心上,深度上应与垂直排水通道中的测点位置相对应。将测头放置孔底,再将测头压入到预定位置,并用膨润土球封孔。也可以采用与孔隙水压力测头相同的埋设方法。

5)水平位移观测采用埋设测斜专用管,进行深层水平位移监测。观测测斜管沿深度的倾斜角度,算出管体沿深度的分布位置,通过观测比较管体位置的变化求得地基不同深度上的水平位移。对于稳定性稍好的辅助监测位置,也可选用坡脚位置设置边桩监测,用经纬仪或基准桩来监测地基的浅层位移。

6)安置感应环于预定深度并用特定装置保持与土的变形响应性。用沉降仪测量感应环的深度,根据各感应环高程的变化,确定地基内各土层之间的相对压缩量,确定地基的分层沉降和工后沉降。土体深层沉降观测孔应优先布置在压缩土层比较厚、荷载量比较大的位置。深度应优先布置在地基土层分界面上,采用金属感应或电磁感应式沉降观测装置进行观测。

(8)结束。

1)关闭真空泵,并关闭阀门。

2)继续观测以上项目的变化。

3)卸掉膜上积水;拆掉真空系统及出膜口。

4)去除密封膜及真空分布管。

5)进行现场钻探、试验等效果试验。

4.1.7 砂桩施工

1. 工艺概述

砂桩是在软土地基中,采用沉管设备将导管沉入土层中制孔,向孔中灌入中砂、粗砂或砂砾,形成较密实的兼有排水和承受部分载荷的桩体,从而提高地基承载力,是软土地基加固方法之一。

砂桩采用不同成桩方法,在松散砂土中成桩时对周围砂层或产生挤密作用或同时也产生振密作用。砂桩成孔一般采用振动沉管或锤击沉管方法。振动沉管时宜用活瓣式桩靴。在软弱黏性土中可以选用锤击成桩法,也可以使用振动成桩法。锤击成桩法分成两类:单管法和双管法;振动成桩法分成三类:一次拔管法、逐步拔管法和重复压拔管法。拔管法和重复压拔管法更能够保证砂桩质量;要求小直径管打出大直径砂桩时,可以选用双管冲击成桩法或单管振动重复拔管成桩法。

砂桩在松散砂土中,可用于增大相对密度,防止振动液化;在软弱黏性土中,可用于提高地基承载力,加速固结沉降,改善地基的整体稳定性。

砂桩适用于软土、人工杂填土和松散砂土的挤密加固地基;适用于工业与民用建筑、交通、水利等工程建设。

2. 作业内容

定位、沉钢管、灌砂、拔钢管、补灌砂等。

3. 施工工艺及质量控制流程

砂桩施工工艺及质量控制流程如图 4-12 所示。

4. 工艺步骤说明

(1)施工高程。砂桩顶施工高程一般高出施工图标示高程 0.5～1 m,以便在成桩完成后,将没有充分挤密的或被挤松的部分完全挖去。

(2)砂含水率。采用单管冲击式或振动式一次打拔管成桩法或复打成桩时,使用饱和砂;采用双管冲击式或单管振动式重复压拔管成桩法,饱和土中施工可使用天然湿度砂或干砂。

(3)机具就位。机械按施工图桩位就位。蒸汽打桩机或柴油打桩机,下端装有活瓣钢桩靴的或预制钢筋混凝土锥形桩尖的桩管,装砂料斗等,应选用适宜的桩尖结构。当选用活瓣桩靴时,砂性土地基宜采用尖锥型,黏性土地基宜采用平底型。砂性土地基应从外围或两侧向中间进行,以挤密为主的桩宜隔排施工。软弱黏性土地基宜从中间向外围或隔排施工。

(4)管内灌砂。向桩管内加料,采用漏斗和吊砂桶。

(5)拔起桩管。边振动边拔管,拔至确定高度;边振动边下压沉管至确定高度;停止拔管后应继续振动。

振动法施工应严格控制拔管高度、拔管速度、压管次数和时间、填砂量、电机工作电流,保证桩体连续、均匀、密实。

锤击法施工应根据冲击锤的能量控制拔管高度、分段填砂量、贯入度。

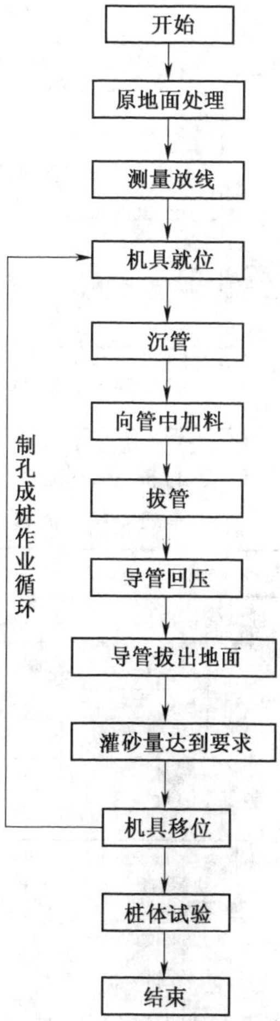

图 4-12　砂桩施工工艺及质量控制流程图

(6)质量控制。套管成孔的砂桩施工时,应随时观测桩顶和地面有无隆起及水平位移,必要时,应及时采取措施处理。当实际灌砂量没有达到施工图要求时,应在原位将桩打入,补充灌砂后复打一次,或在旁边补桩。质量检测应在施工后间隔一定时间进行,饱和黏性土宜为 2 周,其他土为3～5 d。

5. 质量检验标准

(1)砂桩质量检验标准见表 4-9。

表 4-9　砂桩质量检验标准

检验项目	质量要求	检验数量	检验方法
砂料	采用一定级配的中、粗、砾砂,其含泥量不得大于 5%,用作排水的砂桩,含泥量不得大于 3%	同一产地、品种、规格且连续进场的砂料,每 3 000 m^3 为一批,当不足3 000 m^3时也按一批计	在料场抽样检验砂子含泥量、筛分试验检验其颗粒级配
长度	满足施工图要求	每根桩检验	测量桩管上深度控制线,并检查施工中是否达到此控制高程
灌砂量	满足施工图要求	每根桩检验	用砂料计量斗计量实际灌砂量并与计划灌砂量比较

续上表

检验项目	质量要求	检验数量	检验方法
桩身密实度(砂桩 2 m 深度以下)	必须大于中密状态($N_{63.5}\geqslant$10)或符合施工图要求	按砂桩数量的 2% 抽样检验,且每检验批不少于 2 根	砂桩施工结束达到规定静置时间后,进行标准贯入或动力触探试验,自桩顶 2 m 以下开始计数
桩间土加固效果	应满足施工图要求	沿线路纵向每 100 m 抽样检验 5 处,抽样数量的 20% 见证检验	砂桩施工结束达到规定静置时间后,进行标准贯入或动力触探试验,自桩顶 1 m 以下开始计数
砂桩地基承载力	应满足施工图要求	总桩数的 2‰,且每检验批不少于 3 根	平板载荷试验

(2)砂桩的桩位、桩径、桩身垂直度的允许偏差、检验数量及检验方法见表 4-10。

表 4-10　砂桩的桩位、桩径、桩身垂直度的允许偏差、检验数量及检验方法

检验项目		允许偏差	施工单位检验数量	检验方法
桩位(纵、横)		50 mm	抽样检验成桩总数的 5%,且每批检验不少于 5 根	经纬仪或钢尺量
桩径	振动法	−20 mm		钢尺量
	锤击法	$^{+100}_{-50}$ mm		
桩身垂直度		1.5%	抽样检验成桩总数的 2%,且每批检验不少于 3 根	经纬仪或吊线测桩架倾斜度

4.1.8　碎石桩施工

1. 工艺概述

碎石桩是用沉管法成孔后,将碎石材料注入孔内,在拔管的同时施加振动和沉管,使砂石挤密,形成连续的具有一定承载能力的桩体。碎石桩施工速度快,操作简便,不需要复杂的设备和较多的人力;不受地下水位及降水井施工的影响,不易出现断桩现象。

碎石桩适用于砂性土、粉土、黏性土、杂填土、素填土和湿陷性黄土等地基的加固。

2. 作业内容

沉管、填碎石、拔管、沉管机械就位、移位等。

3. 施工工艺及质量控制流程

碎石桩施工工艺及质量控制流程如图 4-13 所示。

4. 工艺步骤说明

(1)开始。

1)完成施工准备工作。

2)完成施工工艺设计。按照实际的机械设备、作业人员和作业环境等条件,进行实地工艺试段。验证施工技术、施工组织能达到预期的质量、进度效果,机械设备和人员配置合理,施工效率能满足施工织织确定的工期。

(2)布置桩位。采用经纬仪或全站仪,通过基准桩确定施工范围,确定桩位基线,布置桩点,对桩点应采用可靠的标识进行标记。

(3)设备就位。检查起重机稳定情况,起吊振冲器对准桩位。

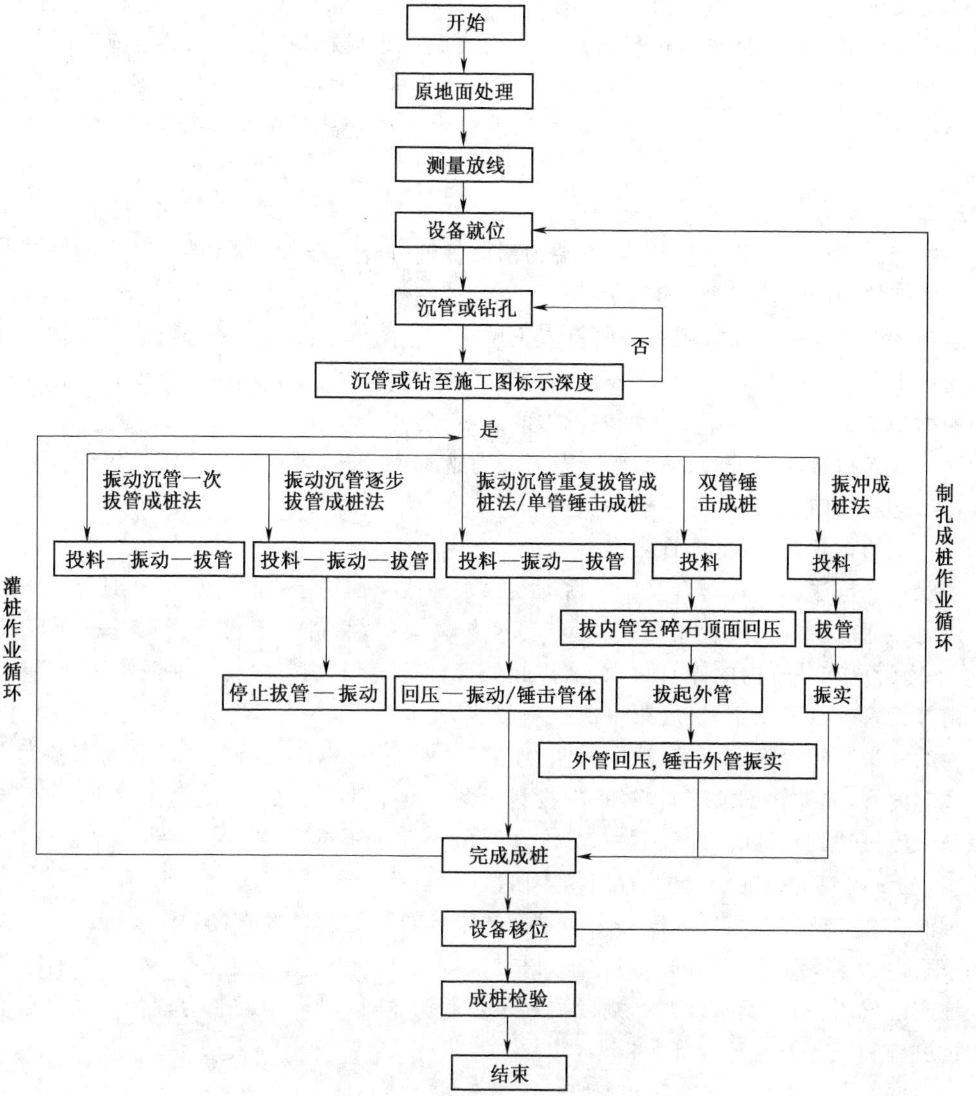

图 4-13 碎石桩施工工艺及质量控制流程图

(4)造孔与成桩。

1)振动沉管成桩法。

①次拔管法。桩管垂直对准桩位(活瓣桩靴闭合)。将桩管振动沉入土中，达到施工图标示深度，使桩管周围的土进行挤密或挤压。从桩管上端的投料翻斗加入碎石料，为保证顺利下料，可加适量水。通过填料的数量来控制桩身直径，当填料量达不到施工图要求时，要在原位再沉管投料一次或在旁边补打一根桩。边振动边拔管直至拔出地面，通过拔管速度控制桩身的连续性和密实度。

②逐步拔管法。逐步拔管，边振动边拔管，每拔管 50 cm，停止拔管而继续振动，停拔时间 10～20 s，直至将桩管拔出地面。

桩身的连续性和密实度，通过控制拔管的速度来保证。拔管速度慢，可使填料有充分时间振密，不致断桩或缩颈，从而保证桩身的密实度。

③重复压拔管法。桩管垂直就位,闭合桩靴。将桩管沉入地基土中达到施工图标示深度。按施工设计规定的填料向桩管内投入碎石料。边振动边拔管,拔管高度根据施工图确定。边振动边向下压管(沉管),下压的高度由施工图和工艺试验确定。停止拔管,继续振动,停拔时间长短按规定要求。拔管速度较快,拔管高度较大或桩管高度较小,都容易造成桩身灌筑不连续。

2)锤击沉管成桩法。

①单管成桩法。桩管垂直就位,下端为活瓣桩靴时应对准桩位,下端为开口的则应对准已按桩位埋好的预制钢筋混凝土锥形桩尖。

启动蒸汽桩锤或柴油桩锤将桩管打入土层至施工图标示深度。从加料漏斗向桩管内灌入碎石料。当填料较多时,可分两次灌入,第一次灌入总料量的2/3或灌满桩管,然后上拔桩管,当能容纳剩余的填料时再第二次加够所需的碎石料。

用灌入碎石量控制桩的直径,灌碎石量没有达到要求时,可在原位再沉入桩管投料(复打)一次,或在旁边沉管投料补打1根桩。

按规定的拔管速度,将桩管拔出。

②双管成桩法。桩管垂直就位。启动蒸汽桩锤或柴油桩锤,将内、外管同时打入土层中至设计规定的深度。拔起内管至一定高度,打开投料口门,将碎石料装入外管里。关闭投料口门,放下内管压在外管内的碎石料面上,拔起外管,使外管上端与内管和桩锤接触。启动桩锤,锤击内外管将碎石料压实,桩底第一次投料较少,如填一辆手推车约为0.15 m^3(只是桩身每次投料的一半),然后锤击压实,这阶段叫"座底","座底"可以保证桩长和桩底的密实度。

拔起内管,向外管里加碎石料,每次投料为两手推车约0.3 m^3。重复3~5次直至拔管接近桩顶。灌桩达到桩顶时,即最后一、二次加料每次加1手推车或1.5手推车碎石料,进行锤击压实,至设计规定的桩长或桩顶高程,本阶段叫"封顶"。

桩的直径和密实度用贯入度和填料量两项指标双重控制桩的直径和密实度。对于以提高地基承载力为主要处理目的的非液化土,以贯入度为主,填料量控制为辅;对于以消除砂土和粉土地震液化为主要处理目的的,则以填料量控制为主,以贯入度控制为辅。贯入度和填料量可通过试桩确定。

3)振冲造孔成桩法。

①启动水泵和振冲器。先开启供水泵,待振冲器下端喷水口出水后,启动振冲器,检查水压、电压和振冲器空振电流是否正常。

②振冲造孔。吊机放下振冲器,使其贯入土中,造孔过程中应保持振冲器呈悬垂状态,以保证成孔垂直。

遇到硬土层,要加大水压;遇到软土层夹层时,应提起振冲器,填入碎石,再将振冲器沉入孔内振动,使碎石挤入四周土层,以加固孔壁。

造孔时,振冲电流不得超过额定电流,一旦超过,应提起振冲器,等高压水冲软土层再下沉振冲造孔,当造孔深度达施工图标示高程以上位置,停止造孔。

③清孔。造孔中止后,当返水中的含泥量很高,或孔口被泥土淤塞或孔中有高强度黏土,使成孔直径小时,需要清孔。

提升振冲器至孔口,然后再下降至孔底,如此反复进行冲孔。

冲孔完毕,将振冲器停留在孔底,用水将孔内泥浆排出,以进行清孔;砂基上水压和水量应减少至维持孔口有一定量回水但没有大量细颗粒带走的程度。

④填料。清孔后即向孔内填料,填料方式有连续填料和间隔填料两种。

连续填料时,振冲器停留在孔底以上位置,向孔内不断回填石料,并在振动中提升振冲器,整个制桩过程中石料均处于满孔状态。

间隔填料时,应将振冲器提出孔口,每往孔内倒一次石料,下降振冲器至填料中振捣一次,如此反复至制桩结束。

⑤振密成桩。依靠振冲器水平振动力将填入孔中的石料不断挤向侧壁土中,同时使填料挤密,直到满足设计要求的电流值、留振时间和填料量。无论采用哪种填料方式,都必须保证振密从孔底开始,逐段自下而上直至桩顶高程。

成桩后,应先停止振冲器运转,再停止供水泵。碎石桩施工如图 4-14 所示。

图 4-14 碎石桩施工

⑥检查验收、控制。碎石桩加固后地基承载力的检验,应根据加固地基土质的情况,在施工完成间隔一段时间后进行。

碎石桩检测应由具备相应资质的检测单位进行,地基承载力的检测方法主要有复合地基静荷载试验、桩体的连续动力触探试验,桩间土还可以采取现场土样进行室内土工试验等,综合确定加固效果是否满足施工图要求。

⑦结束。每步检查都应填写质量记录,后把记录收集整理,按顺序编号归档。

5. 质量检验标准

(1)碎石桩施工质量要求见表 4-11。

表 4-11 碎石桩施工质量要求

检验项目	质量要求	检验数量	检验方法
碎石料	采用未风化的干净碎石或砾石,粒径应满足施工图要求,最大粒径不宜大于 50 mm,含泥量不得大于 5%	同一产地、品种、规格且连续进场的石料,每 3 000 m^3 为一批,当不足 3 000 m^3 时也按一批计	在料场抽样检验石料含泥量、筛分试验检验其颗粒级配
长度	满足施工图要求	每根桩检验	测量桩管上深度控制线,并检查施工中是否达到此控制高程
灌碎石量	满足施工图要求	每根桩检验	用石料计量斗计量实际灌碎石量,并与设计灌碎石量比较

续上表

检验项目	质量要求	检验数量	检验方法
桩身密实度	符合施工图要求	2%抽样检验,且每检验批不少于2根	在碎石桩施工结束达到规定静载时间后,进行标准贯入或动力触探试验,自桩顶2 m以下开始计数
桩间土的加固效果	应满足施工图要求	沿线路纵向每100 m抽样检验5处	在碎石桩施工结束达到规定静载时间后,进行标准贯入、静力触探或动力触探试验,自探头达到地面1 m以下开始计数
碎石桩地基承载力	应满足施工图要求	总桩数的2%,且每批不少于3根	平板载荷试验

(2)碎石桩的桩位、桩径、桩身垂直度的允许偏差、检验数量及检验方法见表4-12。

表4-12 碎石桩的桩位、桩径、桩身垂直度的允许偏差、检验数量及检验方法

检验项目	允许偏差		检验数量	检验方法
桩位(纵、横)	50 mm		抽样检验成桩总数的5%,且每检验批数量不少于5根	经纬仪或钢尺丈量
桩径	振动法	−20 mm	—	钢尺丈量
	锤击法	$^{+100}_{-50}$ mm		
桩身垂直度	1.5%		抽样检验成桩总数的2%,且每检验批数量不少于3根	经纬仪或吊线测桩架倾斜度

4.1.9 粉体喷射搅拌桩施工

1. 工艺概述

粉体喷射搅拌桩是通过粉体搅拌设备向软土地基中输入粉粒体加固材料,通过和原位地基土强制性的搅拌混合,使地基土和加固材料发生化学反应,在稳定地基土的同时提高其强度的方法。

由空气输送的加固材料,向着通过搅拌叶片旋转产生的空隙部位喷出,并随着搅拌叶片的旋转均匀散布在整个空隙轨迹面内,进而和原位地基土搅拌并混合在一起。加固材料分离后的空气就沿着搅拌轴,由轴与土的缝隙处排出地面。

粉体喷射搅拌桩施工机具简单,加固效果显著,充分利用原土,工艺成本低。

粉体喷射搅拌桩可用于淤泥、淤泥质土、粉质黏土、粉土、杂填土等软土地基加固。

2. 作业内容

钻孔、喷粉及搅拌、重复喷粉钻进搅拌、重复搅拌等。

3. 施工工艺及质量控制流程

粉体喷射搅拌桩施工工艺及质量控制流程如图4-15所示。

4. 工艺步骤说明

(1)试桩。按技术规范要求先做试桩,经检验合格后确定有关技术参数和施工工艺,用于指导施工。工艺试验参考指标：钻进速度 $V\leqslant 1.5$ m/min；平均提升速度 $V_P\leqslant 0.8$ m/min；搅拌速度 $R\approx 30$ t/min；钻进、复搅与提升时管道压力：0.1 MPa$\leqslant P\leqslant$0.2 MPa；喷灰时管道压力：0.25 MPa$\leqslant P\leqslant$0.40 MPa。试桩应达到以下目的：

1)提供满足施工图喷粉量的各种操作参数。如管道压力、灰罐压力、钻机提升速度、钻进速度、搅拌速度等。

2)验证搅拌均匀程度及成桩直径。

3)确定该地质条件下，符合质量要求的合理喷灰量。

4)确定该地质条件下合理的工艺流程。

5)确定进入持力层的判别方法。

(2)测量定位。

1)进行测量放样，定设桩位标桩。

2)根据施工放样，平整场地，清理杂物。

3)机械按放样定位桩点对准就位。以吊线锤校正机架垂直度，每工作班检查不少 2 次，使垂直度偏差不超过 1%。

(3)钻进及送粉。启动钻机，钻头正转，待搅拌钻头接近地面，启动自动记录仪，空压机送气，下沉钻进至施工图标示桩尖深度，关闭送气阀门，打开送料阀门，喷送加固粉料至钻头。

粉喷桩实际施工桩长应按进入持力层控制。判别是否进入持力层的方法可由钻机钻到最深时的下钻速度和电流表的读数来判定，这两个参数是在工艺试桩时确定的，一般下钻速度为 0.5 m/min，电流值是额定电流值的 125%以上。储灰罐容量应不小于一根桩的用灰量加 50 kg，如储量不足时，不得对下一根桩开钻施工。

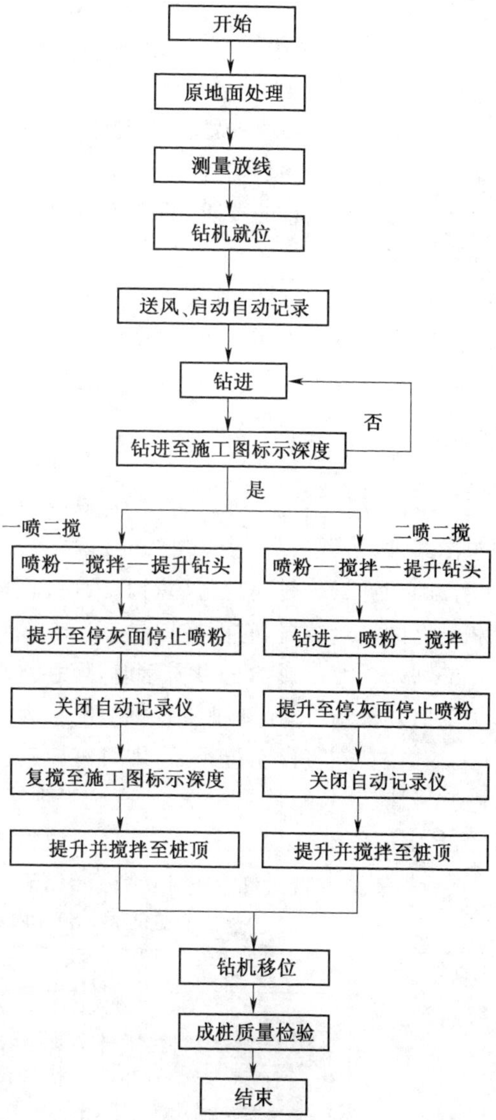

图 4-15 粉体喷射搅拌桩施工工艺及质量控制流程图

(4)搅拌喷粉。继续喷粉、钻头反转搅拌提升至桩顶或停灰面，停止喷粉。从开始喷灰到钻头处出灰有一定时间，钻机钻至桩底后，必须预喷一段时间，方可提钻。停留时间由管道长度等确定。喷灰时，水泥在管道内的输送速度大约为 1 m/s，如管道长 40 m，钻至桩底后即喷粉提钻，则桩底实际少灰长度接近 1 m，形成被扰动的土柱。

(5)复搅下沉钻头。搅拌下沉至规定的复搅深度。为了确保搅拌的均匀性，施工时要严格掌握好钻机提升速度、搅拌叶旋转速度等，并应尽量采用全桩复搅以保证质量。当桩体较长、土体天然含水率较高、黏性重时，应采用“二喷二搅”的施工工艺，即：钻进至桩底高程后慢档提升、喷灰、搅拌至停灰面,再钻进、复搅、复喷至桩底后再提升、搅拌至停灰面。

(6)复搅提升钻头。反钻提升搅拌,直至桩顶。

(7)施工控制。

1)严禁在尚未喷粉的情况下进行提升钻头作业,严格控制钻进速度、提升速度,确保成桩质量。要保证喷粉的均匀性,关键是掌握好钻头的提升速度。人工控制水泥喷射量时,必须避免为满足每米喷粉量的要求,施工人员只在总量上使记录器显示需要的数字,从而人为导致桩体喷粉不均匀。

2)控制下钻深度、喷粉高程及停灰面。桩头应原位搅拌约 2 min。

3)当成桩过程中因故停工时,第二次喷粉必须重叠接桩,接桩长度不得小于 1 m。

4)随时检查加固料用量、桩长、复搅长度,评定成桩质量,如有不合格桩或异常情况,应及时采取补桩或其他处理措施。

5)搅拌钻头直径磨耗量不得大于 10 mm。输灰管须经常检查,不得泄漏及堵管。

6)桩体无侧限抗压强度、桩长及桩身均匀性、桩顶高程、处理后的复合地基承载力应符合施工图要求。

7)喷粉计量。粉喷桩加固料宜采用普通硅酸盐水泥,一般计量采用电子称重法与钻机深度相结合的计量装置,它能在记录上反映深度、相对应每延米的喷粉量、总灰量等。

8)如发生意外影响桩身质量时,应在水泥终凝前采取补喷措施,补喷重叠长度≥1 m。补喷无效时须重新打桩,新桩与废桩的间距为 20 cm。

9)移位。在复搅至桩顶后,即可将施工机械移至下一桩位施工。

10)结束。填写质量记录,检查施工现场交工资料和检测试验报告,整理归档。

5. 质量检验标准

(1)粉体喷射搅拌桩质量检验标准见表 4-13。

表 4-13 粉体喷射搅拌桩质量检验标准

检验项目	质量要求	检验数量	检验方法
水泥	种类、规格及质量应符合施工图要求。严禁使用受潮、结块、变质的水泥	同一产地、品种、规格且连续进场的水泥,袋装水泥 200 t 为一批,散装水泥 500 t 为一批,当袋装水泥不足 200 t 或散装水泥不足 500 t 时也按一批计	检查产品质量证明文件及抽样检验
喷粉量	符合施工图要求,喷粉应均匀	每根桩检验	检查灰量自动记录仪打印记录
长度及复搅长度	满足施工图要求。喷粉中断时,第二次喷粉接桩的喷粉重叠长度不得小于 1 m	全部检验	测量钻杆长度,并在施工中检查是否达到施工图深度标示,检查施工记录
完整性、均匀性、无侧限抗压强度	满足施工图要求	抽样检验粉喷桩总数的 2‰,且不得少于 3 根	粉喷桩完工后 28 d,在每根检测桩径放线 1/4 处、桩长范围内垂直钻孔取芯,观察其完整性、均匀性,拍摄取出芯样的照片,取不同深度的 3 个试样做无侧限抗压强度试验。钻芯后的孔洞采用水泥砂浆灌注封闭
复合地基承载力	满足施工图要求	总根数的 2‰,且不得少于 3 根	平板荷载试验

(2)搅拌钻头直径磨耗量不得大于 10 mm。

(3)粉体喷射搅拌桩施工的允许偏差、检验数量及检验方法应符合表 4-14 的规定。

表 4-14 粉体喷射搅拌桩施工的允许偏差、检验数量及检验方法

检验项目	允许偏差	施工单位检验数量	检验方法
桩位(纵横向)	允许偏差 50 mm	抽样检验粉喷桩总数的 10%,且每检验批不少于 5 根	经纬仪或钢尺丈量
桩身垂直度	1%		经纬仪或吊线侧钻杆倾斜度
桩体有效直径	不小于施工图标示值		开挖 50～100 cm 后,钢尺丈量

4.1.10 浆体喷射搅拌桩施工

1. 工艺概述

浆体喷射搅拌桩利用钻机把带有喷嘴的灌浆管钻进至土层的预定位置后,用搅拌机搅拌,再用加压设备使浆体从喷嘴中喷射出来,冲击软土层,加固软黏土层。

浆体喷射搅拌桩用于加固饱和软黏土地基的方法,利用水泥、石灰等材料作为固化剂的主剂,通过搅拌机,在地基深处就地将软土和固化剂强制搅拌,利用固化剂和软土之间所产生的一系列物理—化学反应,使软土硬结成具有整体性、水稳定性和一定强度的优质地基。

浆体喷射搅拌桩具有适用范围广、工艺简便、固结体形状易于控制及设备简单等特点。浆体喷射搅拌桩适用于加固各种成因的饱和软黏土,加固土质有砂类土、黄土、淤泥、淤泥质土、黏土和亚黏土等;用于增加软土地基的承载力,减少沉降量,提高边坡的稳定性。

2. 作业内容

喷浆钻进搅拌、搅拌提升、重复喷浆钻进搅拌、重复搅拌提升、复喷等。

3. 施工工艺及质量控制流程

浆体喷射搅拌桩施工工艺及质量控制流程可参考图 4-15。

4. 工艺步骤说明

(1)开始。一切准备工作完成后,方可开始施工。工艺试验参数:成桩直径 50 cm,钻进速度 2～3 挡(30～50 cm/min),进入持力层时电流表读数 $I \geqslant 60$ A,桩底持续喷浆搅拌时间≥30 s;提升喷浆速度≤30 cm/min;喷浆压力 0.6～1 MPa;水泥浆水胶比 0.5;早强剂掺量(水泥掺比)0.8%;水泥浆搅拌时间≥30 min(每拌)。

(2)钻机就位。

1)第一道工序就是将使用的钻机安置在测设的孔位上,使钻头对准桩位。

2)为保证钻孔达到要求的垂直度,钻机就位后必须做水平校正,使钻杆轴线垂直对准钻孔中心位置。以吊线锤校正机架垂直度,每工作班检查不少于 2 次,使垂直度偏差不超过 1%。

(3)射水试验。钻机就位后,进行射水试验,检查喷嘴是否畅通,压力是否正常。

(4)钻孔。视地质情况、加固深度和机具设备等,采用不同的钻孔方法,遇到较硬地层时,宜用地质钻机钻孔。射水试验后,即可开钻。增加射水压力,减少摩阻力。

(5)制浆。

1)配置浆液时,水要清洁、酸碱适中。

2)浆液配比选定后,首先,将水加入桶内,再将水泥等粉料倒入。

3)开动搅拌机搅拌,并经过筛后放入灰浆池备用。

(6)喷浆钻进,搅拌。

(7)提升喷浆搅拌。

1)搅拌机下沉到要求深度后,开启灰浆泵,将水泥压入地基中,边喷浆、边旋转。

2)按施工图要求的提升速度提升搅拌机。

(8)重复上、下搅拌。搅拌机提升到加固深度的顶面高程时,集料斗中的水泥浆应正好排空。为使软土和水泥浆搅拌均匀,可再次将搅拌机边旋转、边沉入土中,至加固深度后,再将搅拌机提升出地面。

(9)清洗。

1)补浆完成后,提升钻杆及钻头,进行低压射水。

2)向集料斗中注入适量清水,开启灰浆泵,清洗全部管路中残存的水泥浆,管内、机内不留残存浆液。

3)将粘附在搅拌头的软土清洗干净。

(10)移位。

1)冲洗钻杆、喷嘴,整个作业结束。

2)把钻机等机具设备移到新孔位上。

3)重复上述步骤,进行下一根桩的施工。

4)考虑到搅拌桩顶部与上部结构的基础或承台接触部分受力较大,因此,通常还可在桩顶再增加一次输浆,提高桩强度。

(11)施工及质量控制。

1)严格控制搅拌机钻进和提升速度、供浆与停浆时间,确保成桩质量。

2)控制下钻深度、喷浆高程及停浆面。桩端必须原位喷浆搅拌一定时间。

3)成桩过程中,以一次喷浆二次搅拌或二次喷浆四次搅拌为宜。复搅时应避免浆液上冒。

4)成桩过程中,当因故停浆后继续施工时必须重叠接桩,接桩长度不得小于 0.5 m。若停机超过 3 h,应在原桩位旁边进行补桩处理。

5)当钻进搅拌中遇有阻力较大,钻进太慢,应增加搅拌机自重,然后启动加压装置加压,或边输入浆液边搅拌钻进。

6)配制好的浆液不得离析,供浆应连续,固化剂与外掺剂的用量、泵送浆液时间必须有专人记录。

7)随时检查施工记录,评定成桩质量,如有不合格桩或异常情况,应及时采取补桩或其他处理措施。

8)浆体喷射搅拌桩桩顶高程应符合施工图要求,桩体无侧限抗压强度、桩长及桩身均匀性应符合施工图要求。

9)浆体喷射搅拌桩处理后的复合地基承载力应符合施工图要求。

10)钻机成孔和喷浆过程中,应将废弃的加固料及冒浆回收处理,防止污染环境。

5. 质量检验标准

(1)浆体喷射搅拌桩质量检验标准见表 4-15。

(2)浆体喷射搅拌桩施工的允许偏差、检验数量及检验方法参见前面表 4-14。

表 4-15　浆体喷射搅拌桩质量检验标准

检验项目	质量要求	检验标准	检验方法
搅拌桩用的固化料和外加剂、规格及质量	符合设计要求	同一产地、品种、规格、批号的固化剂和外加剂，每 200 t 为一批，当不足 200 t 时也按一批计，每根桩检验	检查产品质量证明文件及抽样检验。随时检查施工记录，如有不合格桩或异常情况，应及时采取补桩或其他处理措施
浆液	按施工图配方和试验确定的配合比拌制，制备好的浆液应均匀，不得离析	每根桩施工过程中抽样检验 2 次	观察并用浆液比重计检测浆液密度
喷浆量	符合施工图要求	每根桩检验	检查自动记录仪打印记录
成桩长度、复搅长度	符合设计要求，因故停浆时，恢复供浆后的喷浆重叠长度不得小于 0.5 m	每根桩检验	测量钻杆长度，并在施工中检查是否达到深度标志。检查施工记录
桩的数量、布桩形式	符合设计要求	每根桩检验	观察、现场清点
完整性、均匀性、桩身无侧限抗压强度	满足施工图要求	总桩数的 2‰，且每检验批不少于 3 根	桩完成 28 d 后，在每根检测桩径方向 1/4 处、桩长范围内垂直钻孔取芯，观察其完整性、均匀性，拍摄取出芯样的照片，取不同深度的 3 个试样作无侧限抗压强度试验。钻芯后的孔洞采用水泥砂浆封闭
复合地基承载力	满足施工图要求	总桩数的 2‰，且每检验批不少于 3 根	平板载荷试验

4.1.11　高压旋喷桩施工

1. 工艺概述

高压旋喷桩是利用钻机，将预先配制好的浆液，高速喷射出来，直接冲击破坏土体。喷射过程中，钻杆边旋转、边徐徐提升，在土中形成一个有一定直径的柱状固结体。

高压旋喷桩具有应用范围广、工艺简便、固结体形状易控制等特点。

高压旋喷桩适用于淤泥、淤泥质土、黏性土、黄上、砂土、人工填土和碎石土等各种软土地基的加固；加固地基范围广，不受土的粒度、密度、硬化剂黏性及硬化时间的影响。

2. 作业内容

成孔、水泥浆拌制、喷射，钻杆提升、复喷、泥浆清理等。

3. 施工工艺及质量控制流程

高压旋喷桩施工工艺及质量控制流程如图 4-16 所示。

4. 工艺步骤说明

(1)机械就位。机械就位应平整，立柱、转盘与孔位对正，高压设备与管路系统应符合施工图及安全要求，防止管路堵塞，密封良好。

(2)钻孔。

1)一般使用地质钻机成孔。

2)钻孔过程中应详细测量记录实际孔位、孔深及地层变化情况。

3)射水试验后,即可开钻,射水压力逐渐增加,减小摩擦阻力,防止喷嘴被堵。

4)当第一根钻杆钻进后,应停止射水。

(3)泥浆的浆液,通过高压泵加压后,经高压管送至钻机用于旋喷。

(4)旋喷应注意设备开动顺序。二重管,三重管的水、气、浆的供应应有序进行,衔接紧密。

(5)分层选择喷射参数。对深层长桩应根据地质条件,分层选择适宜的喷射参数,保证成桩均匀一致。

(6)压力突变,异常冒浆。在高压喷射灌浆过程中,当出现压力突增或突降、大量冒浆或完全不冒浆时,应查明原因,采取相应措施。

(7)桩体质量要求。高压旋喷桩桩体无侧限抗压强度、桩长及成桩均匀性应符合设计要求;高压旋喷桩处理后的复合地基承载力应符合设计要求。

(8)废料回收。钻机成孔和喷浆过程中,应将废弃的加固料及冒浆回收处理,防止环境污染。

(9)成孔。钻进至桩底深度成孔。

(10)拔管。

1)旋喷达到桩底深度后,可停风、停水而继续用旋喷泵灌浆,待水泥浆从孔口返出后,即可停止灌浆,然后将灌浆泵的吸水管移至清水箱,抽吸一定量的清水将灌浆泵和灌浆管路中的浆液顶出,然后停泵,拔管要迅速,不可久留孔中。桩顶凹坑应即时以水胶比 0.6 的水泥浆补灌。

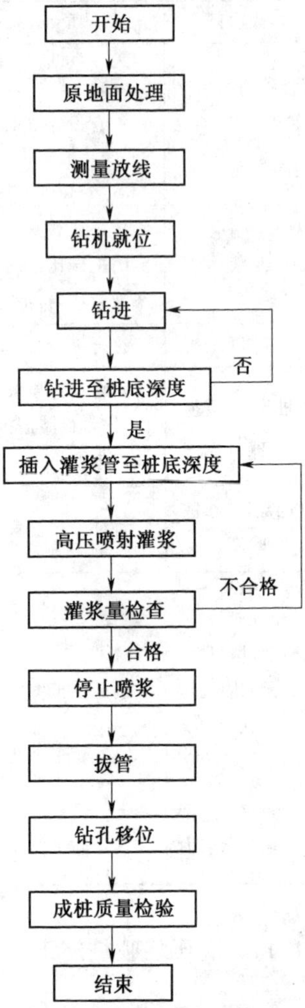

图 4-16　高压旋喷桩施工工艺及质量控制流程图

2)卸下灌浆管后,立即用清水将各通道冲洗干净,并拧上堵头。

3)灌浆泵、送浆管路和浆液搅拌机等都要用清水清洗干净。

4)压气管路和高压泵管路也要分别送风、送水冲洗干净。

(11)旋喷质量控制。选择开挖、钻孔取芯、标准贯入、荷载试验或水压试验等适当方法对旋喷效果进行检验。

(12)机械清洗。

(13)施工故障处理。

1)压力上不去:安全阀和管路接头处密封圈不严;泵阀损坏,油管破裂漏油,安全阀的压力过低,或吸浆骨内留有空气或密封圈泄漏;栓塞油泵调压不够;活(柱)塞或缸套损坏。

2)压力突然上升:喷嘴堵塞,高压软管清洗不净,浆液沉淀或其他杂物堵塞影响管路畅通;泵体或出浆管路有堵塞。

3)压力不稳定,油管路泄漏;泵体或吸浆管路有泄漏或存在空气;泵体注塞杆过长或泵体安装时不严密。

4)喷嘴堵塞及冒浆嘴堵塞,应提升灌浆管,待堵塞消失后再进行复喷;出现不冒浆或断续冒浆时,系土质松软的正常现象,可适当进行复喷;冒浆量小于灌浆量20%,视为正常现象,超过20%或完全不冒浆时应采取相应措施;在旋喷过程中,地层有较大空隙导致不冒浆,可在浆液中加入适量的速凝剂,以缩短固结时间;当冒浆量过大时,可提高喷射压力,适当缩小喷嘴孔径,加快提升和旋转速度;大量冒浆、压力稍有下降时,可能是灌浆管被击穿或有孔洞,使喷射能力降低,此时应拔出灌浆管进行检验。

(14)严格控制桩体质量。

1)桩位控制:钻机就位要准确,孔位偏差不应大于5 cm。

2)桩径控制:施工过程中要按施工图参数操作,对桩个别部位可进行复喷,以满足桩径的要求。

3)桩长控制:当钻至桩底深度以下0.2 m时,将喷浆管插到桩底层位。在插管过程中,为了防止泥沙堵塞喷嘴,可边喷水边插管。喷水压力一般不超过1 MPa,以防止孔壁坍塌。

4)喷浆控制:要严格按照配合比控制浆液,保证喷浆量,随时观察返浆情况。

5. 质量检验标准

(1)高压旋喷桩质量检验标准及检验方法见表4-16。

(2)高压旋喷桩施工的允许偏差、检验数量及检验方法参见前面表4-14。

表4-16 高压旋喷桩质量标准及检验方法

检验项目	质量要求	检验数量	检验方法
水泥外加剂品种、规格及质量	应符合施工图要求	同一产地、品种、规格、批号的水泥和外加剂,袋装水泥每200 t为一批,散装水泥每500 t为一批。当袋装水泥及外加剂不足200 t或散装水泥不足500 t时也按一批计	检验产品质量证明文件及抽样检验
浆液的拌制	符合施工图要求	每根桩施工过程中抽样检验2次	观察并用浆液比重计检测浆液密度
布桩数量、形式	符合施工图要求	全部检验	观测、现场清点
长度	符合施工图要求	每根桩检验	测量钻杆长度,并在施工中检查是否达到设计深度标志。检查施工记录
完整性、均匀性、无侧限抗压强度	符合施工图要求	总桩数的2‰,且不少于3根	桩完工后28 d,在每根检测桩桩径方向1/4处、桩长范围内垂直钻孔取芯,观察其完整性、均匀性,拍摄取出芯样的照片,取不同深度的3个试样作无侧限抗压强度试验。钻芯后的孔洞采用水泥砂浆封闭
复合地基承载力	满足施工图要求	总桩数的2‰,且每检验批不少于3根	平板载荷试验

4.1.12 灰土挤密桩施工

1. 工艺概述

灰土挤密桩是利用成孔或分层夯填石灰土时的侧向挤压作用,使桩间土得以挤密而提高地基的工程性能,同时形成具有一定承载能力的桩体,最终成为桩土共同作用的复合地基。

灰土挤密桩适用于加固处理地下水位以上,深 5～15 m 的湿陷性黄土,素填土和杂填土地基。

本工艺适用于沉管法或钻孔法成孔的灰土挤密桩施工。

2. 作业内容

成孔、填料配置、拌制、填充、夯实、封顶、整平、压实等。

3. 施工工艺及质量控制流程

灰土挤密桩施工工艺及质量控制流程如图 4-17 所示。

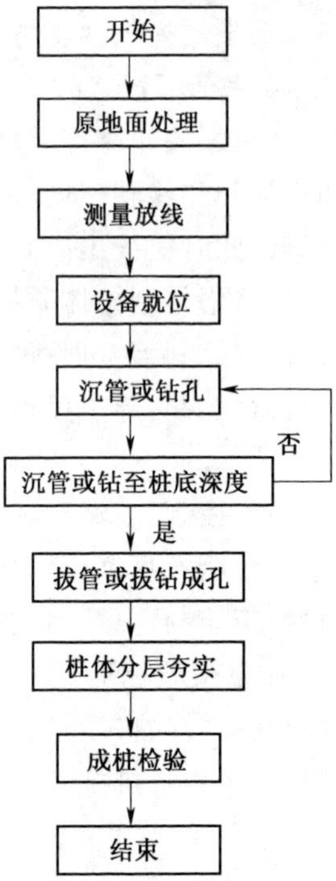

图 4-17 灰土挤密桩施工工艺及质量控制流程图

4. 工艺步骤说明

(1)定桩位、桩机(冲锤)就位。

1)根据桩基轴线标出桩位并复测后,移动钻机至桩孔位置,完成桩机就位。

2)桩机就位时,机身应平稳,桩管或冲锤应与桩孔对正,并确保施工中不发生倾斜、位移。

3)冲击成孔时,钻机上应装有钢管导向器,导向器由壁厚 10 mm以上的无缝钢管制成,内径应大于锤头直径,高度接近 2 倍的冲锤长度。

4)桩管和冲击钻机钢丝绳上应设醒目牢固的尺度标志,标志点间隔 0.5 m。

(2)成孔。成孔施工顺序:先外排后内排,同排桩间隔 1～2 个孔进行,如图 4-18 所示。

图 4-18 挤密桩成孔

1)沉管法成孔。桩机就位后将桩管对准预先埋设在桩位上的预制桩尖或将桩管对准桩位中心,并将桩尖活瓣合龙,再放松卷扬机钢丝绳,利用桩机自重将桩尖竖直地压入土中,沉管开始阶段应轻击慢沉，待桩管方向稳定后再按正常速度沉管。开始完成的 2～3 个桩孔，土层变化的地段或沉管贯入度出现反常现象，均应逐孔详细记录沉管的锤击数、振动沉入时间、出现的问题及处理方法。

成孔出现反常现象的原因和处治方法：

①桩锤回跳过高或桩管贯入度过小。产生原因可能是由于土的含水率偏低、遇到坚实土层或碰到砖渣、堆积层等。对此，应先模清地下情况，分别采用适量浸水、开挖排除或改用较大桩锤强制穿越等方法处治。如坚硬层面积较大且较厚时，应与有关单位共同研究处理方案。

②桩锤回弹不起及桩管贯入度过大。产生原因可能是土质松软或遇到洞穴等。如局部土的含水率过大时，可采用小直径生石灰桩以吸收土中水分，也可先将桩管沉入土中，待土中超孔隙水压力消散后再拔管。如遇到洞穴孔洞时，可设法灌入干散砂土，然后再反复沉管成孔。若发现松软土层面积较大，桩锤不能重复冲扩工作时，说明所用桩锤不适用于该场地，应改用小桩锤或加大桩管直径。桩管直径改变前应按程序修改桩孔间距以保证桩间土的挤密效果和施工顺利。

③轻微的缩颈可以削扩至能够顺利填夯施工。严重缩颈和回淤的应填入干砂、石灰块或砖渣，重新沉管成孔。若大面积均难以成孔，则应改变成孔方法，或考虑改变地基处理方案。

桩管沉至桩底位置后应及时拔出，不能在土中搁置时间过久。拔管困难时可用水浸润桩管周围土层或将桩管转出后再拔管。

2)冲击法成孔。

①为防止孔口被冲坍并保证冲击锤能垂直准确冲进，冲击钻机上应装有钢管导向器。导向器由壁厚10 mm以上的无缝钢管制成。内径略大于锤头直径，高度近 2 倍的冲锤长度。

②冲击钻机就位时，应准确平稳，冲锤与桩孔相互对中。开始冲孔时，应低锤勤击，待锤头全部入土后再按正常冲程锤击成孔。一般不宜多用高冲程，以免引起坍孔、扩孔或卡锤等事故。

③操作人员必须及时准确地控制送绳长度，既要勤松少松，又要免打空锤。

④经常检查钢丝绳磨损情况，卡扣松紧程度和转向装置灵和与否，防止突然掉锤。

⑤钢丝绳上应有长度标志，以及时观测冲孔的深度。钢丝绳的安全系数不小于 1.2 倍，长短绳连接卡扣不得少于 3 个。

3)钻孔夯扩法成孔。

①钻孔夯扩挤密桩采用长螺旋钻机等机械成孔，属排土性成孔法。当地下水位较浅且水量丰富时应采取有效的止水或排水措施。

该法的主要优点是长螺旋钻成孔深、钻速快、成桩直径大、噪声和振动小，扰民程度小，而且处理后地基刚度较均匀。当换用不同直径的钻头时，孔径可以变化，形成不同直径的桩。

②钻孔夯扩挤密桩对成孔质量要求不高，如有部分孔壁坍塌，可在夯填过程中弥补。长螺旋钻机成孔也较容易通过土中硬夹层。当成孔过程中遇到漂砾或其他硬层时，可改用其他种类钻头(如冲击钻头)设法通过。

③钻孔夯扩挤密桩成桩直径较成孔直径可扩大 100～200 mm。

复合地基施工过程中，需要对挤密桩施工质量及桩间土挤密效果及时抽样检验。施工结束后 7～14 d 内，可对桩身及桩间土进行全面检测。

(3)桩孔验收。成孔后应检查桩孔深度、桩径和垂直度，并填写验收记录。

(4)灰土拌制

1)灰土应按施工图要求的灰土配合比,采用机械拌制或人工搅拌至颜色均匀一致,并边搅边加水,直至含水率接近其最优含水率。

2)灰土填料应通过击实试验求得最大干密度和最优含水率。

(5)桩孔回填夯实。

1)夯实机要准确稳定就位,夯锤与桩孔要相互对中,夯锤应能自由下落到孔底。

2)夯填前应注意清除孔内的杂物或积水,开始填料前,孔底可填干硬性混凝土并夯实到发出清脆回升为止,然后开始分层填料夯实。填夯时,灰土的含水率应接近最优值,夯实后应达到施工图要求的夯实系数标准(或干密度不小于最大干密度与施工图要求压实系数的乘积)。

3)人工填料应按规定的数量和速度均匀填进,不得盲目快填,更不允许送料车直接倒入孔。

4)桩孔最终填料超出施工设计桩顶 200～300 mm,以上桩孔可用其他土料回填并轻夯至地面。

5)为了保证夯填质量,应认真控制并记录每一桩孔的填料数量和夯实时间,同时按规定抽检一定数量桩孔的夯实质量。

5. 质量检验标准

(1)材料质量标准见表 4-17。

表 4-17 材料质量标准

材料	质量标准
土料	纯净黄土、一般黏性土或 I_p>4 的粉土,有机质含量≤5%;粒径≤15 mm
灰土	按施工图要求,当施工图无要求时常用的配合比为 2∶8 或 3∶7;粒径≤15 mm

(2)质量验收标准。

1)一般规定。

①施工前应进行地下水水、地基土的含水率、饱和度复核,当处理深度范围有地下水或地基土的含水率小于 12%或大于 24%、饱和度大于 65%时,应按规定程序办理变更设计。

②成孔应按施工图要求、成孔设备、现场土质和周围环境等情况,选用沉管、冲击等方法。施工前需要在工程现场进行工艺试验,以便按实际的试验测试结果,对工艺参数进行调整,报监理单位确认后,方可进行施工。

③灰土挤密桩成孔和孔内回填夯实应符合下列要求:成孔宜在地基土接近最优(或塑限)含水率时进行。当土的含水率低于 10%时,特别是在整个处理深度范围内的含水率普遍很低时,宜对处理范围内的土层进行增湿。增湿处理于地基处理前 4～6 d,将需增湿的水通过一定数量和一定深度的渗水孔,均匀地浸入拟处理范围内的土层中。

成孔挤密应间隔分批进行,成孔后应及时夯填。在向孔内填料前必须夯实基底。

铺设灰土垫层前,按施工图要求,将桩顶高程以上的预留土层挖除或夯(压)密实。在施工过程中,应做好成孔及回填夯实施工记录。如发现地基土质与施工图不符,应立即停止施工,待查明情况或采取有效措施处理后,方可继续施工。

雨期或冬期施工,应采取防雨或防冻措施,防止灰土和土料受雨水淋湿或冻结。

成桩成片后,应及时填筑灰土并碾压至施工图要求。

2)主控项目施工质量要求及检验数量、检验方法见表4-18。

表4-18 灰土挤密桩主控项目质量要求、检验数量及检验方法

主控项目	检验项目	质量要求	检验数量	检验方法
原材料	石灰	符合施工图。当施工图无要求时,石灰颗粒直径≤5 mm,活性 CaO+MaO 的含量(按干重计)≥50%,夹石量不大于5%	同一厂家,同一产地,每200 t为一批,不足200 t也按一批计,每批抽检一次	检查石灰质量证明文件,按规定的试验方法进行抽样检验
	土料	符合施工图要求,且有机质含量不应大于5%	同一取土地点、相同土性的土,每1 000 m^3为一批,不足1 000 m^3也按一批计,每批抽样检验1次	按《铁路工程土工试验规程》(TB 10102—2010)规定的试验方法进行检验
施工	填料	填料的配合比、最优含水率应符合施工图	全检	检查配料计量,轻型标准击实试验
	桩数、布桩	灰土挤密桩的数量、布桩形式应符合施工图要求	全检	观察、现场清点
	桩径、桩身	符合施工图要求	全检	孔底夯实后尺量
	孔内填料	孔内填料应分层回填夯实,其压实系数不应小于0.97(轻型击实)	抽检桩数的3%,且每台班不少于1根	在全部孔深内,每1 m取土样测定干密度,检测点的位置应距孔心2/3孔半径处,轻型击实试验按《铁路工程土工试验规程》(TB 10102—2010)的规定
成孔	桩间土	桩间土处理效果应符合施工图	沿线路每500 m抽验3点	在孔之间形心点附近、成孔挤密深度内,每1 m取土样测定干密度、进行湿陷性试验和压缩试验,计算干密度与其最大干密度的比值(最小挤密系数)、湿陷系数和压缩模量
	承载力	灰土挤密桩处理后的复合地基承载力应满足施工图要求	桩数的2‰,且每检验批不少于3根	平板载荷试验

3)灰土挤密桩的桩位、桩垂直度、桩体有效直径的允许偏差见表4-19。

表4-19 灰土挤密桩施工的允许偏差、检验数量及检验方法

检验项目	允许偏差	检验数量	检验方法
桩位(纵横向)	50 mm	按成桩总数的10%抽样检验,且每检验批不少于5根	经纬仪或钢尺量
桩垂直度	1.5%		成孔夯实孔底后吊垂球测量垂直度
桩体有效直径	不小于施工图设计值		开挖50~100 cm深后,钢尺丈量

4)复合地基施工质量检验。地基处理施工过程中,需对挤密桩施工质量及桩间土挤密效果及时进行抽样检查。

①前期资料。地基处理前的有关地基土物理力学性质指标可采用相应的岩土工程勘察报

告,必要时作补充勘察,全面彻底了解拟作加固处理的场地土的工程性状。

②试桩施工。工程全面施工展开前,需先进行试桩施工。根据试桩检测结果,由设计单位提出正式施工时的检验和检测要求与标准,经建设单位审核同意并纳入施工图。

③桩间土的检测。挤密处理后的桩间一般可采用钻探、挖探取样,动力触探、静力触探、标准贯入等原位测试方法进行检测评价,对于重要工程,挤密处理后的桩间土尚需用载荷试验进行检测评价,载荷试验一般在成桩 14 d 后进行。

④桩体承载力检测。通常可采用动力触探和载荷试验等原位测试方法进行检测评价。

⑤复合地基承载性状检测。运用对加固处理后桩及桩间土的检测结果,经相应的复合地基承载力及变形计算公式计算,即可得到较为合理的复合地基承载力及变形量值。

4.1.13 水泥粉煤灰碎石(CFG)桩施工

1. 工艺概述

水泥粉煤灰碎石桩是在素混凝土桩基工艺上发展起来的新型桩体,桩体材料主要由碎石、砂、粉煤灰与适量水泥和水拌制而成。桩体与桩间土体共同作用,组成水泥粉煤灰桩复合地基。加固处复合地基承载力可达到 200 kPa 以上,具有施工简单、加固效果好、节省材料、无污染等特点,广泛应用于地基加固。

水泥粉煤灰碎石桩(CFG 桩)适用于淤泥、淤泥质土、黏性土、杂填土及湿陷性黄土地基中,是以提高地基承载力和减少地基变形为主要目的。桩长取决于对承载力和沉降的要求、土质条件和设备能力;桩径一般为 350～600 mm;桩间距一般为 3～5 倍桩径;垫层厚度一般为 100～300 mm。

水泥粉煤灰碎石桩常用的施工方法有振动沉管成桩、长螺旋钻孔灌筑成桩、泥浆护壁钻孔灌筑成桩及管内泵压拌和料灌筑成桩。长螺旋钻孔灌筑成桩适用于地下水位以上的黏土、粉土和素填土地基处理,噪声及对周边环境的污染小,但成桩成本高,成桩速度慢;泥浆护壁钻孔灌筑成桩适用于土层、砾石地层、岩层等,但施工周期长,成桩慢;振动沉管成桩适用于黏土、粉土、淤泥质土、人工填土等地基处理,无污染、成本较低、成桩速度快,但噪声较大,适合野外作业。

2. 作业内容

测量放样、钻机就位、钻孔或沉管、压灌拌和料或投料拔管、成桩验收等。

3. 施工工艺及质量控制流程

CFG 桩施工工艺及质量控制流程如图 4-19 所示。各种程控方法的具体工艺有所不同,图中仅给出了长螺旋钻管内泵压 CFG 桩的工艺及质量控制流程。

4. 工艺步骤说明

(1)开始。按照实际的机械设备、作业人员和作业环境等条件,进行实地工艺试验,验证施工技术、施工组织能达到预期的质量、进度效果,机械设备和人员配置合理,施工效率能满足施工组织确定的工期。

(2)定位布孔。

1)定桩位:放桩位后应用打入木桩、竹片桩或点白灰做标记。

2)钻机就位:钻机就位必须平整、稳固,确保在施工中不发生倾斜、移动。在钻机双侧吊锤校正调整钻杆垂直度。为准确控制钻孔深度,应在桩架上作出控制深度的标尺,以便在施工中观测、记录。

(3)钻孔。检查桩位偏差符合要求后方可开始。第一根桩钻孔时,不可进尺太快,应考察地层对钻机的影响情况,以核对在该地层条件下的钻进参数。

长螺旋钻钻孔:钻孔开始时,应关闭钻头阀门,钻杆至钻头接触地面时启动电机钻进。一般应先慢后快,减少开钻初期的钻杆晃动,防止偏孔。在钻进中钻杆晃动过大时,应放慢进尺。宜在钻机塔身作出钻机动力头底面停止位置标识,作为控制成孔深度的依据。

(4)清底验孔。

1)清底、夯实孔底。清底、夯实孔底是沉管法的关键工序,沉渣不得大于100 mm,并用不小于35 kg的重锤将孔底夯实。若孔底出现少量地下水,可投入拌和料干料,并将其夯实。

2)验孔。检查孔深及垂直度偏差,填写相关记录。

(5)灌筑拌和料。

1)拌和料拌制要求按配合比进行配料,计量要求准确,拌和料坍落度控制在160～200 mm(振动沉管法成桩的拌和料坍落度为30～50 mm,使桩顶浮浆厚度不超过200 mm)。先投碎石,再投水泥、粉煤灰和外加剂,最后投放石屑,使水泥、粉煤灰和外加剂夹在石屑、石之间,不易飞扬和黏附在筒壁上,也易于拌制均匀。每盘料搅拌时间不应小于60 s。

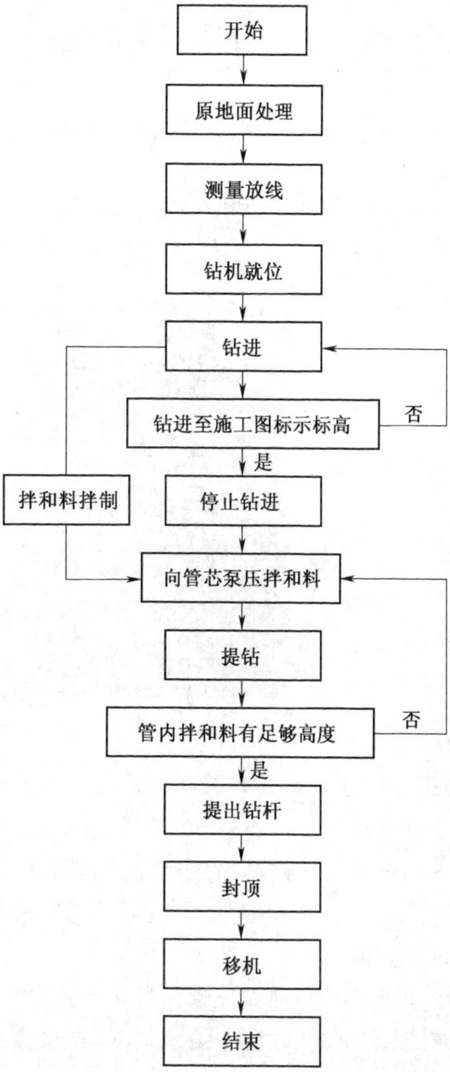

图4-19 CFG桩施工工艺及质量控制流程图

2)灌筑拌和料。沉管法或泥浆护壁钻孔法,孔较浅时可在孔口安放漏斗直接灌筑,孔较深则必须使用导管。

3)成桩。成桩过程应连续,避免中途停机。对于螺旋钻机法施工,尤其应避免在饱和砂土、粉土层内停机。采用振动沉管法时,灌满拌和料后,启动电机振动5～10 s,保证灌筑密实。用振捣器具将上部5 m桩体捣固密实。

4)拔管。

①采用振动沉管法成桩,在灌筑拌和料后将导管拔出。拔管速度为1.2～1.5 m/min,在淤泥质土层应放慢速度,拔管过程不得反插。如果灌筑拌和料不足,可以在拔管过程中,空中向管内投料补给导管拔出后,应确认成桩长度符合要求。

②长螺旋钻钻机采用管内泵压法灌筑拌和料,当钻杆芯管充满拌和料后开始拔管,速度为

2～3 m/min。严禁先提管后泵料。

5)长螺旋和有水的桩孔分别采用中空钻杆泵送拌和料和水下灌筑工艺。

(6)成桩验收。

1)应对灌筑的拌和料进行检查,制作 150 mm×150 mm×150 mm 规格 28 d 抗压强度试块。

2)应核对每根桩的拌和料灌筑量,确认桩长能保证有效桩体的施工图标示高程,且上端应有 0.5～0.7 m长的保护桩体,如图 4-20 所示。

图 4-20 水泥粉煤灰碎石桩(CFG 桩)

(7)施工中应注意的有关问题。

1)季节性施工。

①冬期施工。应采取措施避免拌和料在初凝前遭到冻结。泵头、泵管应采取保温措施,施工完成清除保护土层和桩头后,应立即对桩间土和桩头采用保温材料进行覆盖,防止桩间土冻胀造成桩体拉断。

②雨期施工。必须保证预留保护土层的厚度,以免扰动地基土。干作业成孔完毕后必须及时灌筑或遮盖桩孔。防止雨水进入,造成塌孔。

2)桩头的保护。

①为了达到桩顶高程及保证桩顶的强度,应设置保护桩,长度一般为 500～700 mm。采用粒料材料或黏性土对桩顶进行保护。

②桩体达到一定强度后(一般 3～7 d),方可挖槽。

③严禁挖槽时机械撞击桩头。

④截除桩头时,应使用简易锯截工具沿桩周向桩心逐次锯截多余的桩头直至桩顶设计高程,并把桩顶修凿平整。

⑤不可用重锤或重物横向击打桩体。

⑥合理安排施工顺序,避免后序桩的施工对已施工桩头的破坏。

3)桩间土保护。

①为了避免扰动桩间地基土,桩顶高程以上宜预留 300～500 mm 厚的保护土层。

②雨后钻机下应铺设碎石垫层,避免扰动地基土。

③桩顶高程以上应预留 50～100 mm 厚的土层,待验槽合格后,方可人工开挖至桩顶

高程。

4)应注意的质量问题。

①密实砂层和较硬的土层,不宜选用振动沉管法成桩,以防振动挤密时使土的结构破坏,密度减小,承载力降低。

②长螺旋泵压成桩工艺应控制提钻速度,选择合适的施工顺序,并根据土层情况调整施工工艺,以防提钻过快发生断桩现象。

③在施工过程中,应控制拔管速度,始终保持均匀一致。并很好地控制留振时间,以免因拌和料产生离析,造成桩体强度不均匀。

④应严格控制活瓣打开的宽度或提钻速度,防止拌和料下落不充分,使土与桩体材料混合,导致桩身掺土等缺陷。

⑤接桩。当桩顶高程低于施工图标示高程时,如开槽或剔除桩头必须进行补桩,可采用比桩体强度高一等级的混凝土接桩至设计桩顶高程,注意在接桩过程中应保护好桩间土。

5)CFG 桩施工质量控制措施。

①拌和料配合比不合理。当拌和料中的细骨料和粉煤灰用量较少时,拌和料和易性不好,常发生堵管。因此,拌和料配合比要注意这两种材料的掺加量,特别是注意粉煤灰掺量,一般宜控制在 60～80 kg/m^3。

②拌和料拌制质量有缺陷。坍落度太大的拌和料,易产生泌水、离析,易造成堵管现象发生。坍落度太小,拌和料在输送管内流动性差,也容易造成堵管。施工时坍落度宜控制在 160～200 mm,若拌和料可泵性差,则可适量渗入泵送剂。

③施工操作不当。钻杆进入土层预定高程后,开始泵送拌和料,管内空气从排气阀排出,待钻杆芯管及输送管充满拌和料且呈连续体后,应及时提钻,保证拌和料在一定压力下灌筑成桩。

④桩体上部存气。为保证桩体因管内空气无法排出而形成空洞,施工时要经常检查排气阀是否发生堵塞,若发生堵塞应及时采取措施加以清洗。

⑤防止缩颈、断桩的措施。主要应优化拌和料配料,控制最大粒径和大粒径颗粒含量,保证适宜的工作度;采用适宜的拔管速度,在拔管的同时,应采用自动测量装置监控管内拌和料顶面高程的变化,防止管内拌和料随管上浮和空管提拔,导管的内壁应光滑,接头平顺,使用前应进行摩阻测试和灌筑模拟试验。对于振动沉管法成桩,可以附加振动装置,帮助拌和料落管。对于长螺旋钻孔成桩法,应保证芯管拌和料充盈度,保持足够的泵压。

5. 质量检验标准

(1)原材料质量标准见表 4-20。

表 4-20　原材料质量标准

材　料	质量标准
水泥	一般采用强度等级为 42.5 及以上的普通硅酸盐水泥
粉煤灰	一般采用细度不大于 45%的Ⅱ级或Ⅱ级以上的粉煤灰
石子	一般采用粒径为 20～50 mm 的坚硬碎石或卵石,含泥量不大于 3%
石屑	一般采用粒径为 2.5～5 mm 的石屑,含泥量不大于 3%
砂	宜采用中砂或粗砂,含泥量不大于 5%
外加剂	根据施工需要通过试验确定

(2)质量验收标准。

1)一般规定。

①施工前应进行成桩工艺试验(不少于2根),以复核地质资料以及设备、工艺、施打顺序是否适宜,确定拌和料配合比、坍落度、搅拌时间、拔管速度等各项工艺参数,报监理单位确认后,方可进行。

②CFG桩施工开始后应及时进行复合地基承载力或单桩承载力试验,以确认施工图给出的参数。

③采用振动沉管机成桩时,设备型号选择应根据地质条件及桩径、加固深度要求确定,其施工应符合下列要求:

a. 振动沉管机管壁表面应有明显的进尺标记,并根据桩长、沉管入土深度确定机架高度和沉管长度。

b. 沉管过程中每沉1 m,应记录电流表电流一次,并对土层变化处予以说明。

c. 拌和料应按施工配合比经搅拌机拌制,坍落度、拌制时间应按工艺试验确定的参数指标进行控拌,拌制时间不得少于1 min。

d. 拔管速率按工艺性试验确定,并按批准的参数进行控制,拔管中严禁反插。

e. 每根桩的投料量不得少于施工图要求灌筑量。

f. 成桩后桩顶控制高程应考虑凿除浮浆后的桩长满足施工图要求。

④采用长螺旋钻管内泵压拌和料灌筑成桩时,设备型号选择应根据桩径、加固深度要求确定,其施工应符合下列要求:

a. 施工工艺设计应有防止堵管、窜孔的措施。

b. 钻进应先慢后快。在成孔过程中,如发现钻杆摇晃或钻进困难时,应放慢进尺。

c. 拌和料应按施工配合比经搅拌机拌制,坍落度、拌制时间应按工艺试验确定的参数指标进行控拌,拌制时间不得少于1 min;必须保证拌和料能顺利通过刚性管、高强柔性管、弯管和变径管而到达钻杆芯管内。

d. CFG桩成孔到施工图标示高程后,停止钻进,开始泵送拌和料,当钻杆芯管充满拌和料后开始拔管,严禁先提管后泵料。

e. 钻杆应采用静力提拔,施工中应严格按工艺试验确定并经监理工程师批准的参数指标控制钻杆提拔速度和拌和料泵送量,并保证连续提拔,施工中严禁出现超速提拔。

f. 施工中应保证排气阀正常工作,施工中要求每工班经常检查排气阀,防止排气阀被水泥浆堵塞。

g. 桩机移位至下一桩位施工时,应根据轴线或周围桩的位置对需施工的桩位进行复核,保证桩位准确。

2)主控项目质量要求及检验方法见表4-21。

表4-21 CFG桩施工的主控项目质量要求、检验数量及检验方法

主控项目	检验项目	质量要求	检验数量	检验方法
原材料	水泥	所用的水泥品种、规格及质量应符合施工图要求	同一产地、品种、规格且连续进场的水泥,袋装水泥200 t为一批,散装水泥500 t为一批,当袋装水泥不足200 t或散装水泥不足500 t时也为一批计	检查产品质量证明文件,在水泥库抽样检验水泥强度、安定性、凝结时间

续上表

主控项目	检验项目	质量要求	检验数量	检验方法
原材料	粗、细骨料	所用粗细骨料品种、规格及质最应符合施工图要求	同一产地、品种、规格且连续进场的粗、细骨料，分别每 400 m^3 为一批，当不足 400 m^3 时也按一批计。每批抽样检验 1 组	在料场抽样检验粗、细骨料含泥量、筛分试验检验其颗粒级配
CFG 桩	坍落度	CFG 桩拌和料坍落度应按施工工艺试验确定并经监理工程师批准的参数进行控制	每台班抽样检验 3 次	现场坍落度试验
	强度	CFG 桩拌和料强度应符合施工图要求	每台班做一组(3 块)试块	每台班制作拌和料试块，进行 28d 标准养护试件抗压强度检验
	桩数、形式	CFG 桩的数量、布桩形式应符合施工图要求	全检	观察、现场清点
	投料量	每根桩的投料量不得少于施工图要求灌筑量	全检	料斗现场计量或混凝土泵自动记录
成桩	桩身质量	CFG 桩的桩身质量、完整性应满足施工图要求	检验总桩数的 10%	低应变检测
	承载力	CFG 桩处理后的复合承载力、变形模量应满足施工图要求；柱桩的单桩承载力应满足施工图要求	总桩数的 2‰，且每检验批不少于 3 根	平板荷载试验

(3)CFG 桩施工的允许偏差、检验数量及检验方法参见前面表 4-14。

4.1.14 打入桩施工

1. 工艺概述

打入桩是通过锤击(部分辅以高压射水)将各种预制好的桩打入地基内所需要达到的深度，使上部结构的荷载穿过软弱土层传递到坚硬、更密实的土层或基岩上，从而达到软基处理的目的。常用的打入桩有钢筋混凝土和预应力混凝土桩、钢桩、组合桩(一种下部为 H 型钢桩上部为钢筋混凝土方桩的组合桩)等。打入桩主要适用于下述情况：

(1)荷载较大，地基上部土层软弱，地基持力层埋藏较深，采用浅基础或其他地基处理方式在技术上和经济上都不合理。

(2)水流冲刷力较大，河岸或海岸不稳定，位于基础或结构物下面的土层有可能被侵蚀、冲刷。

(3)软基上的建筑物承受较大水平荷载，需减少建筑物的水平位移和倾斜。

(4)施工水位或地下水位较高，采用其他深基础施工不便或经济上不合理。

2. 作业内容

测量定位、打桩机就位、移位、制桩、沉桩、检测等。

3. 施工工艺及质量控制流程

打入桩施工工艺及质量控制流程如图 4-21 所示。

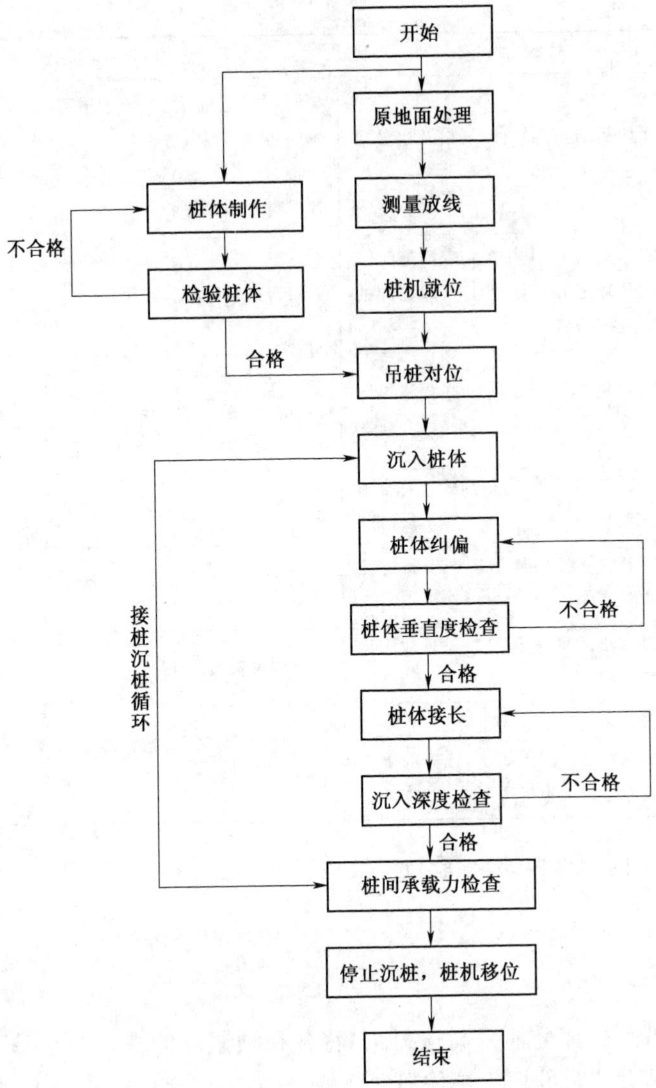

图 4-21 打入桩施工工艺及质量控制流程图

4. 工艺步骤说明

(1)打入桩施工根据地质条件、桩型和承载能力等情况采取锤击法或振动沉桩法进行，此处以锤击法沉桩为主进行介绍。

混凝土预制桩严格按施工图要求进行，其自然养护期不少于 56 d，保证其施工质量。混凝土预制桩强度达到 70%以上时，方可起吊；强度达到 100%时方可进行运输，一般根据打桩进度，随打随运，减少二次倒运。运输时其支点应与吊点一致，做到桩身平稳放置。

(2)吊桩喂桩。

1)打桩就位时，桩夹应平稳地夹设在打桩部位，用钢缆拉牢。打桩机的安装，必须按照有关程序或说明书进行。

2)打桩机就位时，应对准桩位，垂直稳定，确保在施工中不倾斜、移动。

3)起吊预制桩。先拴好吊桩的钢丝绳及索具，然后应用索具捆绑住桩上端约 50 cm 处，起动机器起吊预制桩，使桩尖对准桩位中心，缓缓放下插入土中。插桩必须正直，其垂直度偏差不得超过 0.5%，再在桩顶扣好桩帽，即可卸去索具。桩帽与桩周边应留 5～10 cm 的间隙，锤与桩帽、桩帽与桩顶之间应有相应的弹性衬垫，一般采用麻袋、纸皮或木砧等衬垫材料，锤击压缩后的厚度以 120～150 mm 为宜，在锤击过程中，应经常检查，及时更换。

4)喂桩。相比较而言，预制钢筋混凝土方桩的喂桩比较困难，因此，在喂桩时，为能自由转动直立的桩身，打桩工人往往用铁板做成一个“大扳手”，扳手的钳口做成一个四方形，内口比桩边长大 20 mm 左右，钳门外配一个大手把，当钳口钳住桩身后，推动手柄，垂直的桩身能左右转动方便对中就位。

5)稳桩。桩尖插入桩位后，先用低锤击 1～2 下，桩入土一定深度后，再使桩垂直稳定。长度在 10 m 以内的短桩可目测或吊线锤纵横双向检查桩垂直度；10 m 以上或打接桩则必须用线锤或经纬仪纵横双向正桩。

(3)锤击沉桩。

1)桩在入土前，应在桩架或桩身上设置尺寸标志，以便在施工中观测、记录。

2)打桩。起锤轻压或锤击，在两台经纬仪的检核下使桩保持垂直，无异常时即可正式沉桩。在开始锤击时，落距应较小，当入土一定深度并待桩稳定后，再按要求的落距沉桩。当采用柴油锤时，应保持锤的跳动正常。打桩宜重锤低击，锤重的选择应根据地质条件、桩的类型、结构、密集程度及施工条件选用。

3)打桩的顺序宜按下列原则确定。

①根据桩的密集程度，打桩顺序可采取从中间向两边对称施打；或从中间向四周施打；或从一侧向另一侧施打。

②根据基础高程，宜先深后浅进行施打。

③根据桩的规格，宜先大后小、先长后短进行施打。

④根据桩位与原有建筑物的距离，宜先近后远进行施打。

4)接桩。

①在桩长度不够的情况下，采用焊接接桩，焊接接桩的预埋铁件表面应清洁，上下节之间的间隙应用铁片垫密焊牢。焊接时，应采取措施，一般对称焊接，以减少变形，焊缝应连续、饱满。接桩方法和要求按施工图办理。

②接桩一般在距离地面 1 m 左右进行。上下节桩的中心线偏差不得大于 10 mm，节点弯曲矢量不得大于 1‰桩长。

③接桩处的焊缝应自然冷却 10～15 min 后才打入土中，对外露铁件应刷防腐漆。

5)送桩。送桩时，送桩(工具)的中心线应与桩身吻合一致方能进行送桩。送桩深度一般不宜超过 2 m。

6)当桩的打入深度和贯入度达到施工设计要求时，应根据地质资料核对桩尖处的地质情况，即可进行控制。一般以要求最后 3 次 10 锤的平均贯入度不大于施工设计规定，并且3 次 10 锤的贯入度不能递增。符合施工设计要求后，方可收锤，移动桩机。

7)打桩时应由专职记录员做好施工记录。开始打桩时，应记录每沉落 1 m 所需的锤击数并记录桩锤下落的平均高度。当下沉接近施工图标示高程和贯入度要求时，应在一定的落锤高度下。以每落锤 10 击为一阵锤击阶段，测量其贯入度并登记入表。

(4)振动沉桩施工要点。施工过程注意事项：振动沉桩机、机座、桩帽必须连接牢靠；沉桩和桩中心线应尽量保持在同一直线上,开始沉桩时宜用自重下沉或射水下沉,待桩身有足够稳定性后,再采用振动下沉。每根桩的沉桩作业,须一次完成,不可中途停锤过久,避免出现吸附现象。

停振控制标准:振动沉桩的停振标准,应以通过试桩验证的桩尖高程控制为主,以最终贯入度(cm/min)或可靠的振动承载力公式计算的承载力作为校核。如果桩尖已达高程而最终贯入度或计算承载力相差较大时,则应查明原因,报有关单位研究后另行确定。

出现异常情况的处理:振动沉桩过程中,出现桩的偏移、倾斜或回弹(严重时),以及其他不正常情况时,均应暂停沉桩,并查明原因,采取相应措施后方可继续沉桩。

(5)打桩时出现下沉异常现象的判断和处理。

1)打桩过程中发生下沉量突然增大,原因是桩尖穿过硬土层进入软弱土层,或桩已被打断,此时应对照地质资料进行检查,若桩尖进入软土层,应继续施打;若桩身被打断,应会同有关单位研究补桩方案。

2)桩到一定深度后打不下去,或桩锤和桩突然回弹,原因可能是桩尖碰到孤石或已打到硬土层,这时应减小桩锤落距,慢慢往下打,待桩尖穿过障碍之后再加大落距,如仍打不下去,应根据地质资料核对桩尖处的土质情况会同有关单位研究解决。

3)施打过程中,若桩头已严重破损,不得再打,待采取相应措施后方可继续施打。

(6)施工质量通病防治。

1)桩身断裂。

①现象。桩在沉入过程中,桩身突然倾斜错位,当桩尖处土质条件没有特殊变化,而贯入度逐渐增加或突然增大,同时在桩锤跳起后,桩身随之出现回弹现象,这时可能是桩身发生断裂。

②原因。主要原因有:桩节的细长比过大,沉入又遇到了较硬土层;桩制作时,桩身弯曲超过规定,桩尖偏离桩的纵轴线较大,沉入后桩身发生倾斜或弯曲;桩入土后遇到大块坚硬的障碍物,把桩尖挤向一侧;稳桩时不垂直,打入地下一定深度后,再用移架的方法校正,使桩身产生弯曲;两节桩或多节桩施工时,相接的两节桩不在同一轴线上,产生了曲折;桩在反复长时间打击中,桩身受拉应力作用,当拉应力值大于其抗拉强度,桩身某处即产生横向裂纹,表面混凝土剥落,如拉应力过大,钢筋超过塑限,桩即断裂;制作桩的混凝土强度不够,桩在堆放、吊运过程中产生裂纹或断裂未被发现。

③预防措施。施工前应将桩位下的障碍物清理干净,必要时对每个桩位用钎探探测,对桩构件要进行检查,发现桩身弯曲超过规定(桩身弯曲度允许偏差值为 $L/1\ 000$,且≤200 mm,L 为桩长)或桩尖不在桩纵轴线上的不宜使用,一节桩的细长比不宜过大,一般不宜超过40。

在稳桩过程中,如发现桩不垂直应及时纠正,桩打入一定深度后发生严重倾斜时,不宜采用移架方法来正桩。接桩时,要保证上下两节桩在同一轴线上,接头处应严格按照操作要求处理。

桩在堆放、吊运过程中,应严格按照有关规定执行,发现桩开裂超过检验标准时不得使用。

2)桩顶碎裂。

①现象。在沉桩过程中,桩顶出现混凝土掉角、碎裂、坍塌甚至桩顶钢筋全部外露打坏。

②原因。主要原因有:施工图没有考虑到工程地质条件、施工机具等因素,混凝土强度偏低,或者桩顶钢筋网片不足,主筋距桩顶面距离过小;桩预制时,混凝土配合比不良,施工控制

不严，振捣不密实等；混凝土养护时间短或养护措施不当，致使钢筋与混凝土在冲击荷载下，不能很好地协同工作，桩顶容易严重碎裂；桩顶面不平，桩顶平面与桩轴线不垂直，桩顶保护层过厚；桩顶与桩帽的接触面不平，桩沉入时不垂直，使桩顶面倾斜，造成桩顶面局部受集中应力而碎裂；沉桩时，桩顶未加衬垫或衬垫已损坏，未及时更换，使桩顶直接承受冲击荷载；锤重选择不当，桩锤小，桩顶受打击次数过多，桩顶混凝土容易产生疲劳破坏而打碎；桩锤大，打击力过大，桩顶混凝土承受不了过大的打击力，也会发生碎裂。

③预防措施。桩制作时，要振捣密实，主筋不得超过第一层网片，桩成型后要加强养护。在达到强度后，宜有1～3个月的自然养护，以增加桩顶抗冲击能力。

应根据工程地质条件，桩断面尺寸及形状，合理地选择桩锤。

沉桩前应对桩构件进行检查，检查桩顶有无凹凸情况，桩顶平面是否垂直于桩轴线，桩尖有否偏斜，对不符合质量标准的桩不宜采用或经过修补等处理后方可使用。

检查桩帽与桩的接触面处垫木是否平整，如不平整应进行处理方能施工。

稳桩要垂直，桩顶要加衬垫，如衬垫失效或不符合要求要更换。

3)沉桩达不到要求。

①现象。桩是以最终贯入度和最终桩长为施工的最终控制。一般情况下，以一种控制标准为主，以另一种控制标准为参考，有时沉桩达不到施工图的最终控制要求。

②原因。主要原因有：探测点不够或勘察资料不详，对工程地质情况不明，尤其是持力层的起伏高程不明，致使施工图选择持力层或选择桩有误，有时也因为施工设计要求过严，超过施工机械能力或桩身混凝土强度；勘察工作是以点带面，对局部硬夹层、软夹层不可能全部了解清楚，尤其在复杂的地质条件下，还有地下障碍物，如大块石头、混凝土块等，打桩施工遇到这种情况，就可能达不到施工图要求的控制标准；以新近代砂层为持力层时，由于其结构不稳定，同一层土的强度差异很大，桩打入该层时，进入持力层较深才能满足贯入度，但群桩施工时，砂层越挤越密，最终则会有沉不下去的现象；桩锤选择太大或太小，使桩沉不到或超过施工图要求的控制高程；桩顶打碎或桩身打断，致使桩不能继续打入。

③预防措施。详细探明工程地质情况，必要时应补勘，正确选择持力层或高程。根据工程地质条件、桩断面及自重，合理选择施工机械、施工方法及打桩顺序。防止桩顶打碎或桩身断裂。

4)桩顶位移。

①现象。在沉桩过程中，相邻的桩产生横向位移或桩身上浮。

②原因。主要原因有：桩入土后，遇到大块坚硬障碍物，把桩尖挤向一侧；两节桩或多节桩施工时，相接的两节桩不在同一轴线上，产生了曲折；桩数较多，土壤饱和密实，桩间距较小，在沉桩时土被挤到极限密实度而向上隆起，相邻的桩被浮起；在软土地基施工较密集的群桩时，由于沉桩引起孔隙水压力把相邻的桩挤向一侧或浮起。

③预防措施。施工前应将桩位下的障碍物清理干净，必要时对每个桩位用钎探探测，对桩构件要进行检查，发现桩身弯曲超过规定或桩尖不在桩纵轴线上的不宜使用，一节桩的细长比不宜过大，一般不宜超过40。在稳桩过程中，如发现桩不垂直应及时纠正，桩打入一定深度后发生严重倾斜时，不宜采用移架方法来校正。接桩时，要保证上下两节桩在同一轴线上，接头处应严格按照操作要求作业。

采用井点降水、砂井或盲沟等降水或排水措施。

沉桩期间不得同时开挖基坑，需待沉桩完毕后相隔适当时间方可开挖，相隔时间应视具体土质条件、基坑开挖深度、面积、桩的密集程度及孔隙压力消散情况来确定。

5)接桩处松脱开裂。

①现象。接桩处经锤击后,出现松脱开裂现象。

②原因。主要原因有:连接处表面没有清理干净,留有杂质、水渍、油污等;连接件不平,有较大空隙,焊不牢;焊接质量不好,焊缝不连接、不饱满或有夹渣;两节桩不在同一轴线上,接桩处产生曲折,锤击时接桩处产生集中应力而破坏连接。

③预防措施。接桩前对连接部位上的杂质、油污等必须清理干净,保证连接部件清洁。检查连接部件是否牢固平整和符合施工图要求,如有问题必须进行修正。

接桩时,两节桩应在同一轴线上,焊接预埋件应平整,焊接后,锤击数次,再检查一遍,观察有无开裂,如有应作补救措施。

5. 质量检验标准

(1)打入桩主控项目质量要求、检验数量及检验方法应符合表4-22的规定。

表4-22　打入桩主控项目质量要求、检验数量及检验方法

检验项目	质量要求	检验数量	检验方法
混凝土配合比	混凝土原材料配合比设计和施工配合比应符合相关规定的要求	全部检验	查质量文件
表面质量	(1)桩的棱角破损深度应在10 mm以内,其总长度不大于40 cm;(2)预应力混凝土桩不得有裂缝(表面收缩裂缝除外);(3)普通混凝土桩表面裂缝深度不应大于7 mm,裂缝宽度不应大于0.15 mm,横向裂缝长度:方桩不应大于边长1/3,管桩及多角形桩不应大于直径或对角线1/3;纵向裂缝长度方桩不应大于边长的1.5倍,管桩及多角形桩不应大于直径或对角线的1.5倍	全部检验	观察、尺量或用刻度放大镜检查
桩数、布桩	打入桩的数量、布桩形式应符合施工图	全部检验	观察
接桩	接桩应符合施工图要求,当混凝土桩用法兰盘拼接时,应连接牢固,防锈处理符合施工图要求	全部检查	观察、测量
入土深度	桩的入土深度和最终贯入度应符合施工图要求	全部检查	观察、测量
桩顶、桩头	桩顶高程和桩头处理应符合施工要求	全部检查	观察、测量
承载力	打入桩地基处理后,按施工图要求检验桩的承载力应满足施工图要求		静载试验

(2)桩的钢筋骨架的允许偏差应符合表4-23的规定。

表4-23　桩的钢筋骨架允许偏差、检验数量及检验方法

检验项目	允许偏差(mm)	检验数量	检验方法
主筋间距	±5	按桩总数的5%抽样检验,且每检验批不少于5根	尺量不少于5处
箍筋间距或螺旋筋的间距	±10		
钢筋保护层	+5 −2		
吊环对桩中轴线的位移	±20		尺量或拉线尺量
吊环沿垂直于轴线方向的位置	±20		
吊环露出桩表面的高度	±10		
主筋顶端与桩顶净距	±5		
桩顶钢筋网片的位置	±5		
桩尖对中轴线的位置	±10		

(3)桩身外型尺寸的允许偏差应符合表 4-24 的规定。

表 4-24 桩身外型尺寸的允许偏差、检验数量及检验方法

检验项目			检验数量	允许偏差	检验方法
实心方桩	横截面边长		按桩总数的5%抽样检验，且每检验批不少于5根	±5 mm	尺量不少于5处
	桩顶对角线			±10 mm	
	桩尖对中轴线的位移			10 mm	拉线尺量
	桩身	弯曲矢高		20 mm	
		矢高与桩长比		1‰	
	桩顶平面对桩纵轴线的倾斜			3 mm	角尺和拉线尺量
	中节桩两接触面对桩纵轴线的倾斜之和			3 mm	
空心管桩	直径			±5 mm	尺量不少于5处
	壁厚			−5 mm	
	抽芯圆孔平面位置对桩中轴线的位移			5 mm	
	桩尖对桩纵轴线的位移			10 mm	拉线尺量
	弯曲矢高			20 mm	
	矢高与桩长比			1‰	
	法兰盘对桩纵轴线垂直度			4 mm	角尺和拉线尺量

(4)桩位、倾斜度的允许偏差应符合表 4-25 的规定。

表 4-25 桩位、倾斜度的允许偏差、检验数量及检验方法

检验项目			允许偏差	检验数量	检验方法
桩位	群桩	中间桩	$d/2$ 且不大于 250 mm	按桩总数的5%抽样检验，且每检验批不少于5根	测量和尺量
		外缘桩	$d/4$		
	排架桩	顺桥方向	100 mm		
		横桥方向	150 mm		
直桩垂直度			1%		吊线和尺量
斜桩倾斜度			$15\%\tan\theta$		

注：1. d 为桩径或短边，单位为 mm。
2. θ 为斜桩轴线与竖直线间的夹角。

4.1.15 振动沉管混凝土灌注桩施工

1. 工艺概述

本工艺适用于振动法沉入套管，在套管内灌注混凝土并同步拔出套管而成桩的施工。

沉管灌注桩又称套管成孔灌注桩，按其成孔方法不同可以分为振动沉管灌注桩、锤击沉管灌注桩。沉管灌注桩是采用振动沉管打桩机或锤击沉管打桩机，将带有活瓣式桩尖或锥形封口桩尖，或预制钢筋混凝土桩尖的沉管沉入土中，然后边灌注混凝土、边振动或锤击、边拔管而形成灌注桩。

锤击法沉管可穿越一般黏性土、黏土、淤泥、松散至中密的砂土及人工填土等土层，不宜用于标准贯入击数 $N>30$ 的砂土、$N>15$ 的黏性土以及碎石土。在重流塑、大厚度的淤泥中锤击沉管法成桩直径$D \leqslant 340$ mm。

振动和振动冲击法沉管穿透砂土层的能力较强,还适用于稍密碎石土层;振动冲击法沉管也可用于中密碎石土层和强风化岩层。

2. 作业内容

施工准备、管具制备、测量定位、桩尖就位埋设、打桩机就位、振动下沉套管、贯入度检查、吊装钢筋骨架、灌注桩身混凝土、振动拔管、移位等。

3. 施工工艺及质量控制流程

振动沉管灌注桩施工工艺及质量控制流程如图 4-22 所示。

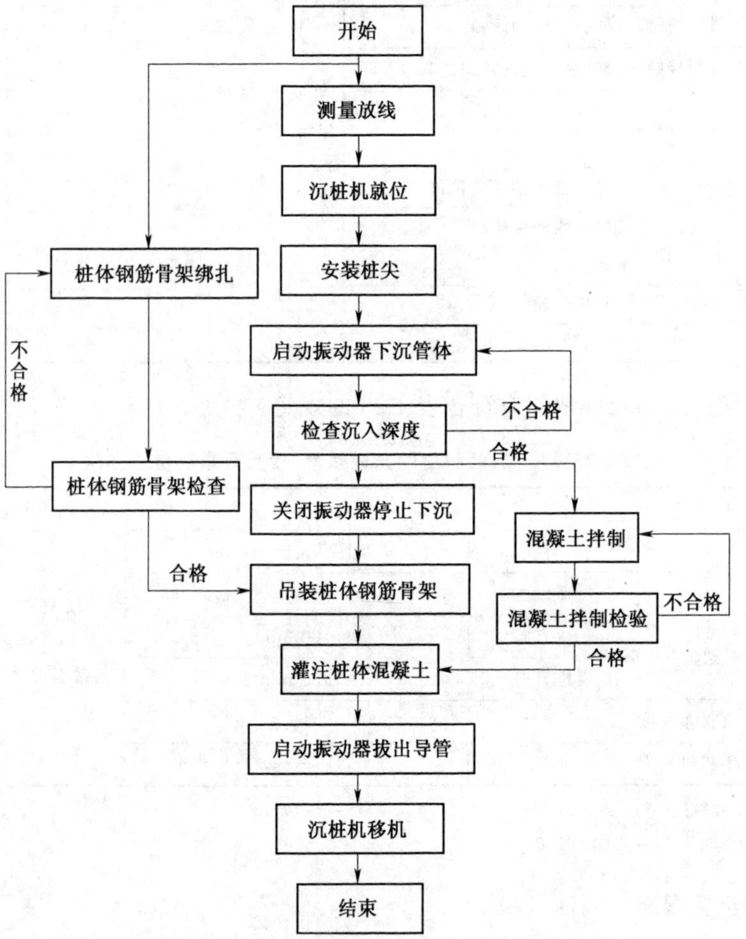

图 4-22 振动沉管灌注桩施工工艺及质量控制流程图

4. 工艺步骤说明

(1)打桩机就位。将桩管对准桩位中心,把桩尖活瓣合龙(当采用活瓣桩尖)或将桩管对准预先埋设在桩位上的预制桩尖(当采用钢筋混凝土、铸铁和封口桩尖时),放松卷扬机钢丝绳,利用桩机和桩管自重,把桩尖竖直地压入土中。

预制桩尖的位置应与施工图相符,桩管应垂直套入桩尖,桩管与桩尖的接触处应加垫草绳或麻袋等,管与桩尖的轴线应重合,桩管内应保持干净。

(2)振动下沉套管。开动振动锤,同时放松主钢丝绳,使桩管渐渐下沉,并开动加压卷扬机,对钢管加压。当桩管下沉到要求后,便停止振动器的振动。

振动下沉的施工方法选择:根据承载力的不同要求,可采取单打法、复打法和反插法,具有用小钢管灌注出大断面的效果。

1)单打法:即一次拔管法,拔管时每提升 0.5～1 m,振动 5～10 s 后,再拔管 0.5～1 m,如此反复进行,直至全部拔出。单打法的桩截面比钢管围成的截面扩大 30%。

2)复打法:在同一桩孔内作两次单打,或根据需要作局部两次单打,第一次沉管灌注混凝土后,拔出桩管,立即在原桩位做第二次沉管,使未凝结的混凝土向四周挤压,扩大桩径,然后灌注第二次混凝土,经测定,复打法的桩截面比沉入钢管围成的截面扩大 80%。

3)反插法:沉管灌注混凝土后,将钢管每提升 0.5 m,再下沉 0.3 m,补充混凝土(或提升 1 m,下沉0.5 m,主要依承载力要求确定),如此反复进行,直至拔离地面。反插法的桩截面比沉管围成的截面扩大 50%左右。此种打法在淤泥层中可消除缩颈现象,但在硬土层中易损坏桩顶,不宜采用。

沉管下沉过程中,应经常探测管内地下水或泥浆,如发现地下水或泥浆过多,应拔出桩管检查活瓣桩尖缝隙是否过松而漏进泥水。如果过松应加以修理,并用砂回填桩孔后重新沉管,如再发现有少量水时,一般可在沉管前先灌入 0.1 m^3左右的混凝土或砂浆封堵活瓣桩尖缝隙再继续沉入。对于预制桩尖的情况,当发现桩管内水或泥浆较多时,应拔出桩管,采取措施,重新安放桩尖后再沉管。

必须严格控制最后 2 min 的贯入度,其值按施工图要求或根据试桩和当地长期的施工经验确定。测量贯入度时,应使配重及电压保持正常。

在饱和土层条件时,一般要求复打。复打法能使桩径增大约 1.4 倍,提高承载力。对于预制桩尖的情况,当单打施工完毕,拔出桩管后,及时清除粘附在管壁和散落在地面上的泥土,在原桩位上第二次安放桩尖,进行沉管、灌注、拔管,直至成桩。对于混凝土充盈系数小于 1.0 的桩,可以采用全复打;对于有断桩或有缩颈可能的桩,可采用局部复打。全复打时,桩的入土深度宜接近桩长,局部复打时,应超过有可能断桩或缩颈区 1 m 以上,复打施工必须在第一次灌注的混凝土初凝以前全部完成,第一次灌注的混凝土应达到自然地面,不得少灌。

(3)吊装钢筋笼。吊装时,钢筋笼顶高程允许偏差为 100 mm。

(4)灌注桩身混凝土。利用漏斗向桩管内灌注混凝土,如图 4-23 所示。混凝土拌制时,坍落度控制在 16～20 cm,混凝土强度等级不宜低于 C15,应使用 42.5 级以上的硅酸盐水泥,混凝土的水泥量不宜小于 350 kg/m。

(5)边拔管、边振动、边灌注混凝土。当混凝土灌满后,再次开动振动器和卷扬机,先振动 5～10 s,再开始拔管,边振动边拔管。在拔管过程中一般都要向桩管内继续加混凝土。每拔 0.5～1 m,留振5～10 s,如此反复,直至桩管全部拔出。拔管速度在一般土层中以 1.2～1.5 m/min 为宜,在软弱土层中应控制在 0.6～0.8 m/min。当采用活瓣桩尖时宜慢,当采用预制桩尖时可适当加快。在拔管过程中,桩管内至少应保持 2 m 以上混凝土,或不低于地表。桩管内混凝土高度不足 2 m 时要及时补灌,以防混凝土中断形成缩颈。

(6)桩机移位。振动沉管灌注桩宜以流水顺序,依次向后退打。对于群桩基础,或桩的中心距小于 3.5 倍桩径时,应跳打,中间轮空的桩应待新灌注桩的混凝土强度达到施工图标示强度等级的 50%以上后,方可施打。

图 4-23 漏斗混凝土灌注

(7)施工注意要点。

1)振动沉桩机、机座、桩帽必须连接牢靠,沉管和桩中心线应尽量保持在同一直线上。

2)沉管开始时应采用自重下沉,待管体有足够稳定性后再采用振动下沉。

3)每管下沉作业需连续一次完成,中途不宜停顿,以免土的摩阻力恢复导致沉管困难。

4)振动沉管的停振标准,应以工艺试验的桩尖高程控制为主,并以最终贯入度(cm/min)或可靠的振动承载力公式计算的承载力校核。如果桩尖到达高程,而最终贯入度或计算承载力相差较大时,则应查明原因,报有关单位研究确定。

5)振动沉管过程中,出现管的偏移、倾斜或严重回弹以及其他不正常情况时,应暂停振动,并查明原因,采取措施后继续沉管。

(8)振动沉管灌注桩施工常见问题及预防措施见表 4-26。

表 4-26 振动沉管灌注桩施工常见问题及预防措施

常见问题	产生原因	预防措施及处理方法
缩颈(灌注混凝土后的桩身局部直径小于施工图标示尺寸)	(1)在地下水位以下或饱和淤泥或淤泥质土中沉桩管时,土受强制扰动挤压,土中水和空气不能很快扩散,局部产生孔隙水压力,当套管拔出时,混凝土强度尚低,部分桩体受挤缩颈。 (2)在流塑淤泥质土中,由于下套管产生的振动作用,使混凝土不能顺利灌入,被淤泥质土浸入,从而造成缩颈。 (3)桩间距过小,施工时受邻桩挤压。 (4)拔管速度过快,混凝土来不及下落,而被泥土填充。 (5)混凝土过于干硬或和易性差,拔管时对混凝土产生摩擦力或管内混凝土量过少,混凝土出管的扩散性差,而造成缩颈	施工时每次向桩管内尽量多装混凝土,使其自重抵消桩身所受的孔隙水压力。一般使管内混凝土高于地面或地下水位 1.0～1.5 m,使之有一定的扩散力,桩间距过小,宜用跳打法施工;沉桩应采取"慢插密击(振)";拔管速度不得大于 0.8～1 m/min;桩身混凝土应用和易性好的低流动性混凝土灌筑。 桩轻度缩颈,可采取反插法,每次拔管高度以 1 m 为宜;局部缩颈宜采用半复打法。桩身多段缩颈宜采用复打法施工

续上表

常见问题	产 生 原 因	预防措施及处理方法
桩身夹泥(桩身混凝土内存在泥土层,使桩身断面减小或隔断)	(1)在饱和淤泥质土层中施工,拔管速度过快,混凝土骨料粒径过大,坍落度过小,混凝土还未流出管外,土即涌入桩身,造成桩身夹泥。 (2)采用反插法时,反插深度太大,反插时活瓣向外张开,使孔壁周围的泥挤进桩身,造成桩身夹泥。 (3)采用复打法时,套管上的泥土未清理干净,而挤入桩身混凝土内	在饱和淤泥质土层中施工,注意控制拔管速度和混凝土骨料粒径(<30 mm)。坍落度(5~7 cm),拔管速度以 0.8~1 m/min 为宜;混凝土应拌制均匀,和易性要好,拔管时随时用浮标测量,观察桩身混凝土灌入量,发现桩径减小时,应采取措施。采用反插法时,反插深度不宜超过活瓣长度的 2/3;复打时,在复打前应把套臂管上的泥土清除干净
桩身下沉(桩成形后,在相邻桩位下沉套管时,机顶的混凝土、钢筋或钢筋笼下沉)	(1)新灌注的混凝土处于流塑状态,由于相邻桩沉入套管时的振动影响,混凝土骨料自重沉实,造成桩顶混凝土下沉,土挤入混凝土内。 (2)钢筋的密度比混凝土大,受振动作用,使钢筋或钢筋笼沉入混凝土	在桩顶部分采用较干硬性混凝土;钢筋或钢筋笼放入混凝土后,上部用钢管将钢筋或钢筋笼架起,支在孔壁上,可防止相邻桩振动时下沉;指定专人清理桩顶杂物、浮浆,重新补足混凝土
超量(浇筑混凝土时,混凝土的用量比正常情况大 1 倍以上)	(1)在饱和淤泥质软土成桩,土受到扰动,强度大大降低,由于混凝土对土壁的压力作用,而使土壁压缩,桩身扩大。 (2)地下遇到土洞、坟坑、溶洞等洞穴	在饱和淤泥质软土层中成桩,宜先打试验桩,如发现混凝土用量过大,应请求变更采用其他桩型,施工前应通过钎探了解工程范围内的地下洞穴情况,如发现洞穴,预先挖开或钻孔,进行填塞处理,再行施工
桩达不到最终控制要求(桩管下沉不到施工图要求的深度)	(1)遇有较厚的硬夹层或大块孤石、混凝土块等地下障碍物。 (2)实际持力层高程起伏较大,超过施工机械能力,桩锤选择太大或太小,使桩沉不到或沉过要求的控制高程。 (3)振动沉桩机的振动参数(如激振力、振幅、频率等)选择不合适,或振动压力不够而使套管沉不下去。 (4)套管长度过大、刚度较低,在沉管过程中,产生弹性弯曲而使锤击或振动能量减弱,不能传至桩尖处	认真勘察工程范围内的地下硬土层及埋设物情况,遇有难以穿透的硬土层,应用钻机钻透,或将地下障碍物清除干净;根据工程地质条件,选用合适的沉桩机械和振动参数,沉桩时,如因正压力不够而沉不下去,可用加配重或加压的办法来增加正压力;锤击沉管时,如锤击能力不够,可更换大些的锤;套管应有足够的刚度,长细比不宜大于 40
桩尖进水、进泥砂(套管活瓣处涌水或泥砂进入桩管内)	(1)地下涌水量大、水压大。 (2)沉桩时间过长。 (3)桩尖活瓣缝隙大或桩尖垫被打坏	地下涌水量大时,桩管应用 0.5 m 高水泥砂浆封底,再灌 1 m 高混凝土,然后沉入,少量进水(<20 cm)可在灌第一槽混凝土时减小用水量;沉桩时间不要过长;桩尖损坏,不密合,可将桩管拔出,将孔回填,桩尖活瓣修复后,重新沉入
吊脚桩(桩下部混凝土不密实或脱空,形成空腔)	(1)桩尖活瓣受土挤压,拔管一定高度才张开。 (2)混凝土干硬,和易性差,下落不密实,形成空隙。 (3)预制桩尖被打碎缩入桩管内,泥砂与水挤入管中	为防止活瓣不张开,可采取"密振慢抽"的方法,开始拔管 50 cm,可将桩管回振几下,然后再正常拔管;混凝土应保持良好和易性,坍落度应不小于 5~7 cm,严格检查预制桩尖的强度和规格,防止桩尖打碎或压入桩管

5. 质量检验标准

(1)沉管灌注桩允许偏差见表 4-27。

表 4-27 沉管灌注桩允许偏差和检验方法

检验项目	允许偏差	检验方法与频率
孔位	50 mm	尺量检查不少于 5 处
垂直度	0.01 倍桩长	吊垂线或靠尺检查
深度	−20 mm	尺量检查不少于 5 处
桩顶高程	±50 mm	测量检查
钢筋笼钢筋直径、主筋间距	±10 mm	尺量检查不少于 5 处
钢筋笼箍筋间距	±20 mm	尺量检查不少于 5 处
钢筋笼长度	±100 mm	尺量检查不少于 5 处
桩径	−20 mm	上、中、下 3 处
桩身混凝土强度	不小于施工标示强度等级	试件或钻芯

注:桩径负值仅限个别断面。

(2)灌注充盈系数测定。混凝土灌注充盈系数即实际灌注的混凝土体积与按桩管外径计算的体积之比。可以采用浮标法测定:在管内设浮标,使其浮在混凝土表面,每次拔管高度为 H 时,用一根刻着长度标记的浮标拉绳可测出桩管内混凝土的落下高度 h,由于混凝土要补充管壁体积,故 h 常比 H 大,h/H 的比值即充盈系数。粗略的求法是:将实际用的钢管外径 D 的平方除以内径 d 的平方。充盈系数一般为 1.3~1.4,在正常条件下近于常数。如高于常数,则表示混凝土扩散(即桩身直径 D 增大);若低于常数,则表示有缩颈现象(即 D 变小),若降低很多,应及时采取复打法或局部复打法来处理。

4.1.16 桩帽(筏)板施工

1. 工艺概述

桩帽(筏)板适用于刚性桩复合地基处理的松软土地基,桩帽板一般用于打入桩、压入桩等刚性桩桩顶。

2. 作业内容

基坑、桩孔挖填、护壁设置、模板制作安装拆除、钢筋及预埋件制作安装、桩帽混凝土灌注等。

3. 施工工艺及质量控制流程

桩帽(筏)施工工艺及质量控制流程如图 4-24 所示。

4. 工艺步骤说明

(1)开始。采用人工配合挖掘机开挖基坑。开挖时做好边坡防护。雨季开挖时,提前在坑口挖截水沟或设置围堰。钢筋统一加工,现场绑扎,采用大块钢模板施工。通过"顶拉结合"的方式加固,即模板内部设置拉筋,外侧支撑。混凝土集中制备,由混凝土运输车运送到位,混凝土输送泵分层浇筑,插入式振捣器具振捣,洒水覆盖养护。

(2)基坑开挖。桩基检测合格后采用挖掘机开挖基坑,靠近桩头的部分由人工开挖,避免机械损伤桩头，按规范要求放坡开挖，机械开挖时预留 30 cm 由人工清理。避免超挖。基坑底的承载力按照规范要求进行检测。若出现基底地质情况与施工图不符时应按程序办理变更设计。当地下水位较高时，在基坑四周设置截水沟或在坑底设置排水沟、集水坑。为便于钢筋绑扎和模板安装，基坑底的四周应分别留50 cm左右的空间。基坑开挖到位后，按钻孔桩施工中的要求凿除多余部分的桩头，并按施工图要求留出一定长度的桩头以便嵌入桩板帽。基坑检查验收合格后方可进行下道工序的。

(3)钢筋绑扎。钢筋统一加工，现场绑扎，底层钢筋绑扎前，按施工图保护层的厚度在钢筋下垫入水泥砂浆垫块。

(4)采用大块钢模板，安装前在清理干净的模板上满涂脱模剂。安装后的模板接缝小于 2 mm，大于 2 mm 时应重新调整模板并用胶带密封。采用"顶拉结合"加固方式。内部设 ϕ16 mm 通长拉筋，拉筋套ϕ20 mm的 PVC 管。外侧用 10 cm×10 cm 方木斜撑模板外侧于坑壁上，起到双层保护作用。为防止模板向内倾斜，模板顶口用碗扣式支架支顶。模板安装后再用水准仪测量放样，确定灌注高度，检查模板的几何尺寸及接缝等，监理工程师认可后灌注混凝土。

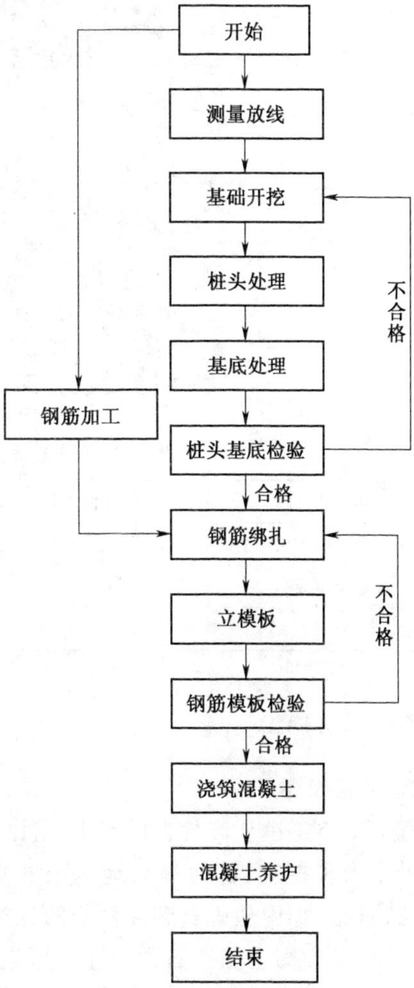

图 4-24 桩帽(筏)施工工艺及质量控制流程图

(5)混凝土浇筑。混凝土在搅拌站集中拌制，由运输车水平运送到位，混凝土输送泵灌注，插入式振捣器具振捣。浇筑按水平方向分层进行，每层的灌注厚度 30 cm 左右。振捣器具的移动间距不应超过振捣器具作用半径的 1.5 倍，与侧模应保持 5～10 cm 的距离。每处振捣完毕后边振捣边缓慢提起振捣器具，即"快插慢拔"，插入深度不超过振捣器具长度的 1.25 倍。避免振捣器具碰撞模板及钢筋。插入点均匀排列，排成"行列式"或"交错式"振捣混凝土达到混凝土停止下沉、不再冒气泡、表面呈现平坦、泛浆为止。振捣过程防止漏振或过振发生。承台与墩台的结合面按规定设置接槎钢筋或连接石。混凝土振捣密实后 1.5～24 h 内，不得受到振动。有水基坑混凝土凝结前不得被水浸泡。

(6)混凝土养护。采用洒水覆盖的方法进行养护，养护方法与明挖基础相同。

(7)基坑回填。桩帽(筏)混凝土(图 4-25)养护到达施工图标示强度后，利用冲击夯分层对称夯实回填基坑，防止偏压。

5. 质量检验标准

桩帽板允许偏差、检验数量及检验方法见表 4-28。

图 4-25　混凝土桩帽

表 4-28　桩帽板允许偏差、检验数量及检验方法

检 验 项 目	允许偏差(mm)	检 验 数 量	检 验 方 法
桩帽板平面尺寸	±30	按桩帽板数量5%抽样检验	每块长、宽各尺量2点
桩帽板厚度	+30 −20		每块尺量4点
中心位置	15		测量纵横各2点

4.1.17　强夯施工

1. 工艺概述

强夯是将重锤从高处自由落下(落距一般为6～40 m)给地基以冲击力和振动,从而提高地基土的强度并降低其压缩量。该方法适用于加固从砾石到黏性土的各类地基土,具体如下:

(1)用于加固人工土石混填土、杂填土、碎石土、砂土、黏性土、粉土、湿陷性黄土和低含水率软土等地基。

(2)适用于碎石土、杂填土、低饱和度的粉土与黏性土、湿陷性黄土等地基处理。

(3)加固有效深度应通过试验确定并满足设计要求。

2. 作业内容:夯击、整平等。

3. 施工工艺及质量控制流程

强夯施工工艺及质量控制流程如图4-26所示。

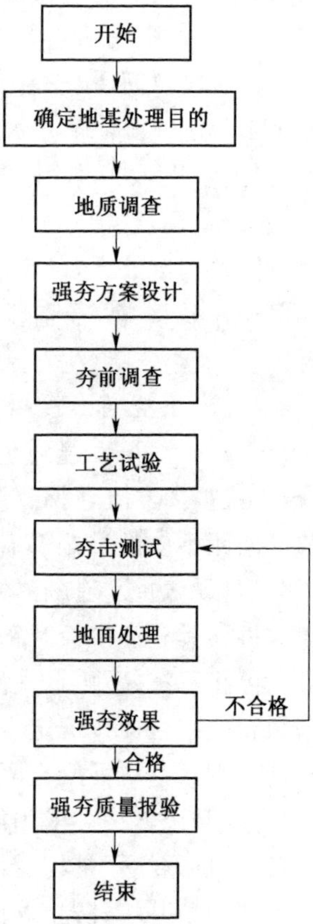

图 4-26　强夯施工工艺及质量控制流程图

4. 工艺步骤说明

(1)施工开始的条件。

1)完成施工准备工作。

2)完成施工工艺设计。按照实际的机械设备、作业人员、工程地质和水文地质、环境等条件,进行实地工艺试验,验证施工技术、施工组织能达到预期的质量、进度效果,机械设备和人员配置合理,施工效率能满足施工组织确定的工期。

3)预定改良目的。设计不同级的单点夯击次数、有效加固深度、密实度、静力荷载及沉降变形等测试项目。

4)预先估计强夯可能产生的平均地面变形，以此确定地面高程，然后用推土机整平。

(2)强夯法设计。

1)单点最佳夯击能量方法一：埋设电阻式水压计测定夯坑下不同深度土层的孔隙水压力，当能量使加固深度内孔隙水压力等于土层土密度与其厚度乘积时，认为是最佳夯击能量。

2)单点最佳夯击能量方法二：测定夯坑下沉体积与坑侧土隆起体积之差，使夯坑土下沉体积接近坑侧土隆起体积时的能量，认为是最佳夯击能量，测出最后两击平均下沉量作为施工控制指标。

3)强夯施工时(图 4-27)，排出土孔隙中的气体和水分，使土体密结，降低其压缩性、不均匀性，消除其湿陷性。夯击点地层周围产生裂缝，形成良好的排水通道，便于孔隙水顺利排出，加速土体固结。

图 4-27　强夯施工

(3)施工前调查。

1)确定地基条件，不同土质的单击夯击能见表 4-29。

表 4-29　不同土质的单击夯击能

单击夯击能(kN·m)	碎石土、砂土(m)	粉土、黏性土、湿陷性黄土(m)	单击夯击能(kN·m)	碎石土、砂土(m)	粉土、黏性土、湿陷性黄土(m)
1 000	5～6	4～5	4 000	8～9	7～8
2 000	6～7	5～6	5 000	9～9.5	8～8.5
3 000	7～8	6～7	6 000	9.5～10	8.5～9

2)遇到地表层为细粒土，且地下水较高时，需在表层铺 0.5～2 m 左右厚的砂、砂砾或碎石，使层表形成硬层，这样既可支承起重设备，又可加大地下水和表层面的距离，防止夯击效率降低。

3)下一遍夯击前还应进行下列调查。

①场地整平应大于强夯布点范围，夯点外边缘向外扩 3～5 m 或以外排基础边扩 8～10 m。

②高程根据基础底高程和预留夯沉深度确定。夯沉深度与地质情况、能级等有关，试夯后

确定。

(4)工艺试验。

1)必须进行试夯工作,确定正式施工工艺参数。

2)测定填筑地基的单位体积质量,计算地基的密度,评价大块石填筑地基的密实度。

3)测定地基土在反复加卸载的作用下,其压力与回弹变形的关系,并根据施加的压力和对应的回弹变形值,计算地基土的回弹模量。

4)测定地基土在垂直静力作用下,压力与变形,变形与时间的关系,以评价地基土的压缩性,并根据施工的荷载和所对应的变形值,计算地基土的变形模量。

5)测量地基土在强夯冲击荷载作用下,不同深度的地基土垂直变形模量,并根据检测结果,评定强夯加固地基的有效影响深度及变形的完成程度。

6)根据夯实确定的施工参数,确定夯后间歇时间:强夯后孔隙水压消散时间长短,湿陷性黄土一般为28 d左右;杂填土 7～14 d。孔隙水压消散时间关系到强夯的间隔停歇时间和强夯进度。

7)单点试验和区域试验,修改后综合确定的强夯施工参数。

8)颗粒大小分析检测,测定大块石填筑的各粒组占总质量的百分比,计算块碎石料的不均匀系数的曲率系数,为大面积填筑选筛料提供控制指标。

(5)施工计划。

1)根据试验数据和测试结果制定施工进度、程序和管理等实施计划。

2)宜用石灰或小木桩标示夯点,偏差不得大于 5 cm。

(6)夯击和测试。

1)第一遍夯击及测试。

①强夯机就位,使夯锤对准夯点位置。

②加固深层土关键是第一遍夯击数,相同夯击能,接地压力(锤重/锤底面积)高的强夯有效影响深度要比接地压力低的影响深度深。对非饱和土应采用高能级多击数,对饱和土应采用高能级少击数。

③根据定位、放样的结果,将夯锤起吊到预定高度,夯锤脱钩自由下落,完成一次夯击。第一遍的夯点间距不宜过小,一遍夯击时在浅层形成密实层而影响夯击能往深层传递。若各夯点之间的距离过小,在夯击时上部土体易向已夯成的夯坑中挤出导致坑壁坍塌,夯锤歪斜或倾斜,影响夯实效果。最好第一遍隔点隔行夯击(跳击),使夯击能尽量传向深部;第二遍夯击剩余点号,最后一遍是低能量的满夯或对称搭接夯,主要是对上部土层进行夯击,一般加固深度可达到 3 m,夯击要相互搭接,确保表层地基的均匀性和较高的密实度,否则出现加固不到位。按照跳点夯击或梅花形顺序夯击,可分段进行,由边缘向中央。

2)夯击及测试内容

①对每一夯点的每一击沉降量进行观测,以最后两击平均下沉量作为控制标准,而最后两击沉降量又以单点最佳夯击能、加固地基的强度和变形要求来确定,对于土质条件较差区域,增加夯击次数或抛填片石。

②大面积施工时,夯实一遍后,如场地为粗粒土,可用推土机将场地推平压实;细粒土则要等孔隙水压力部分消散后,基坑内最好能填粗粒土,或用场地的土推平压实,最后一遍夯击后,将场地平整到施工图标示高程,并使中部略微隆起,以利于排除场区内积水。

③最后一遍为满夯，落距约为 3～5 m。

④应对每一夯点的夯击能量、夯击次数和每次夯沉量等做好详细的现场记录。

⑤地面发生隆起（一般不超过 30 cm）或夯坑内出现溢水时，需停止夯击。

(7)夯实后地面处理。

1)第一遍夯完，用新土或坑壁土将夯坑整平压实，并测量场地高程，再进行下一遍夯击。

2)控制好夯前和夯后地面高程，做表层处理，把扰动土满夯压实。

3)做好施工前后场区排水，严禁积水。

4)夯后的间歇，可通过测定前遍强夯后孔隙水压力消失的时间或其强度不再增加的时间，为夯后的间歇时间，随强夯不同参数而异。

(8)质量检验。

1)检验地基强夯后的效果包括地基密实度和承载力。

2)填写质量记录，检查施工现场交工资料和检测试验报告，整理归档。

5. 质量检验标准

(1)强夯主控项目质量要求、检验数量及检验方法见表 4-30。

表 4-30　强夯主控项目质量要求、检验数量及检验方法

检验项目	质量要求	检验数量	检验方法
夯击点	强夯处理夯击点布置应满足施工图要求	全部检验	观察、尺量
夯击搭接	低能量满夯的搭接≥1/4 夯锤直径	全部检验	观察、尺量
地基承载力和加固深度	强夯加固地基的承载力和有效加固深度应满足施工图要求	每一工点每 3 000 m^2 抽样检验 12 点，其中：标准贯入试验 6 点，静力触探试验 3 点，载荷试验 3 点	按施工图规定的检验时间进行标准贯入试验、静力触探试验及平板荷载试验

(2)强夯地基夯坑中心偏移、处理范围、横坡的允许偏差应符合表 4-31 的规定。

表 4-31　强夯地基夯坑中心偏移、处理范围、横坡的允许偏差、检验数量及检验方法

检验项目	允许偏差	检验数量	检验方法
夯坑中心偏移	≤0.1D（D 为夯锤直径）	检验总夯击点的 10%	尺量
范围	不小于施工图标准值	沿线路纵向每 100 m 抽样检验 5 处	尺量
横坡	±0.5%	沿线路纵向每 100 m 抽样检验 5 个断面	坡度尺量

4.2　路堤施工

4.2.1　基床以下路堤填筑

1. 工艺概述

本工艺适用于使用天然填料填筑土工构筑物的施工。

路基填筑的基本工艺是将一个路基施工段按一定长度划分出四个连续作业区段，组织 4 个独立作业班组承担路基填筑施工的 8 道作业工序（测量放线、地面处理、分层填土、摊铺整平、洒水晾晒、碾压夯实、检测报验、整修成型），各作业班组同时分别在其中一个作业区段进行施工,并依序转入下一作业区段,形成同一区段上各道工序流水作业,各作业班组在不同区段上平行施工的平行流水作业,优化了路基填筑的施工组织,强化了过程质量控制,加快了施工进度。

随着高速及客运专线铁路路基新标准的推出,路基作为工程构筑物的理念进一步加强,因而对其施工工艺和质量控制提出了更高的要求,工艺流程已有较大变化,每个班组的工作内容也有相应的调整。

2. 作业内容

(1)测量放线;挂边线,钉设卸土点位桩;填料挖、装、运、卸、摊铺、洒水或晾晒;填层平整、碾压;人工帮填、处理填层松散、起皱和橡皮土(弹簧土)和修整边坡等。

(2)检查、检测,填写检查检测记录及试验报告、报验。

3. 施工工艺及质量控制流程

路基填筑施工工艺及质量流程控制如图4-28所示。

4. 工艺步骤说明

(1)作业区段划分。填筑前应合理划分施工区段和作业区段,根据填料种类、压实标准和现场环境选择适宜的施工机械,组建填筑施工机械组合和作业工班。采用"区段流程法"组织施工。"区段流程法"作业循环时间是4个作业班组中最长时间的4倍。

(2)工艺试验。填筑前应进行填筑工艺性试验。通过试验验证作业组织和各施工班组施工的质量能力和施工效率,确定合理的施工机械与最佳的施工参数组合,优化工艺,形成指导大规模施工的工艺方案及参数。

(3)测量放线。每一层填筑前应进行施工放线,放出填层中线和填筑边线。为保证填层边部的压实效果,一般填层比路基结构适当加宽(每边宜加宽50 cm),填筑后按结构宽度刷坡。进入正式作业循环后,为便于平行作业,测量放线工序纳入第4作业组,于静压收面结束前即可开始,与压实检测同时进行。

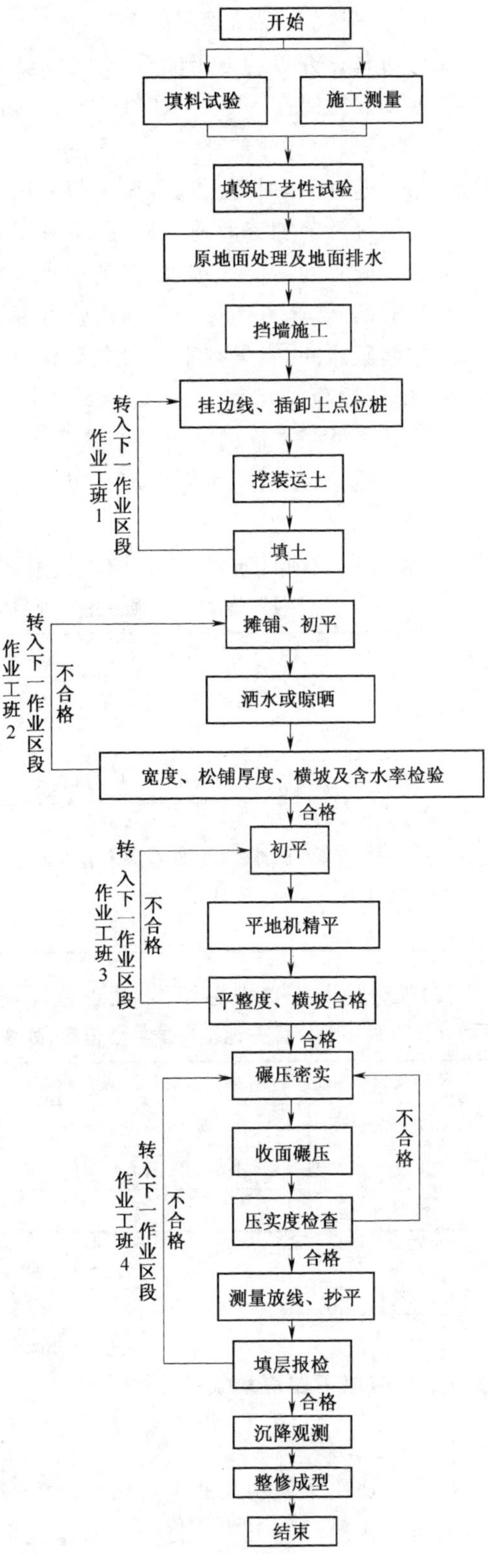

图4-28 路基填筑施工工艺及质量控制流程图

(4)挂边线、插卸土点桩。根据测设好的填筑边线,每 5 m 插钢筋,按松铺厚度挂线,用于控制铺土边界和铺土厚度。

分层填筑厚度应根据压实机械压实能力、填料种类和要求的压实密度,通过工艺试验确定。采用碎石类土和砾石类土填筑时,分层松铺的最大压实厚度不应大于 40 cm;采用砂类土和细粒土填筑时,分层松铺的最大压实厚度不应大于 30 cm。分层填筑的最小分层厚度不宜小于 10 cm。

根据松铺厚度和运土车辆容积,计算卸土间距,并在填层面上自中线向两边插木桩或撒石灰点,以控制车辆卸土,卸土点宜按梅花形分布。

(5)挖装运土。应对填料料源场开采进行规划,测放开挖边线,并根据一次开挖深度和填料检验复查频次分块,比如挖掘机一次开挖深度 5 m,按 5 000 m^3 检验频次,用石灰划出 30 m×30 m方格,在每个方格内取土样检验复查填料质量。取料时按一定顺序逐块开挖。填筑时应对运至现场的填料进行抽样检验,当填料土质发生变化或更换取土场(方格)时应重新进行检验。

开挖时,根据土质坚硬情况可以选择使用挖掘机、推土机、装载机或联合作业,或爆破后用装载机装车。

运输设备应为自卸汽车,并使一个班组各车辆的容积相同,便于卸土点和填土厚度控制。炎热天气,运输路线如果经过等级公路,应对车棚加盖,防止填料抛洒污染路面;对自然含水率偏低的填料,应覆盖车厢防止水分散发;雨天,对自然含水率偏高的填料,应覆盖车厢防止淋雨。

填料中不得含有草皮、垃圾、树根、腐殖土、淤泥等。

(6)填筑。应沿横断面全宽、纵向分层填筑。先从低处分层填筑,由两边向中间,路基边坡两侧超填宽度不小于 50 cm。

现场设专人指挥车辆按照布置的卸土点卸土。填筑时,当前一填层面过干时应洒水,保持填前土面的湿润,保证填层间的结合。均匀的卸土,可以减小推土机摊铺工作量和整平难度。普通填料填筑如图 4-29 所示。

图 4-29 普通填料填筑

(7)摊铺、初平。用推土机将填筑的土推平,边部厚度以所挂的边线为准,中间各部位厚度用钢钎测量,同时人工铺填边部,对凸凹处铲平;清除填料中的草皮、树根等杂物。摊铺过程应控制横坡在2%～4%。

(8)洒水或晾晒。填料应在最佳含水率条件下通过合理的碾压才能达到最佳压实效果。最佳含水率通过击实试验确定。

洒水作业分三步进行,填土前洒水,润湿底层;初平前按计算的需要量洒足;密实碾压前再补洒一次,防止表面水分过度散失而松散。

晾晒时间一般比较长,为加速水分散失,可使用盘耙或翻地机对填筑的填料进行1～3遍翻挖。雨季和降雨量大的地区的非渗水料填筑施工,必要时可使用棚盖对取土区和填筑施工段进行遮盖,保障雨季天不中断施工。

(9)初压与精平。初压的作用主要有四点:一是提高精平效果;二是为重型碾压创造条件;三是封面保水;四是防止直接振动碾压对底层的不良影响。精平应使用平地机,一般铲平2～4遍,期间应有水准测量指导铲平作业,普工配合低垫高铲,清除多余土料。

土料填筑和推土机初平后,推土机和洒水车在松铺层作业,轮迹非均匀分布,松铺层的密实状态不均匀。如果直接精平,一经碾压必然高低不平。重碾,特别是振动碾的压实效率高,在较松散的填层上直接施行,轮前轮后隆突、左右排挤,造成碾压阻力,破坏填筑层整体性,因此不得缺失初压过程。

(10)密实碾压。应遵循的原则是适度重压,严格掌握碾压遍数,禁止反复轻碾。用重型压路机振动碾压,各遍碾压采用不同的振动频率和振幅,振动频率先低后高,振幅先大后小。碾压速度先慢后快,最大速度不宜超过4 km/h。按轮宽2/3叠加碾压,再按轮宽1/3叠加碾压。碾压中,检查是否出现松散和橡皮(弹簧)现象,人工及时将压松或变软的点位挖除,补填好土。碾压遍数应为4～8遍,可以全填幅分遍碾压,也可以全遍数错位碾压。

高振幅碾压可以在初始的几遍碾压中获得良好的深度效应,避免过早形成表面硬盖层或薄板效应。后两遍碾压再采用低幅或静碾,对表层进行补充压实。

碾轮的振动频率应接近土料的自振频率。压路机的振动频率与振动轴转速成正比,激振力与振动轴转速的平方成正比。可以调整发动机转速控制滚轮的振动频率。填层的自振频率随土料的压密而提高。

碾压速度越高,需要的碾压遍数越多。一般的碾压速度是:黏土填料采用1～2.5 km/h,非黏性土料为2～4 km/h;对沥青混凝土,厚层和韧性混合料采用2～4 km/h,薄层和柔软的混合料采用2～6 km/h。

各区段交接处,应进行重叠压实,纵向搭接长度不应小于2 m,沿线路纵向行与行之间压实重叠不应小于40 cm,上下两层填筑接头应错开至少3 m。

对于桥涵等结构物边部的碾压应控制压力和振动力,保证这些结构物安全。一般可采用小型压实设备进行结构物边部的压实,如轻型或中型压路机、振动冲击夯、振动平板夯、手扶振动压路机等。

(11)收面碾压。碾压达到压实标准后用光轮压路机进行收面碾压,消除轮迹。

(12)检测与报验。实施过程检测,在洒水或晾晒到一定程度后,即行检查填层宽度、横向坡度、松铺厚度和含水率。只要符合要求,就应进行初压,起到封面作用,防止含水率变化。如果横坡或厚度不合格,可以使用推土机处理。

在平地机精平后,检查横坡和平整度。在雨季和多雨地区的非渗水土填筑施工中,一定要留足不小于2%的横坡,保证雨后不积水,能尽快恢复施工。

在收面碾压后检查压实质量。填料为细粒土时，压实质量采用压实系数 K 和地基系数 K_{30} 控制；填料为粗粒土时，采用孔隙率 n 和地基系数 K_{30} 控制；对于基床则应增加动态变形模量控制指标。

检查合格后应及时填写工程报验单，通知监理工程师现场验收检查，完成报验工作。只有报验合格，才能进行下一填层的施工。

(13)整修成型。

1)随每层的铺筑、碾压进程同步整修，填筑边坡整齐平顺。

2)为防止雨水淋刷浸泡引起坍塌，应及时(每填筑 0.9～1.5 m)对边坡进行拍实夯实。

3)在路堤填筑完成后，按照施工图标示路基宽度和边坡坡度修整边坡，清除多余填土，并对边坡进行夯实，休整成型的边坡如图 4-30 所示。

图 4-30 休整成型的边坡

(14)路堤坡面排水。路堤填筑期和边坡防护完成前，应注意边坡、填层面的排水。主要措施有：

1)各填层及路基面按坡度 2%～4%做出人字坡，并对表面摊铺平整，碾压密实，消除轮迹。

2)填层边部设土埂，将表面雨水汇集到边坡排水槽排放，减少漫流冲刷、浸泡边坡。边坡排水槽随填层同时铺设，可采用土瓦、陶瓦、塑料管或预制混凝土槽，间距 5～10 m。

(15)冬期施工。昼夜平均气温在 0 ℃以下且连续 15 d 时，应按冬期组织施工。填筑前应清除地基和填层的冻结层；严禁冻土或掺有冻土的材料作为填料。非渗水土填料的含水率宜低于塑限，并采取加强压实的措施。施工组织应做到随挖、随运、随填、随压实。填筑铺土厚度应比一般条件下减 20%～25%。已铺土层未压实前，不得中断施工，应保证开挖、运填周转时间小于土的冻结时间，并宜选择每日的正温时段施工，当日碾压完成，松土不过夜，路基边坡修整必须在解冻后进行。必要时，对取土点和路堤的外露土层用松土或草袋覆盖。

(16)雨季施工。路堤填筑必须安排在雨季施工时，应首先完成该路堤段的涵洞和路基排水工程，必要时对施工填筑和取土区域采取覆盖措施，雨季施工应优化机械配制，组织快速施工经雨水淋后的路基面必须晾晒、刮除表面浮土和复压处理，并经密实度抽检合格后才能继续施工。严禁在中雨或连绵雨天进行非渗水土的露天填筑施工。

(17)质量控制要点。

1)由于路堤下部和基床、一般路堤和浸水路堤的填料和压实度要求不同,一定要逐层核定,防止填料和标准使用错误。

2)填料是否符合要求,是否与检验和工艺试验的填料种类、性质一致。

3)填料的含水率是否在最佳含水率范围内,是否有过湿或过干土块。

4)填层松铺厚度是否超过工艺设计厚度。

5)平整度是否符合要求。

6)碾压或夯实机具是否符合工艺设计,是否具有足够的压实能力,碾压遍数、碾压方式是否正确。

7)边角部位、桥涵等结构物近旁是否碾压到位。

8)路堤挡墙应随土工填筑进程分段修筑。

9)对于非黏性土和砂砾,尽量选用级配较好的混合料,石料宜为大范围级配,在挖、装、运、铺平过程中应防止颗粒离析。可以采用加湿或现场铺填时强制再拌制的方式控制离析。

5. 质量检验标准

(1)路堤填筑质量应符合表 4-32 的要求。

表 4-32 路堤填筑质量要求

检验项目		碎石类土,砾石类土	砂类土、细粒土
填筑方法		线路纵向分区段、竖向分层、横向全宽一次填筑	
填料	种类	基床表层采用级配碎石;基床底层采用 A、B 组填料或改良土;基床以下路堤应优先选用 A、B 组填料和 C 组的碎石类、砾石类填料。当选用 C 组填料时,应根据土源性质进行改良后填筑	
		区段内每层同种类,且连续填筑压实厚度不宜小于 50 cm	
	上下层填料粒径	$D_{15}<4d_{85}$	
	最大粒径	宜≤15 cm/≤10 cm	—
填层	每层压实厚度	宜≤40 cm/≤35 cm	宜≤30 cm/≤30 cm
	每层最小压实厚度	10 cm	
	上下层接头相错量	≥3 m	
	碾压轮辐重叠宽度	≥40 cm	
	同层接头处碾压重叠长度	≥2 m	
检验数量		每层沿线路纵向每 100 m 检查 6 处(左、中、右各 2 处)	
检验方法		观察、尺量检查,并检查该层和下承层土工试验报告的筛分结果,比较其粒径是否符合 $D_{15}<4d_{85}$ 的要求	

(2)路堤填料的试验项目及频次应符合表 4-33 的规定。

表 4-33 路堤填料的试验项目及频次

填料类别及检验方法		试验项目、频率			
		液塑限	击实试验	颗粒级配	颗粒密度
填料类别	细粒土	5 000 m^3(或土性明显变化)		—	
	粗粒土、碎石土	—		10 000 m^3(或土性明显变化)	

续上表

填料类别及检验方法	试验项目、频率			
	液塑限	击实试验	颗粒级配	颗粒密度
检验方法	液、塑限联合测定法 碟式仪液限试验 搓条法塑限试验	击实试验	筛析法 密度计法 移液管法	量瓶法 浮称法 虹吸筒法

注:表列数字为进行一次试验的填料体积。检验方法按《铁路工程土工试验规程》(TB 10102—2010)的规定。

(3)路堤的压实标准应根据填料类别按表4-34的规定采用多指标控制。

表4-34 路堤填筑压实标准

检验项目	压实系数 K	孔隙率 n(%)	地基系数 K_{30}(MPa/m)	动态变形模量 E_{vd}(MPa)
改良细粒土	≥0.90/0.92/≥0.95	—	≥90/110	—/≥40
砂类土及细粒土	—	<31/<28	≥110/130	
碎石类及粗砾土			≥110/130	
沿线路纵向100 m	每填层		每填高约90 cm	
距路肩边线	1 m处左、右各2点		2 m处左、右各1点	
路基中部	2点,反压护道地段增加1点		2点	
检验方法	环刀法 蜡封法 灌砂法 灌水法 气囊法 核子射线法	瓶量法 浮称法 虹吸筒法	K_{30}平板荷载试验	E_{vd}动态平板荷载试验

注:检验方法按《铁路工程土工试验规程》(TB 10102—2010)的规定。基床以下非浸水路堤采用斜线左侧数字,浸水路堤和基床采用斜线右侧数字,横线处为无砟轨道路基标准。无砟轨道铁路路基增加 E_{v2} 指标;基床和浸水填层≥60 MPa,基床以下≥45 MPa。压实系数 K 为重型击实标准。

(4)反压护道顶面高程、宽度、边坡坡率的允许误差、检验数量及检验方法应符合表4-35的规定。

表4-35 反压护道顶面高程、宽度、边坡坡率的允许误差、检验数量及检验方法

检验项目	允许偏差	检验数量	检验方法
顶面高程	+100 mm,−50 mm	沿线路纵向每100 m护道每侧抽样检验3点	水准仪
顶面宽度	不小于设计值		尺量
边坡坡率	±5%设计坡度		坡度尺量

(5)路堤中线至边缘距离、厚度、宽度、横坡、平整度的允许偏差、检验数量及检验方法应符合表4-36的规定。

表4-36 路堤中线至边缘距离、厚度、宽度、横坡、平整度的允许偏差、检验数量及检验方法

检验项目	允许偏差	沿线路纵向每100 m抽样检验数量	检验方法
中线至边缘距离	±50 mm/+50 mm,0	5处	尺量

续上表

检验项目	允许偏差	沿线路纵向每100 m抽样检验数量	检验方法
厚度	—/±30 mm	5处	水准仪测
宽度	不小于设计值	3处	尺量
横坡	±0.5%	5个断面	坡度尺量
平整度	不大于15 mm	10处	2.5 m长直尺量测

注:斜线左侧为基床以下路堤标准,斜线右侧为基床标准。

4.2.2 黄土路堤施工

1. 工艺概述

黄土是第四纪的一种特殊堆积物颜色以淡黄色为主,有黄、褐等色,颗粒组成以粉土颗粒为主,富含硫酸盐,具有大孔隙。黄土在我国主要分布在北纬34°～41°大陆内部干旱和半干旱地区,即西北、华北、内蒙古等地区。其中以黄土高原的黄土沉积最为典型。黄土高原主要是指秦岭以北、长城以南、太行山以西、日月山以东的黄河中游地区的陕、甘、宁、豫、晋等省,河北、山东、东北、青海及新疆等地亦有所分布。按其成因分为老黄土和新黄土。不具层理的风成原生黄土为老黄土;老黄土经过流水冲刷、搬运和重新沉积而形成的次生黄土为新黄土,具有层理并含有较多的砂粒新黄土的结构强度一般较老黄土低,而湿陷性较高。

黄土的矿物组成主要为石英、黏土矿物等,颗粒组成以粉粒(0.05～0.005 mm)为主;一般有肉眼可见的大孔隙。孔隙比常在1.0左右,呈松散结构状态垂直节理发育;具有湿陷性,受水浸湿后结构迅速破坏而产生显著下沉变形。

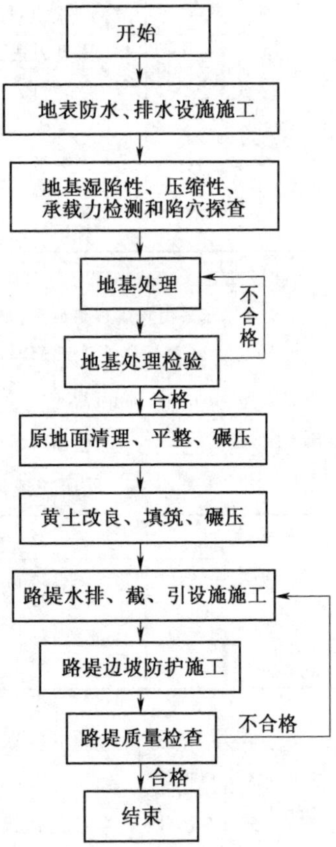

图4-31 黄土路堤填筑施工工艺及质量控制流程图

2. 作业内容

现场核查、场地排水,修筑排水沟,地基和地面处理,陷穴探查和处理,路堤填筑、路基加固防护处理等。

3. 施工工艺及质量控制流程

黄土路堤填筑施工工艺及质量控制流程如图4-31所示。

4. 工艺步骤说明

(1)地表防水排水设施施工。

1)黄土地区应特别注意路基排水。对地表水应按施工图,采取拦截、分散、防冲、防渗、远接远送的措施,进行综合排水规划,布置路基外侧边缘的拦水、截水沟和急流槽等设施,以利迅速将水引离路基。填挖交接处应设置引水沟。

2)路堤范围及两侧的坑洼和松散地面均应整平、碾压密实,不得浸水、不得积水。

3)各种拦截引排设施均应进行铺砌和加固。加固类型宜用浆砌片石或混凝土板。砌石与预制混凝土板的接缝应密实、不渗水。对结构和路基下沉引起的开裂应及时修复。

4)高路堤路基施工期间,应在两侧或一侧(超高段)设置临时阻水、拦水设施,以防雨水冲毁边坡。路堤填至施工图示值标示高程后，应及时修筑外侧边缘的拦水、截水沟和急流槽，将水引至坡脚以外。

(2)实地探查。进行地基湿陷性、压缩性、承载力检测和陷穴探查，要查清陷穴的水源、水量、陷穴发展方向及对路基可能造成的危害。对通过路基基床的陷穴，要向上游追踪至发源地点。

1)目测调查：利用冬、春季的气候特点，在地面裂缝处插放树枝或草杆，于次日清晨观察其上是否有冰霜附着，以推测该裂纹下是否有暗穴存在。如树枝上附有冰霜，则下面有陷穴，冰霜愈厚，则陷穴愈大。在黄土裂缝中冒雾气，则下面有暗穴。在雨天观察地面裂缝的渗水，如不断向下渗，则其下面可能有陷穴。

2)锥探调查：以锥钎打入或用“洛阳铲”打入地层，当锥头进入陷穴中其土层阻力突然消失，锥钉下进变快，则证明其下有陷穴口。

3)电探调查：利用不同岩石具有不同的电阻率这一特征来测定地下有无陷穴。

4)挖探调查：根据地表裂隙布置挖探，可以在探坑中采取原状土样观察地层变化。

5)钻探调查：只有在所有目测调查之后，为证实问题或因其他方法不能推断的时候，才采用钻探调查。

(3)黄土陷穴施工。黄土陷穴是黄土地区路基的常见病害，应进行认真处理。

黄土陷穴处理范围，应视具体情况而定，宜在路基填方或挖方边坡外，上侧 50 m，下侧 30 m。若陷穴倾向路基，虽在50 m以外，仍应作适当处理。对串珠状陷穴应彻底进行处治。处理时，采用灌砂、灌浆、开挖回填等措施，开挖的方法可以采用导洞、竖井和明挖等。

1)按施工设计做好防排水措施，避免地表水流入。在路堑顶部及路堤的靠山侧做好排水工程，将地表水、地下水引入有防渗层的水沟内排走。在发源地点把陷穴进口封填好，并引排周围地表水，不得使其流向陷穴进口。

2)开挖夯填作业应根据陷穴的具体情况做好如下工作。

①按施工图做好防排水措施，避免地表水流入。

②开挖回填夯实适用于各种形状的陷穴，填料一般采用改良黄土分层夯实。

3)采取灰土回填施工，应将陷穴开挖分层回填、夯实。

4)灌砂法适用小而直的陷穴，将陷穴充填物清理干净后，采用干砂灌实整个洞穴。

5)灌浆法适用于洞身不大，但洞壁起伏曲折较大并离路基中线较远的小陷穴。施工应符合下列要求：

①按施工设计要求或由现场试验确定的配合比配置水泥砂浆。

②施工时先将陷穴出口用草袋装土堵塞，在陷穴顶部每隔 4～5 m 打钻孔作为灌浆孔，待灌好的土浆或水泥浆凝结收缩后，再在各孔作补充灌浆，一般需要重复 2～3 次。注浆孔深度、孔距及注浆压力等有关技术参数应通过试验确定。

③按施工设计要求布置钻孔，宜为梅花型布置，地质钻成孔。

④应按施工设计要求预留一定数量的检查孔，并按施工设计要求进行质量控制和检测。

⑤利用注浆孔进一步探明地质情况，当陷穴的范围和深度与施工设计不符时，应办理变更设计。

6)导洞和竖井法，适用较大、较深的洞穴，由洞内向外逐步回填夯实，在回填前，应将穴内虚土和杂物彻底清除干净。当接近地面 0.5 m 时，采用黄土加 10%石灰的改良土回填夯实。

7)陷穴封口，采用石灰与土比例为 3∶7 的石灰土或老黄土等不透水材料夯填封闭。如施工图未要求时,其厚度不宜小于 30 cm。将流向陷穴的附近地面水引离,防止形成地表积水或水流集中产生冲刷。

(4)填筑路堤。

1)新黄土能满足施工设计要求时,可作为路基基床以下填料。

2)黄土路堤应分层填筑,分层压实,大于 10 cm 的块料,必须打碎,并应在接近土的压实最佳含水率时碾压密实。

3)黄土压实对水较敏感,含水率的施工控制相对困难。施工时,应通过击实曲线确定最佳含水率,并应在取土场控制。

4)在干旱少雨、水源缺乏的黄土地区,路基施工宜将摊铺厚度控制在 25～30 cm,可将现场含水率控制在低于最佳含水率的 1～2 个百分点以内,选用 18 t 以上的压路机进行碾压,这样在减少用水量的情况下,也可以达到要求的压实密度。在施工中为防止和减少水分的蒸发,上路的土要及时碾压,洒水后的土达到最佳含水率时也要及时进行碾压。

5)不应使用黄土填筑浸水路堤。必须使用时,应采取措施,并报请审批。

(5)压实度检测。黄土路堤施工压实度的检测要及时、快速,发现不符合要求的地段应及时通知施工负责人进行补压处理,以确保填筑质量。

(6)路基加固防护。黄土路堤的边坡应平顺夯实,及时予以防护,防止路表水冲刷。路堤填筑过程中,可以施做临时护坡和汇水、排水管槽,待填筑全部完成后即进行正式边坡防护工程。排水管槽宜直接将水引入路基侧沟。

5. 质量检验标准

黄土路堤施工,除满足相关规定外,还应符合表 4-37 的规定。

表 4-37 黄土路堤施工质量要求

检验项目	质 量 要 求
排水、防水	(1)施工前应结合永久排水设施做好地表排水设施,排水沟应随挖随砌,铺砌必须及时完成。施工中路基范围黄土地基应不得浸水。 (2)填筑路堤前应将松散的地基表层压实至规定密实度,路堤两侧排水沟以内的坑洼和松散地面均应整平碾压密实,不得积水。 (3)过渡段基底处理过程中及处理后应严格按照施工图要求做好地面排水,应确保降水及地表水径流对施工质量无不利影响。 (4)黄土陷穴地区路基,对洞穴采取开挖回填夯实、灌(压)土浆、灌砂等处理时,应在处理范围做好排水设施,不得使地表水流入。 (5)钻孔灌砂或灌砂处理洞穴的质量检查,不可采用水压试验法
地基处理	对湿陷性、高压缩性、承载力不足和有陷穴的地基,应按施工图要求处理后才可填筑路堤

4.2.3 石灰改良土路基填筑施工

1. 工艺概述

该工艺适用于缺乏 A、B 填料地区的客运专线铁路路基改良土填筑。改良土路拌法主要有两种工艺:一是土场加灰预拌,路基上补灰、路拌机拌制;二是路基上铺土加灰,路拌机拌制。不同拌制方法的适用情况及优缺点比较见表 4-38。

表 4-38 不同拌制方法的适用情况及优缺点比较

拌制方法	施工方法概述	优　点	缺　点
集中场(厂)拌	将素土、石灰等材料集中到拌制场地堆放，由装载机将各种材料分别装入厂拌设备各料仓和容器内，经计量后进入到拌制器内进行均匀拌制，然后运往工地	拌制材料均匀度较好，材料配合、计量准确；场拌设备完整，易于操作控制	配套设备多、需要往返运输大量材料；施工成本较高，生产效率较低
土料场取土加灰并拌制	选择取土场或路堤填筑附近合适地点作拌制场地，按施工图配比加石灰，机械拌制后再装运到路堤并进行填筑	生产成本低、施工质量较好，能全面铺开，确保施工工期	施工质量、稳定性、配比精度不如场拌，要另外租用场地
取土场加灰预拌，路基上补灰、路拌机拌制	在取土场按 1 m^2 面积铺上适当厚度石灰层，然后用挖掘机装车做预拌，运到路基上按施工图配比进行补灰	生产成本低，往返运输材料较少，二次拌制比较均匀	施工质量、稳定性、配比精度不如场拌，工序比较复杂，生产效率较低
路基上铺土加灰、路拌机拌制	把取土场的素土运到路基上，分层按施工图配比加入石灰，用机械进行拌制	生产成本低，不用往返运输材料，生产效率较高	施工质量、稳定性、配比精度不如场拌，发现不合格返工困难

当需用改良土量大，为了确保施工质量一般采取用集中场拌，下面内容以集中场拌为例。

2. 作业内容

地基处理、填料拌制、改良土摊铺、碾压等。

3. 施工工艺及质量控制流程

石灰改良土场拌填筑施工工艺及质量控制流程如图 4-32 所示。

4. 工艺步骤说明

(1)施工开始条件。

1)施工准备工作全部完成。

2)试验段取得的各项技术参数符合施工图要求，机具人员已进场，施工组织设计、施工工艺设计和工序质量控制设计已编制。

(2)基面处理。

1)填筑高度大于 2.5 m 的普通路堤基底，先清理基底表层的植被、挖除树根，再做好临时排水设施。

2)原地面陡于 1∶5 时，要自下而上挖台阶，平台的宽度不小于 2 m 或高度为 0.6 m 左右。

3)对清表后的普通路堤基底应进行碾压，必要时进行翻挖、晾晒或洒水润湿，并经拌匀处理后再碾压。处理后的路堤基底压实质量与路堤相应部位的要求相同。

(3)生石灰消解。

1)应采用磨细石灰粉，粒径控制在 1 mm 以内。

2)生石灰应提前进行水化、消解、过筛。消解后沉伏 7 d，过 10 mm 筛后方可使用。

3)消解时应保持一定的湿度，每吨石灰消解需用水量一般为 500～800 kg，消解时含水率应控制在 20%以内，以免过干飞扬，但也不能过湿成团。

4)放置时间超过 1 个月的石灰，应检测有效钙镁含量后再使用或根据实际有效钙镁含量相应增加石灰用量。

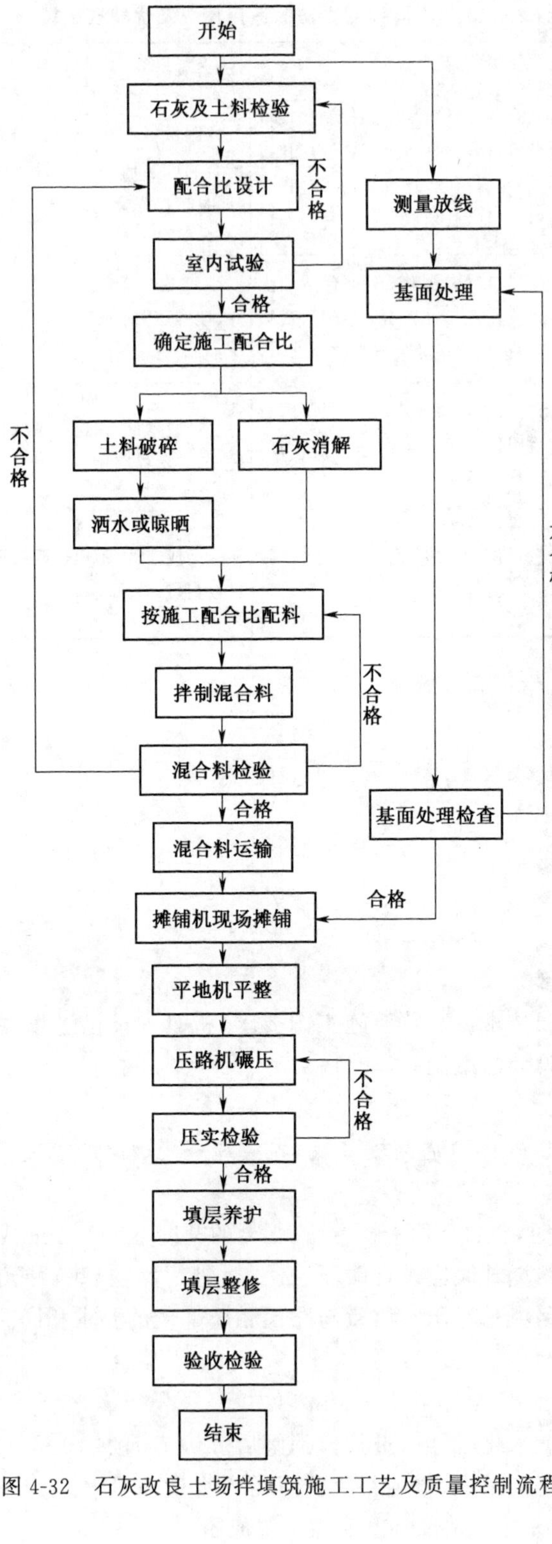

图 4-32 石灰改良土场拌填筑施工工艺及质量控制流程图

(4)土块破碎。

1)检测素土的含水率,当含水率大时,可将土运至晾晒场地摊开晾晒并用三铧犁、旋耕机将尺寸大的土块破碎。在破碎前清除土中石块及树根等杂物以免损坏液压碎土机。

当含水率合适时(一般含水率控制在15%～25%),即可用碎土机破碎。

2)在碎土机的出料口安装好孔径为10 mm的筛子,人工配合清理筛余物,并装入料仓内进行二次粉碎。如土料改良混合后的含水率高于最佳含水率的2%,则应在取土场或晾晒场地将其晾晒,再进行粉碎。将粉碎好的土料覆盖,防止雨淋或水分损失。

3)当填料天然含水率大,破碎困难,可采用预掺灰后碎土的施工方法,预掺灰量不大于2%。预拌过程应专人检查拌和物外观,要求大面上色泽均匀一致。

4)粉碎后应及时拌制,不能及时拌制时应使用雨布覆盖防止雨淋或受潮再次结硬。

(5)配料拌制。

1)先测定素土和石灰的含水率,如混合料的含水率低于最佳含水率2%,则按混合料最佳含水率计算需增加水量,再将土料、石灰和水通过试验和计算来确定其重量配合比。

2)采用具有自动计量的场拌设备拌制,用输送机把粉碎土运至拌制设备的料仓内,用泵把石灰泵入粉料仓内进行配料拌制。拌制后含灰量应均匀,并定时在出料口检测掺灰比,含灰量偏差控制在－0.5%～＋1%内。否则应作适当调整。

(6)分层填筑。

1)路堤填筑压实按照横向全宽、纵向水平分层填筑施工。填筑的虚铺厚度由工艺试验确定,保证压实厚度不大于30 cm且不小于10 cm。

作业区段划分:底层准备区段、拌制摊铺区段、碾压整形区段、检测报验区段。

2)采用自卸车运输卸料时,首先根据摊铺层的厚度和要求达到的压实平整度,按车容量和虚铺厚度计算每车混合料的摊铺面积;再根据卸料、摊平方式确定卸料点位间距,以便均匀控制厚度。

混合料运输过程中,应采取覆盖措施,防止水分损失。

3)为保证填层边部的压实质量,填筑时宜将两侧路基各加宽50 cm。

4)当下层土为细粒土时,应先进行拉毛处理,再摊铺混合料。

5)横向施工缝的设置和处理:施工区段的层间横向接缝应在上下层间错开3 m以上;下一区段填筑时应将接头处上区段的端部松土清除,挖至碾压合格处为止。挖出的化学改良的渣土不得回收直接使用。

因故中断施工超过2 h时,应设置横向施工缝。不得出现纵向的层面接缝。

(7)摊铺平整。

1)采用平地机平整,做出4%的路拱,且纵向平顺。在平地机后面设一个3人小组,及时铲除混合料,补充新混合料。

2)平整施工步骤及作业标准。

①推土机摊铺。经推土机摊铺后层面高程宜高出计划松铺高程约4 cm。

②用光轮压路机快速静压1遍。

③平地机初平。初平后层面高程比计划松铺高程高3 cm。

④用光轮压路机中速或快速碾压1～2遍。

⑤测量层面高程。纵向每20 m设1个测量断面,每断面2～3个测点。

⑥平地机精平层面高程高于计划松铺高程0.5 cm。

3)平整作业要点。

①先将中心线桩移置于一侧路肩上,并在桩处插立标杆扎上布条显示路肩正确高度,便于

司机观察。

②平地机在立杆的对侧作业时,须有人用手水平观察指挥平地机调整刀片高度。

③平地机以较大切土深度进行粗平,切除高处补平低处,行驶到段落终端时,常以倒退行驶返回另一端,然后再用较小的切土深度进行精平。用刮刀细致刮平并用刮刀将松土压实,反复重修到符合要求标准。

④一侧平完后将中心桩及标杆移到整好的一侧,平地机在未平整的一侧按上述步骤进行平整。

⑤路拱断面须用调整刮刀角度的办法在平整时刮出路面横坡。

⑥平地机用刀片按边坡坡度在路肩以下边坡上修刮 0.5~1 m 的高度,可整出路肩线及边坡面。

(8)碾压夯实。

1)当混合料处于最佳含水率上 1~2 个百分点时,即可进行碾压。

2)采用重型、特重型压路机按平行线路方向走行,先两侧后中间顺序,先静压后弱振、再强振的步骤进行碾压。压路机的碾压速度,头两遍以 1.57~1.7 km/h 为宜,以后控制在 2.0~2.5 km/h,最大碾压速度不宜超过 4.0 km/h。

3)施工搭接碾压。各区段交接的横向施工缝处,应向报验合格一侧延长 2 m 压实。搭接碾压部分土体含水率应处于最佳含水率范围。化学改良土,当土料开始凝结后,不得搭接碾压。碾轮重叠不应小于40 cm。按试验段确定的遍数碾压。

4)配合施工人员应观察填料的"弹簧"、松散、起皮情况,一旦发现应挖换符合要求的填料。挖换区域的周边应修正平齐,按施工缝认真处理。

(9)施工检验。质量检验工作随施工全程进行。

1)核准路基结构部位,确认所用填料符合施工图要求。

2)混合料拌制时,复核原材料质量,检查配料计量情况、拌制时间和混合料出机状况;混合料运输时,检查车辆盛器包裹覆盖情况。

3)现场填筑应控制卸料距离和卸料总量以及施工缝的处理。

4)摊铺中,应配合高程、平整度、横向坡度测量,检查混合料离散情况;平整时应检查高程、平整度和横向坡度,检查局部坑凹。

5)碾压时,应检验含水率,测定碾压走行速度、施振频率,检查碾轮搭接宽度和施工缝碾压搭接长度,对碾压遍数计数,查找"弹簧"、松散、起皮点、观察轮迹;最后,根据试验得到的数据,经经验判断是否终止碾压。

根据经验终止碾压后,应进行全面质量检查并提出质量检验报告,向监理工程师报验。

施工中,还应密切关注空气温度、湿度和风速、风向。

(10)整修养护。当一层填筑合格后,若不能立即铺筑上层的或暴露于表层的改良土必须保持养护,如果随即在其上面进行下一填层的施工可以不进行特别的养护。

养护可采用洒水或用草袋覆盖养的方法,养护期一般不少于 7 d。

养护期间要保持层面湿润,除洒水车外不准任何车辆通行。养护前 3 d 应调整洒水车喷头角度,防止对表面产生冲刷,造成局部坑槽。

(11)施工注意事项。

1)检查验收下承层的压实度、平整度、横向坡度、高程、无侧限压强,进行工序交接。

2)施工测量放样,中线每 10 m 钉一中桩,同时放出边桩,测出边桩顶高程并进行复核。

3)做好配合比设计,按配合比备足各种合格的原材料。

4)充分消解石灰(生石灰块),但不得水分过多,过筛并测定钙镁含量,如采用生灰粉只需经稳定土拌制机拌制后焖 12 h 即可。

5)选用稳定土搅拌设备设站进行集中拌制,搅拌站的位置要适宜,既要考虑原材料的进场方便,又要考虑成品料的运距。

6)做好试验段以确定施工工艺松铺系数、摊铺厚度、填料含水率,压实遍数,机械设备数量及组合,人员组织,分段长度,以指导正常施工。

7)在正式拌制混合料之前,调试场拌设备使之运转正常,配料计量准确,使混合料的颗粒组成、含灰量、含水率都达到配合比的要求,拌制成品料要均匀,颜色一致,方可正式投产。混合料的含水率控制视运距长短、气候变化情况酌情大于最佳含水率的 1%～2%,但不能太大,并及时取样做含水率检测及制作无侧限压强试件。

8)拌制料尽快运到摊铺现场并按断面所需数量均匀堆放,如运距远、天气不好,车上的混合料要覆盖以防雨淋或水分过分损失,并尽块摊铺碾压成型。

9)使用推土机将拌制料初步摊平,平地机初平并进行稳压,再根据每 10 m 的边桩高程拉线,每断面设3 个高程点,使用木桩或白灰设置明显标志,然后平地机进行精平,在精平过程中人工随时清出高程点,并检查找补处理离析松散部位。

10)选用重型压路机,如采用振动压路机,则先静压然后振动碾压。在碾压过程中表面应保持湿润。

11)及时进行压实质量检测,压实不足时进行补压。

先行自检验收,对不合格处加以处理,符合标准要求后方可交验。

5. 质量检验标准

(1)原材料质量标准及检验方法见表 4-39、表 4-40。

表 4-39 改良土施工质量标准及检验方法

检验项目		质量标准及允许偏差	检验数量及方法
需改良的土料种类		用石灰改良时素土中硫酸盐含量应小于 0.8%;用水泥改良时素土中硫酸盐含量应小于 0.25%,有机质含量应小于 10%	每个土源点使用前检测两个样品,如为膨胀土壤则每个取土场应做土的自由膨胀率试验不少于 6 组。按现行《铁路工程土工试验规程》(TB 10102—2010)进行检验
外掺料	物理改良土外掺料	中粗砂应用天然级配,含泥量≤5%	同一产地、品种、规格且连续进场的砂料,每 3 000 m^3 为一批,当不足 3 000 m^3 时也按一批计。每批抽样试验 1 组。现场抽样检验砂子含泥量,并进行筛分试验,在施工过程中观察
		砂类土、碎石类土应符合施工图要求	按《铁路工程土工试验规程》(TB 10102－2010)进行检验
	化学改良土外掺料	种类及技术条件应符合施工图要求。石灰品质应达到合格标准	同一厂家、品种、批号的外掺料,每 200 t 为一批,不足 200 t 时也按一批计。每批抽样检验 1 次。石灰应进行氧化钙、氧化镁检验(消石灰应在块灰消解后进行检测)和石灰颗粒度检验。查验每批产品的生产检验报告和产品合格证,并在料场的 5 个不同部位等量取样,总计不少于 12 kg,按有关规定的试验方法进行检验

续上表

检验项目	质量标准及允许偏差	检验数量及方法
拌制水	干净河水或自来水	每个水源按规定检验不少于一次
配制、拌制	改良土应充分拌制均匀,混合料配合比应符合施工图要求	每工班每 5 000 m^3 为一批,当不足 5 000 m^3 时也按一批计。每批抽样检验 1 组,现场抽样筛分试验
填筑压实	化学改良土无侧限抗压强度应符合施工图要求	按每检验批每压实层抽样检验 3 处无侧限抗压强度(左、中、右各 1 处)。按《铁路工程土工试验规程》(TB 10102—2010)规定的试验方法检验。从已摊铺好填料的地段现场抽样,在室内按要求的压实密度成型,进行无侧限抗压强度试验,压实系数检验宜用环刀法
改良土混合料摊铺、拌制、整形及碾压	(1)改良土填料应分层填筑压实,每层填筑压实层厚度不宜超过 30 cm,具体的摊铺厚度及碾压遍数应按试验段确定并经监理确认的参数进行控制。 (2) 每工作段的纵向搭接长度不应小于 2 m。 (3)混合料中不应含有大于 10 mm 的土块、为消解石灰颗粒和素土层。 (4)碾压时,各区段交接处应互相重叠压实,纵向搭接长度不得小于 2 m,纵向行与行之间的轮迹重叠不小于 40 cm,上下两层填筑接头应错开不小于 3 m	沿线路纵向每 100 m 每层抽样检验 6 处(左、中、右各 2 处)。观察、尺量
化学改良土填层掺料剂量	允许偏差为试验配合比 −0.5%～+1.0%	沿线路纵向每 100 m 每层抽样检验 3 处(左、中、右各 1 处)。滴定法或仪器法检测(含灰率采用 EDTA 剂量滴定试验测定)
改良土填筑基床以下路堤中线至边缘距离、宽度、横坡、平整度	允许偏差应符合设计和相关标准的要求	

表 4-40 石灰的技术指标

品种		生石灰			生石灰粉			消石灰粉		
等级指标项目		优等	一等	合格	优等	一等	合格	优等	一等	合格
活性 CaO+MgO 含量(%)		≥90	≥85	≥80	≥85	≥80	≥75	≥75	≥65	≥60
未消化残渣含量(5 mm 圆孔筛的筛余,%)		≤5	≤10	≤15						
CO_2 含量不大于(%)		5	7	9	7	9	11			
细度	0.9 mm 方孔筛的筛余(%)				≤0.2	≤0.5	≤1.5	0	0	0
	0.125 mm 方孔筛的筛余(%)				≤7	≤12	≤18	≤3	≤10	≤15
含水率不小于(%)								0.4～2		
体积安定性								合格	合格	—
钙镁石灰的分类界限氧化镁含量(%)		≤5			≤5			<4		

(2)改良土填料填筑质量标准及检验方法见表 4-41～表 4-44。

表 4-41　改良土填料填筑质量标准及检验方法

检 验 项 目	质量标准及允许偏差	检验数量及方法
石灰改良土液限、塑限、击实试验	7 d 浸水无侧限抗压强度标准应符合施工图要求	每 5 000 m^3 及填料有变化时做 1 组试验，无侧限抗压强度试验在同一压实标准下、同一取土场、同种填料不少于 6 组。按现行《铁路工程土工试验规程》(TB 10102—2010)检验
外掺料最佳掺料	改良土强度满足路基填筑质量要求	
石灰改良土的含灰率、颗粒粒径	应符合设计和相关标准的要求	应符合设计和相关标准的要求
石灰改良土填料含水率	一般控制在 15%～25%。混合料在压实前最佳含水率为 1%～2%	沿线路纵向每 100 m 每层抽样检验 6 处，按现行《铁路工程土工试验规程》(TB 10102—2010)检验
基床表层改良土压实	采用压实系数 K(或孔隙率 n)动态变形模量 E_{vd} 和地基系数 K_{30} 三项指标检测，同时化学改良土的无侧限抗压强度的检验符合施工图要求	按现行《铁路工程土工试验规程》(TB 10102—2010)检验
基床以下改良土压实	采用压实系数 K(或孔隙率 n)地基系数 K_{30} 两项指标检测，同时化学改良土的无侧限抗压强度的检验符合施工图要求	
基床底层及以下路堤中线至边缘距离、宽度、横坡、平整度	允许偏差符合设计和相关标准的要求	

表 4-42　石灰改良土填料质量检测标准

检验项目	检验方法	控　制　指　标
含灰率	EDTA 滴定法	剂量允许误差范围：-0.5%～+1.0%，每层 100 m 检查 6 处，取样时 6 个点均匀分布
颗粒粒径	筛分法、尺量	灰土破碎机破碎 500 m^3/组(3 个样)，粉碎标准：灰土破碎机破碎大于 15 mm 颗粒含量小于 20%，最大粒径控制在 50 mm 以内

表 4-43　化学改良土压实标准

压实标准	基床底层/基床以下路堤	检验方法	检测频次和取样部位
地基系数 K_{30}	≥110 MPa/m ≥90 MPa/m	K_{30} 荷载平板仪	沿线路纵向每 100 m、每填高 0.9 m 抽样 4 点，其中：距路基边线 2 m 处左、右各 1 点，路基中部 2 点
压实系数 K	≥0.95/≥0.90	灌砂法、环刀法	沿线路纵向每 100 m 每层压实抽样 2 个断面，每个断面左、中、右各 1 点(其中：左、右测点距路基边线 1 m)
动态变形模量 E_{vd}	≥40 MPa/—	动态平板荷载仪	沿线路纵向每 100 m、每填高 0.9 m 抽样 4 点，距路基边缘 2 m 处左、右各 1 点，路基中部 2 点。不足 0.9 m 抽样 4 点
无侧限抗压强度	符合施工图要求	从摊铺好填料的现场抽样，在室内按要求的压实密度成型	每检验批、每压实层抽样检验 3 处(左、中、右各 1 处)

续上表

压实标准	基床底层/基床以下路堤	检验方法	检测频次和取样部位
含灰量	－0.5%～＋1.0%	EDTA 滴定法或仪器法	施工单位每层每 100 m 检查 6 处
含水率	高于最佳含水率 1%	环刀法	施工单位沿线路纵向每 100 m、每层抽样检查 3 处
颗粒度	≤10 mm	筛分、尺量	

表 4-44 基床表层及以下路堤质量标准及检验方法

检 验 项 目	允 许 偏 差	检 验 数 量	检 验 方 法
基床底层厚度	±30 mm	每 100 m 等间距检验 3 点	水准仪测量
中线至路肩边缘距离	$^{+50}_{0}$ mm	每 100 m 等间距检验 5 点	尺量
宽度	不小于设计值	每 100 m 等间距检验 5 个断面	尺量
横坡	±0.5%	每 100 m 等间距检验 5 个断面	坡度尺量/水准仪测量
平整度	不大于 15 mm	每 100 m 等间距检验 10 点	2.5 m 长直尺量

注:基床以下路堤中心线至边缘允许偏差为±50 mm,宽度、横坡、平整度的允许偏差、检验方法同上。

4.2.4 半填半挖及不同岩土组合过渡段施工

1. 工艺概述

本工艺适用于高速铁路和客运专线的半填半挖及不同岩土组合的过渡段工程的施工。

2. 作业内容

路堤基底与路堑表层清理、开挖台阶、垫层灌注、混凝土的拌制、刚性过渡段混凝土的灌注以及养护检测等。

3. 施工工艺及质量控制流程

(1)半填半挖及不同岩土组合的过渡段施工。

1)由不同岩土(土质与软质岩或软硬岩互层)组成的非均质路基,为保证路基横向刚度及避免横向差异沉降,应按如图 4-33 所示施工横向过渡段。

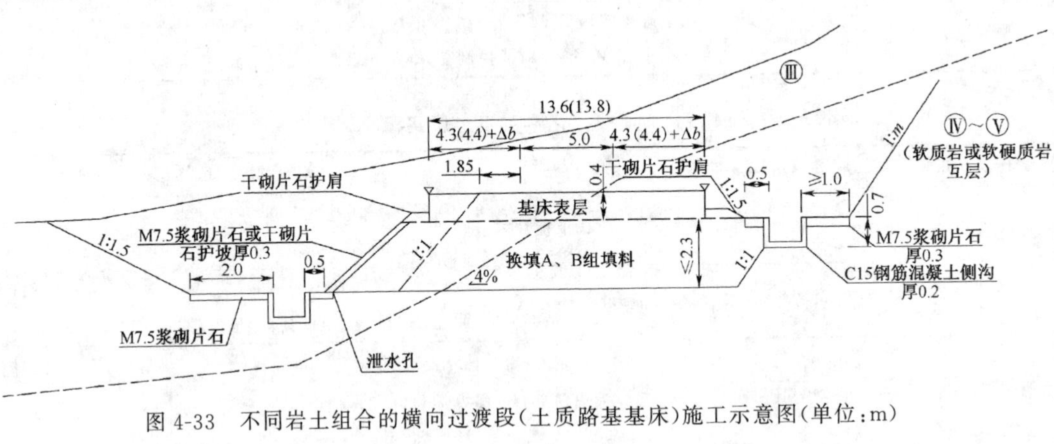

图 4-33 不同岩土组合的横向过渡段(土质路基基床)施工示意图(单位:m)

由不同岩土(土质与硬质岩、中密～密实碎石类土)组成的非均质路基,为保证路基横向刚度及避免横向差异沉降,应按图 4-34 所示施工横向过渡段。

陡坡地段的半填半挖路基,为保证路基横向刚度及避免横向差异沉降,应按图 4-35、图 4-

36 所示施工横向过渡段。

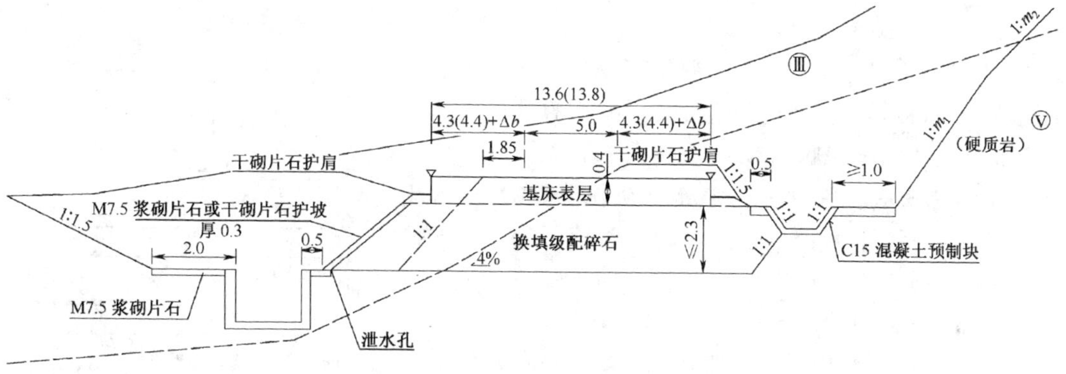

图 4-34　不同岩土组合的横向过渡段(石质路基基床)施工示意图(单位:m)

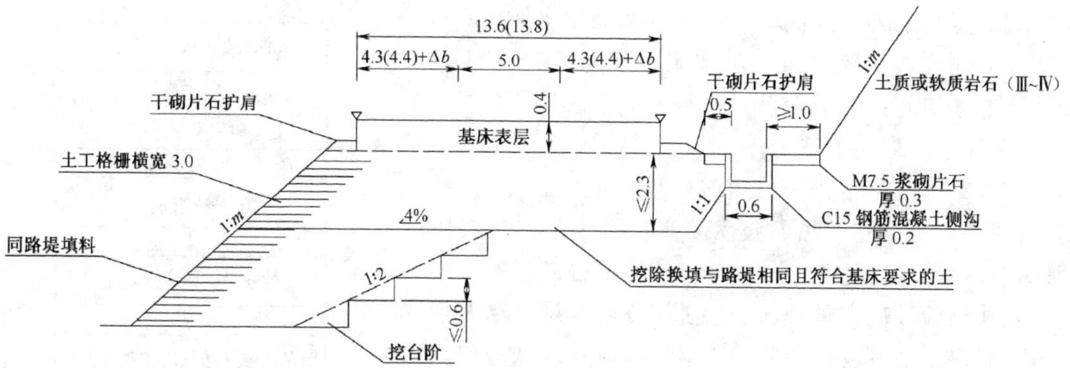

图 4-35　土质或软质岩石横向过渡段施工示意图(单位:m)

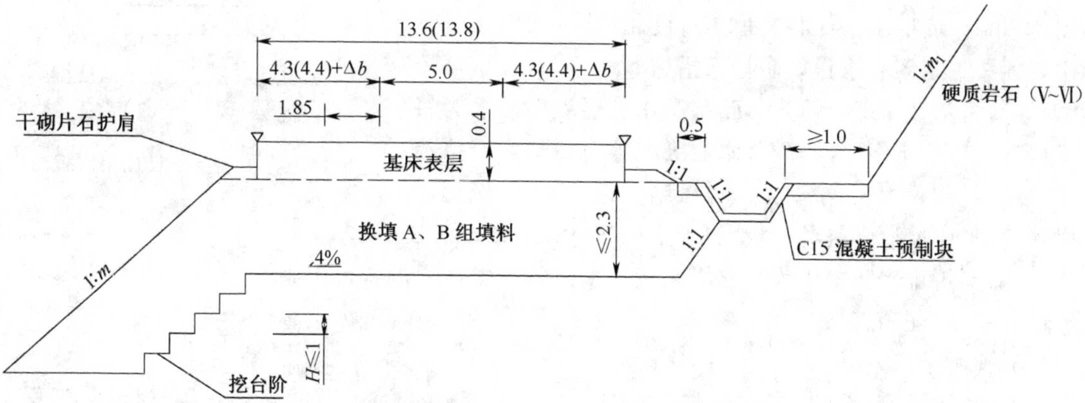

图 4-36　硬质岩石横向过渡段施工示意图(单位:m)

2)半挖半填路基和不同岩土组合路基施工时应按以下方法进行:路堑土方施工由机械开挖为主,按施工图要求开挖连接处台阶。路堑石方采取光面爆破或预裂爆破进行施工;路堑弃渣采用挖掘机配合自卸汽车施工,路堤分层填筑采用装载机配合自卸汽车运输填料,推土机摊铺,平地机精细平整,振动碾压密实;路堤路堑排水及防护工程紧跟填筑作业施工,采用挂线砌筑,保证路基基床不受雨水冲刷。

(2)半填半挖及不同岩土组合的过渡段施工工艺及质量控制流程如图4-37所示。

4. 工艺步骤说明

(1)路堑临时排水沟施工。路堑开挖前按施工图做临时排水沟,保证排水畅通,防止在路堑施工的过程水流等进入路堑浸泡路基基底。

(2)路堑开挖。路堑土方施工以机械开挖为主,人工负责按施工图要求开挖连接处台阶。路堑石方采用光面爆破或预裂爆破进行施工。

(3)路堑边坡整形。

(4)路基基底清理碾压。按施工图要求进行基底清理碾压,若挖除换填地基土底部以下为土质路基时应进行冲击压实,存在软弱地层时应进行稳定、变形分析。挖除换填地基土的底部应设向外倾斜4%的横向排水坡。

(5)连接处开挖台阶。按施工图要求开挖连接处台阶,台阶连接处采取沿台阶纵向碾压,大型机械不方便施工处采用小型振动机施工。

(6)路基基床本体分层填筑碾压。填筑路堤时,按照过渡段不同土质路堤填筑技术要求,分层填筑,分层厚度按试验段确定的厚度。分层填筑时,根据自卸车的车型和规格,按试验段确定的倒土密度进行卸土,并设专人指挥倒土,确保填层厚度符合要求。填筑时应从最低一层台阶填起,均匀地将土摊铺在路堤整个宽度上。为保证过渡段边缘有足够的压实度,其两侧各加宽50 cm摊铺。相邻的路堤和基床底层填筑应与其填筑进度相同,每层施工过程中必须按施工图要求做好防排水措施。

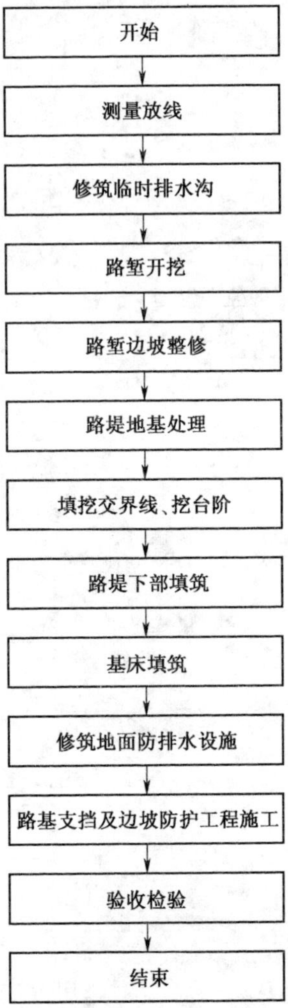

图4-37 半填半挖及不同岩土组合的过渡段施工工艺及质量控制流程图

(7)路基基床表层填筑。路基基床表层填料一般为级配碎石或掺加水泥级配碎石,水泥级配碎石填筑应严格控制每层厚度,采用大、小型振动机械结合进行碾压,做到不留死角,每层填压合格,同时在施工上层的过程中做好每层防水。

(8)砌筑排水防护工程。路堤路堑排水及防护工程紧跟填筑作业施工,采用挂线控制砌筑断面尺寸,保证顺直。

5. 质量检验标准

主要进行地基系数K_{30}、动态模量E_{vd}和孔隙率n的检测,其操作规程均按《铁路工程土工试验规程》(TB 10102—2010)规定的试验方法检测。

4.2.5 加筋土路堤填筑施工

1. 工艺概述

该工艺适用于填层中采用土工合成材料加筋补强路堤的填筑施工。

土工合成材料是一种新型的岩土工程材料，它是以人工合成的聚合物如塑料、化纤、合成橡胶等为原料，制成各种类型的产品，置于土体内部表层或各层土体之间，发挥加强保护土体的作用。

土工合成材料的容许抗拉强度根据设计确定。

2. 作业内容

测量放桩、基底处理、铺土工合成材料、连接固定格栅、填土、摊铺平整、碾压、路堤整修及边坡夯拍等。

3. 施工工艺及质量控制流程

加筋土路堤填筑施工工艺及质量控制流程如图 4-38 所示。

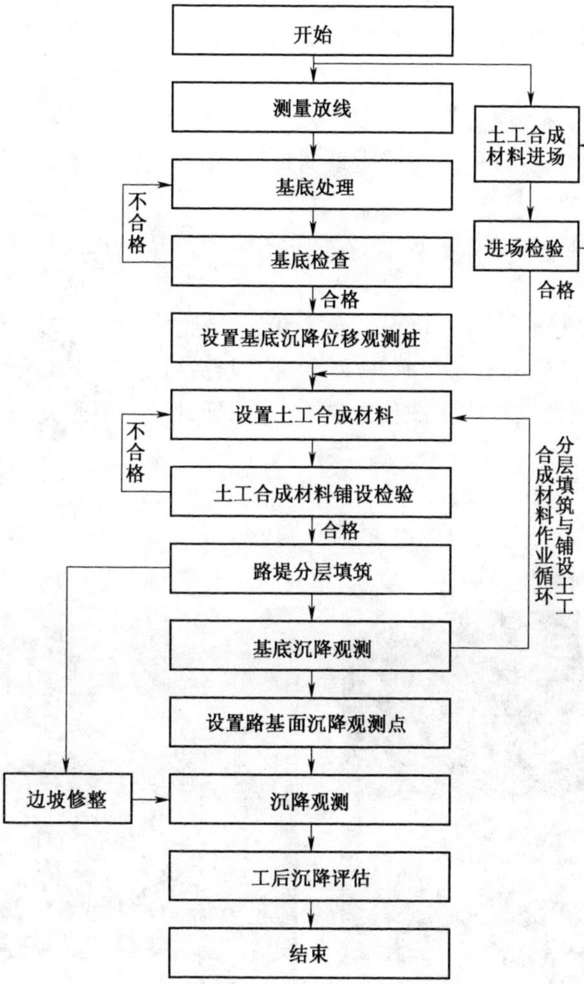

图 4-38 加筋土路堤填筑施工工艺及质量控制流程图

4. 工艺步骤说明

(1)施工开始条件。施工准备工作已经完成，各项技术参数已经确定；根据原地面高程计算出土工格栅的铺设高程。

(2)测量放线。根据施工图规定尺寸放出线路路堤坡脚线，并设置明显标志。

(3)基底处理。清除淤泥杂草,并按施工要求完成地基处理和垫层施工;在路堤两侧挖排水沟以降低地下水位。

(4)铺土工合成材料。

1)土工合成材料按施工图要求在填筑前铺设,路基基底在处理完地面后即铺土工合成材料,往上每层铺设间距应不小于填土最小厚度且不大于1 m,直至基床底面。

2)土工合成材料铺设时,应将强度高的方向置于垂直于路堤的轴线方向,设计有特殊要求时,按设计铺设;应拉直、抻紧、摆正,不得有褶皱和破损。

3)土工合成材料的纵轴向应与路堤横断面一致,且不宜露出边坡面(边坡处格栅内缩1 m),也不宜设接头。

4)铺设土工合成材料的下承层表面应整平、压实,并清除表面坚硬凸出物。土工合成材料不得直接铺设在碎石等坚硬的下承层上,应在土工合成材料和碎石之间铺设5 cm厚的中、粗砂保护层。

5)铺设多层土工合成材料时,其上、下层接缝应交替错开,错开距离不宜小于0.5 m。

6)土工合成材料铺好后应按施工图要求铺回折段,并及时用砂覆盖。

(5)连接固定土工合成材料。

1)土工合成材料受力方向的连接必须牢固,受力方向连接强度不低于设计抗拉强度。另一方向应密贴排放。

2)水平铺设土工合成材料按放样位置从一头开始,沿线路纵向拉紧铺设,接头处搭接宜为0.3~0.5 m,并记录搭接里程。铺设多层时,应使上、下层接头相互错开,错开距离不应小于0.5 m。

3)土工合成材料的固定应按施工图位置展平后,用插钉从一端向另一端依次固定,土工格栅施工如图4-39所示。

(6)加筋土填筑如图4-40所示。

1)按"区段流程法"分层填筑,每层厚度为10~25 cm。

2)铺好土工合成材料后应及时填筑填料,避免土工合成材料长时间暴晒。

图4-39 土工格栅施工

图4-40 加筋土填筑

3)水平铺设土工合成材料时,当在加筋垫层上填第一层土时,应先填两边、后填中间,避免挤动面土,使土工合成材料松弛,严禁碾压机械直接在土工合成材料表面上进行碾压。

4)填筑时,应将填料卸在施工区段的端部,由推土机向前推行铺筑。

(7)摊铺平整。用推土机或平地机将填料按层厚摊铺平整,防止铲刀深切而破坏土工格栅。每一层顶面平整,以利土工格栅与土面密贴。

（8）碾压。应采用中型、轻型光轮碾压机械，以静碾为主，不宜高频振动，碾压走行速度为中速和低速。

（9）路堤整修及边坡夯拍。路基面整修应与填土层同时进行，按标准挂线找平，碾压中若发现高低不平，应人工配合及时找平，以利土工格栅作用的充分发挥。

（10）观测。路堤填筑开始，应按设计要求设观测桩，观察和量测路基变化情况。

（11）施工注意事项。土工合成材料运至工地后，应分批整齐堆放在料棚（库）内，防止日晒雨淋，并保持通风干燥。严禁施工机械直接在土工合成材料上碾压或行走作业。加筋土路堤与两端路堤应同步施工。加筋土路堤的边坡防护宜与路堤填筑同步施工。

（12）防止土工合成材料施工期损伤的措施。国外研究表明，施工期破损可引起土工合成材料的强度降低10%～30%，对土工合成材料的耐久性影响较大。施工期的破损主要是机械损伤，应采取措施防止土工合成材料在施工期损伤。选择采用热熔加工工艺生产的土工合成材料，节点连续韧性好，不会造成施工中的严重损伤和撕裂。不宜选用经冲孔、冷拉加工工艺生产的土工合成材料。

填料中不应夹杂大于粒径50 mm的石块或碎石，以免造成损伤。在铺设土工合成材料后，必须立即铺填填料，防止出现人工损伤和自然条件造成的老化。

每填层必须平整、厚度相同，达到要求的密实度，以防填料压实后凹凸不平、局部不均匀变形，造成土工合成材料的刺破、顶穿、磨损、拉伤和撕裂等损坏。严禁大型设备在尚未碾压完成的填层上行驶，推土机、压路机等在填层上作业时只能前进和后退，应避免急转弯。

填料不允许直接卸在土工合成材料上，应卸在已摊铺完毕的填料面上，且卸料高度不得超过1 m，以防施工损伤。一般采用轻型和中型光轮静碾，不采用重型机械碾压，不宜振动夯实。

5. 质量检验标准

（1）加筋土路堤原材料质量标准及检验方法见表4-45。

表4-45　加筋土路堤原材料质量标准及检验方法

检验项目	质量标准	检验方法
加筋材料的种类、规格及质量	符合施工图要求	同一厂家、品种、批号的加筋材料，每10 000 m^2为一批，不足10 000 m^2也按一批计。每批抽样检验1组，检查每批产品的质量证明文件和性能报告单，并抽样检验抗拉强度
加筋材料的铺设位置、层数、方向及连接方法	符合施工图要求和《铁路路基土工合成材料应用技术规范》（TB 10118—2006）的规定	沿线路纵向每100 m抽样检验5处。观察，尺量

（2）加筋材料铺设的允许偏差、检验数量及检验方法应符合表4-46规定。

表4-46　加筋材料铺设的允许偏差、检验数量及检验方法

检验项目	允许偏差	检验数量	检验方法
铺设范围	不小于设计值	沿线路纵向每100 m抽样检验3处	尺量
搭接宽度	$^{+50}_{\ 0}$ mm		
层间距	±30 mm		水准仪测量
搭接缝错开距离	±50 mm		尺量
回折长度	±50 mm		

4.2.6 基床底层 A、B 组填料填筑施工

1. 工艺概述

适用于高速与客运专线铁路路基基床底层 A、B 组填料填筑施工。

2. 作业内容

A、B 组填料的强度和级配检测、验收下承层、测量放样；填料的运输、分层摊铺、平整、分层洒水与碾压、分层检测、路堤边坡及路面修正；填写检查检测记录及试验报告、报验等。

3. 施工工艺及质量控制流程

基床底层 A、B 组填料施工工艺及质量控制流程如图 4-41 所示。

4. 工艺步骤说明

(1)施工开始条件。施工准备工作全部完成；试验段取得的各项施工技术参数符合施工设计要求，机具、人员已进场，施工组织设计、施工工艺设计和工序质量控制计划已编制。

(2)测量放样。

1)现场交桩以后，必须完成线路中线、高程的施工复测，并与相邻地段贯通闭合，之后才施放线路中心桩和路基边桩、中线，水准、边桩的测量误差必须符合高速铁路施工测量的有关规定。测量工作必须执行复核制。

2)依据中心位置、地面高程、横断面尺寸放样两侧边桩，包括路基边缘、坡度、坡脚的具体位置，标明其轮廓并预留超填宽度。

(3)下承层处理、验收。认真按施工图及质量标准进行基床底层下承层验收，包括下承层的压实度、平整度、横坡坡度、高程。验收合格后，方可进行下一道工序施工。当基床底层的底面位于地基上时，属于需要特殊处理的情形，此时基床底层以下的地基应符合设计及《高速铁路路基工程施工质量验收标准》(TB 10751—2010)的相关要求。

(4)分层填筑。

1)填筑压实按照横向全宽、纵向水平分层填筑施工。作业区段划分：底层准备区段、摊铺区段、碾压整形区段、检测报验区段。

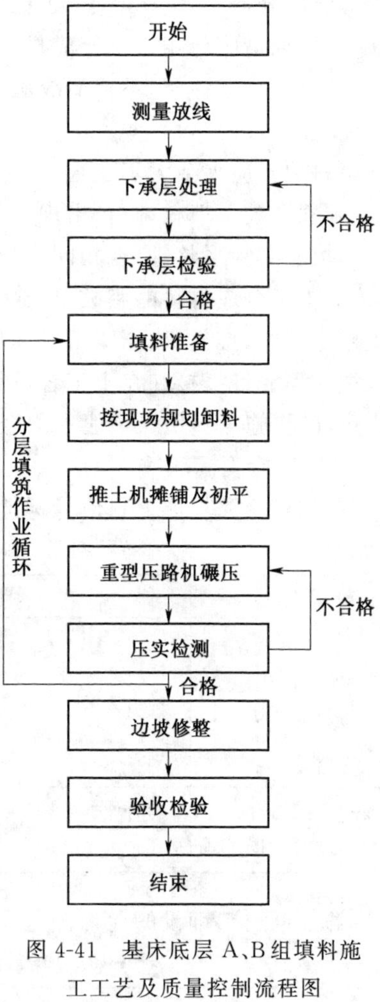

图 4-41 基床底层 A、B 组填料施工工艺及质量控制流程图

2)从最低层开始，逐层向上分层填筑，分层填筑厚度应根据压实机械压实能力、填料种类和要求的压实密度，填筑的松铺厚度由工艺试验确定。

3)据松铺厚度计算每车摊铺料的摊铺面积，确定堆放密度。在填筑场地按照每车土方的数量及摊铺厚度，用白灰点控制自卸车倒土密度，同时埋桩挂线，标示松铺厚度。

4)每一水平层的全宽应用同一种填料填筑，每种填料压实累计总厚不宜小于 50 cm。

5)采用碎石类土和砾石类土填筑时，分层的最大压实厚度不应大于 35 cm；采用砂类土

时，分层的最大压实厚度不应大于 30 cm。分层填筑的最小分层厚度不宜小于 10 cm。

6)每一填层都应进行施工放线，放出填层中线和填筑边线。为保证填层边沿的压实效果，填筑时宜将两侧路基各加宽 30～50 cm。填筑后按结构宽度刷坡。

(5)摊铺平整。

1)平整施工步骤及作业标准。

①采用推土机按全路堤面宽均匀摊铺。经推土机摊铺后层面高程比计划松铺高程高 4 cm。

②用光轮压路机快速静压 1 遍。

③平地机初平。初平后层面高程比计划松铺高程高 3 cm。

④用光轮压路机碾压 2 遍(边部压 3～4 遍)，中速或快速行进。

⑤测量层面高程。纵向每 20 m 设 1 个测量断面，每个断面 2～4 个测点。

⑥平地机精平。层面高程高于计划松铺高程 1 cm。

⑦每一摊铺层填料中的粗细料应摊铺均匀，不应有粗集料或细集料窝，并使层厚均匀、层面平整。

2)平整作业要点。具体参见本篇 4.2.3 石灰改良土路基填筑施工中相关内容。

(6)振动碾压。

1)按照重型击实确定的最佳含水率±2%的范围进行填料含水率控制，若含水率超过±2% 时，应及时晾晒或洒水翻拌。当填料处于最佳含水率控制范围时，即可进行碾压。

2)采用重型、特重型压路机，按平行线路方向走行、先两侧后中间顺序，按先静压后弱振、再强振的步骤进行碾压。按照工艺试验确定的压实参数控制压实速度和压实遍数，一般压路机的碾压速度，头两遍以1.5～1.7 km/h速度为宜，以后为 2.0～2.5 km/h，最大碾压速度不宜超过 4.0 km/h。

3)施工缝搭接碾压。各区段交接处，应互相重叠压实。直线段由两边向中间，曲线段由内侧向外侧，纵向进退式进行，边部多碾压 2～3 遍。横向轮迹重叠不少于 40 cm，前后相邻两区段纵向重叠不小于 2 m，上下两层填筑接头处错开不少于 3 m，做到无偏压、无死角。

4)重视对预埋管线等结构周围的填料摊铺整形和碾压。压路机在构造物接头处不能靠近压实时，采用小型压实机具压实。预埋管线等结构的施工与路基工程同步实施。并对各类与路基同步施工的结构物制订有针对性和详细的作业指导书，并加强检查与监测。确保路基表层和与路基同步施工的结构物的施工质量和安全。

(7)压实检测。基床底层 A、B 组填料压实标准根据填料类别采用地基系数 K_{30}、动态变形模量 E_{vd}和压实系数 K 三项指标控制，对填筑压实质量可疑地段，应根据工程质量控制的需要，增加检验的点数，通过质量检测了解施工过程的质量情况，对达不到质量要求的检验项目，进行分析和研究，查明原因，改进工艺，加强施工质量管理，确保基床底层路基质量满足施工设计要求。各项检测指标合格后方可进入下一填层施工。

(8)整修成型。随每填层的铺筑、碾压进程同步整修，保证填筑边坡整齐平顺，使碾压设备能够走行到边。为防止雨水淋刷浸泡引起边坡坍塌，应及时(每填筑 0.9～1.5 m)对边坡进行拍实夯压。在路堤填筑完成后，按照施工图标示路基宽度和边坡坡度修整边坡，清除多余填土，并对边坡进行夯压。

(9)基床底层完工验收。基床底层顶面的最后一层施工完成后，进行路基成型后的整平、整修作业。同时进行自检、复检,合格后报验监理工程师抽检的三级质量检测系统,严格按照验收标准要求的试验方法、试验点数、检验频次,逐层分段、分部进行试验检测。检验不合格者,不得进行下一道工序施工。

5. 质量检验标准

(1)原材料质量标准。基床底层应选用A、B组填料,填料中碎石最大粒径不得大于10 cm。A、B组填料的分类及质量标准见表4-47。

表4-47 A、B组填料的分类及质量标准

填料 类别	填料 名称	说明	质量标准 细粒含量	质量标准 颗粒级配	质量标准 二级名称	填料组别
岩块 块石类	硬块石	粒径大于200 mm颗粒的质量超过总质量的50%,不宜风化	—	—	硬块石	A
	软块石	粒径大于200 mm颗粒的质量超过总质量的50%,宜风化	—	—	Rc>15 MPa的不易风化软块石	A
					Rc≤15 MPa的不易风化软块石	B
	漂石土	粒径大于20 mm颗粒的质量超过总质量的50%,圆状为主	<5%	良好	级配好的漂石	A
				不良	级配不好的漂石	B
			5%~15%	良好	级配好的含土漂石	A
				不良	级配不好的含土漂石	B
			15%~30%	—	土质漂石	B
岩块 碎石类	卵石土	粒径大于60 mm颗粒的质量超过总质量的50%,圆状为主	<5%	良好	级配好的卵石	A
			—	不良	级配不好的卵石	B
			5%~15%	良好	级配好的含土卵石	A
				不良	级配不好的含土卵石	B
			15%~30%	—	土质卵石	B
	碎石土	粒径大于60 mm颗粒的质量超过总质量的50%,棱状为主	<5%	良好	级配好的碎石	A
				不良	级配不好的碎石	B
			5%~15%	良好	级配好的含土碎石	A
				不良	级配不好的含土碎石	B
			15%~30%	—	土质碎石	B
粗粒土 砾石类 粗砾土	粗圆砾土	粒径大于20 mm颗粒的质量超过总质量的50%,圆状为主	<5%	良好	级配好的粗圆砾	A
				不良	级配不好的粗圆砾	B
			5%~15%	良好	级配好的含土粗圆砾	A
				不良	级配不好的含土粗圆砾	B
			15%~30%	—	土质圆砾土	B
	粗角砾土	粒径大于20 mm颗粒的质量超过总质量的50%,棱状为主	<5%	良好	级配好的粗角砾	A
				不良	级配不好的粗角砾	B
			5%~15%	良好	级配好的含土粗角砾	A
				不良	级配不好的含土粗角砾	B
			15%~30%	—	土质粗角砾	B

续上表

填料				说明	质量标准			填料组别
类别		名称			细粒含量	颗粒级配	二级名称	
粗粒土	砾石类	细砾土	细圆砾土	粒径大于 2 mm 颗粒的质量超过总质量的 50%，圆状为主	<5%	良好	级配好的细圆砾	A
						不良	级配不好的细圆砾	B
					5%～15%	良好	级配好的含土细圆砾	A
						不良	级配不好的含土细圆砾	B
					15%～30%	—	土质细砾土	B
			细角砾土	粒径大于 2 mm 颗粒的质量超过总质量的 50%，棱状为主	<5%	良好	级配好的细角砾	A
						不良	级配不好的细角砾	B
					5%～15%	良好	级配好的含土细角砾	A
						不良	级配不好的含土细角砾	B
					15%～30%	—	土质细角砾	B
	砂类土	砾砂		粒径大于 2 mm 颗粒的质量超过总质量的 25%～50%	<5%	良好	级配好的砾砂	A
						不良	级配不好的砾砂	B
					5%～15%	良好	级配好的含土砾砂	A
						不良	级配不好的含土砾砂	B
					>15%	—	土质砾砂	B
		粗砂		粒径大于 0.5 mm 颗粒的质量超过总质量的 50%	<5%	良好	级配好的粗砂	A
						不良	级配不好的粗砂	B
					5%～15%	良好	级配好的含土粗砂	A
						不良	级配不好的含土粗砂	B
					>15%	—	土质粗砂	B
		中砂		粒径大于 0.25 mm 颗粒的质量超过总质量 50%	<5%	良好	级配好的中砂	A
						不良	级配不好的中砂	B
					5%～15%	良好	级配好的含土中砂	A
						不良	级配不好的含土中砂	B
					>15%	—	土质中砂	B
		细砂		粒径大于 0.075 mm 颗粒的质量超过总质量 85%	<5%	良好	级配好的细砂	B

(2)基床底层填筑压实质量控制标准及检验方法见表 4-48，对填料虽符合要求但达不到压实标准的，应采取改良措施。

表 4-48 基床底层填筑压实质量控制标准及检验方法

检验项目	质量标准及允许偏差		检验方法
	砂类土及细粒土	碎石类及粗粒土	
地基系数 K_{30}(MPa)	≥130	≥150	每填高约 0.9 m，每 100 m 范围内检测 4 点，距路基边 2 m 处左右各 1 点，路基中部 2 点

续上表

检验项目	质量标准及允许偏差		检验方法
	砂类土及细粒土	碎石类及粗粒土	
动态变形模量 E_{vd}(MPa)	≥40	≥40	每填高约 0.9 m,每 100 m 范围内检测 4 点,距路基边 2 m 处左右各 1 点,路基中部 2 点
孔隙率 n(%)	<28	<28	每层沿纵向每 100 m 范围内检测 6 点,距路基边 1 m 处左右各 2 点,路基中部 2 点
压实系数 K	—	—	每层沿纵向每 100 m 范围内检测 6 点,距路基边 1 m 处左右各 2 点,路基中部 2 点

(3)基床底层外形尺寸质量标准及检验方法见表 4-49。

表 4-49 基床底层外形尺寸质量标准及检验方法

检验项目	质量标准及允许偏差	检验方法
中线至路肩边缘距离	0,±50 mm	沿线路纵向每 100 m 抽样检验 5 点,尺量
宽度	不小于施工图标示值	沿线路纵向每 100 m 抽样检验 3 点,尺量
横坡	±0.5%	沿线路纵向每 100 m 抽样检验 2 个断面,坡度尺量
平整度	不大于 15 mm	沿线路纵向每 100 m 抽样检验 10 点,2.5 m 长尺量
厚度	±30 mm	沿线路纵向每 100 m 抽样检验 3 点,水准仪测量

4.2.7 基床底层改良土场拌摊铺机法填筑施工

1. 工艺概述

适用于高速与客运专线铁路路基基床底层改良土填料摊铺机法填筑施工。

2. 作业内容

基底处理、填料拌制、改良土摊铺机摊铺、碾压等。

3. 施工工艺及质量控制流程

改良土场拌摊铺机法填筑施工工艺及质量控制流程如图 4-42 所示。

4. 工艺步骤说明

(1)施工开始条件。施工准备工作全部完成;试验段取得的各项技术参数符合施工设计要求,摊铺机、其他机具及人员已进场,施工组织设计、施工工艺设计已编制。

(2)生石灰消解(参见本章 4.2.3 石灰改良土路基填筑施工相关内容)。

(3)土块破碎(参见本章 4.2.3 石灰改良土路基填筑施工相关内容)。

(4)下承层处理、验收。认真按施工图及质量标准进行基床底层下承层验收。包括下承层的压实度、平整度、横坡坡度、高程。验收合格后,根据施工图及控制桩进行放样工作,设置钢丝绳基准线,控制摊铺厚度,进行下一道工序施工。

当基床底层的底面位于地基上时,属于需要特殊处理的情形,此时基床底层以下的地基应符合设计及《高速铁路路基工程施工质量验收标准》(TB 10751—2010)的相关要求。

(5)测量放样。验收合格后,施工摊铺前,首先恢复中桩。每 10 m 设一加密点。根据中桩及摊铺宽度每侧加 50 cm 定出填层边线标示桩,把层厚或高程在标示桩上标出来作为施工

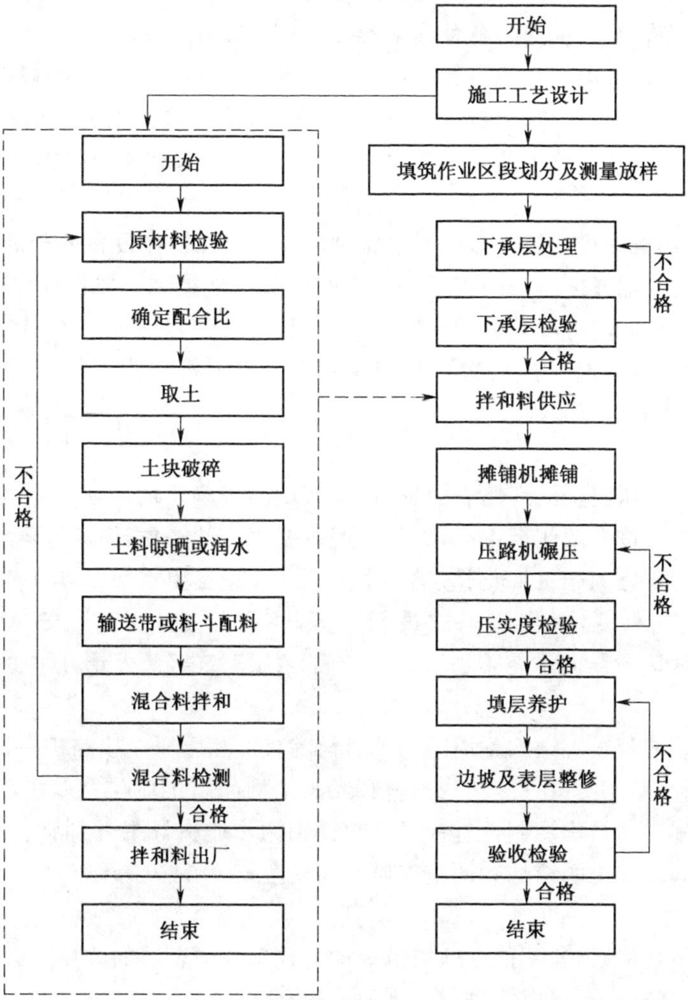

图 4-42 改良土场拌摊铺机法填筑施工工艺及质量控制流程图

控制标准。

(6)填料拌制。

1)先测定素土和石灰的含水率,如混合料的含水率低于最佳含水率 2%,则按混合料最佳含水率计算加水量,再将土料、石灰和水通过试验和计算来确定其重量配合比。

2)改良土拌和料采用搅拌设备在拌制场集中进行拌制,用输送机把粉碎土运至搅拌设备的料仓内,用泵把石灰泵入粉料仓内,进行配料拌制。拌制后含灰量应均匀,并定时在出料口检测掺灰比,含灰量偏差控制在−0.5%~+1%内,否则应作适当调整。

3)改良土拌和料最佳含水率的控制方案:如土的天然含水率距最佳含水率差距不大,在拌制时将水成雾状均匀喷洒入改良土中拌制均匀;如土的天然含水率距最佳含水率差距较大时考虑在取土场分块灌水焖土。如土料的天然含水率过大,则应事先进行适度的晾晒或加入适量的磨细生石灰对降低含水率效果较好。

4)同时配备碎土设备消除土壤的土块。按预定配合比在搅拌设备内拌制改良土拌和料。拌和料需拌制均匀,拌和料中不应含有大于 10 mm 的土块和未消解石灰颗粒,并应使拌和料的组成和含水率达到规定的要求。在正式拌制改良土拌和料之前,必须先调试所用的场拌设备,并通过试验,总结试拌、试铺的各种施工参数,调整和确定场拌工艺参数。

(7)拌和料运输。采用大吨位自卸车运输。并保证足够的运输车辆,确保摊铺机能够不间断地连续摊铺。拌制好的拌和料在运送过程中应覆盖,减少水分损失。运料汽车在摊铺机前10～30 cm停住,不得撞击摊铺机。卸料过程中汽车挂空挡,靠摊铺机推动前进,以确保摊铺层的平整度。

(8)摊铺。采用摊铺机铺筑。摊铺时以日进度需要量和搅拌设备的产量为度,合理计算卸料需要量。每层的摊铺厚度应按施工试验确定的参数严格控制。摊铺时,应根据摊铺机的摊铺能力及拌制场的拌制能力配置运输车辆,使摊铺机的摊铺作业能够不间断地连续进行。如作业区段较长,搅拌设备拌制能力较大,则可采用两台摊铺机梯队式作业(两台摊铺机的间距10 m左右),一次性全断面摊铺。

(9)振动碾压。

1)采用重型振动压路机沿线路纵向进行,按照试验段确定的压实参数控制压实速度和压实遍数。压实顺序应按先两侧后中间,先静压后弱振、再强振的操作进行碾压。各种压路机的最大碾压行驶速度不宜大于4 km/h。各区段交接处,应互相重叠压实。直线段由两边向中间,曲线段由内侧向外侧,纵向进退式进行,边部多碾压2～3遍。横向轮迹重叠不少于40 cm,前后相邻两区段纵向重叠不小于2 m,上下两层填筑接头处错开不少于3 m,做到无遗漏、无死角。

2)要重视对预埋管线等结构物周围的填料摊铺整形和碾压。压路机在构造物接头处不能靠近压实时,采用小型压实机具压实。预埋管线等结构的施工应与路基工程同步实施。并对各类与路基同步施工的结构物制订有针对性和详细的作业指导书并加强检查与监测,确保路基表层及与路基同步施工的结构物的施工质量和安全。

(10)养护。

1)当一层填筑合格后,若不能立即铺筑上层的或暴露于表层的改良土必须保湿养护,如果随即进行下一填层的施工,可以不进行特别的养护。

2)养护可采用洒水或用草袋覆盖的方法,养护期一般不少于7 d。

3)养护期间要保持层面湿润,除洒水车外不准任何车辆通行。

4)当改良土分层施工时,下层检验如压实度、平整度等指标合格后,上层填土能连续施工时可不留置专门的养护期。

(11)压实检测。

1)基床底层改良土压实标准采用地基系数K_{30}、动态变形模量E_{vd}和压实系数K三项指标控制,对填筑压实质量可疑地段,应根据工程质量控制的需要,增加检验的点数。

2)通过质量检测了解施工过程的质量情况,对达不到质量要求的检验项目,进行分析和研究,查明原因,制定改进措施和工艺,加强施工质量管理,确保基床底层路基质量满足施工图要求。各项检测指标合格后方可进入下一填层施工。

(12)基床底层完工验收。

1)基床底层顶面的最后一层施工完成后,进行路基成型后的整平、整修作业。同时进行自检、复检。合格后报验监理工程师抽检的三级质量检测系统,严格按照验收标准要求的试验方法、试验点数、检验频次,逐层分段、分部进行试验检测。

2)基床底层的压实标准及外形尺寸检验,不合格者,不得进行下一道工序施工。

(13)工程质量控制要点。

1)原材料(土、石灰或水泥)。

2)配合比(根据不同的土质需掺入的石灰或水泥量)。

3)改良土含水率控制。

4)均匀性(避免改良土中出现素土现象)。

5)压实度(通过试验段确定适宜的施工参数)。

5. 质量检验标准

(1)原材料质量标准及检验方法参见前面表4-39。改良土原材料试验项目及频次见表4-50。

表4-50　改良土原材料的试验项目及频次

材料名称	试验项目	频次	试验方法
土	含水率	每个土源点或每批同一料源材料使用前应取两个试样	按现行《铁路工程土工试验规程》(TB 10102—2010)执行
	液限、塑限		
	有机质和硫酸盐含量		
石灰	有效钙、氧化镁		
水泥	凝结时间		
	强度		

(2)改良土填料填筑复查项目及频次见表4-51。压实质量标准参见前面表4-43。

表4-51　改良土填料复查项目及频次

填料类别	项目	频次
改良土	石灰或水泥剂量	每层每100 m取3个样品,用滴定法试验
	含水率	根据观测,异常时试验
	拌制均匀性	随时观测

(3)施工阶段沉降观测质量标准及检验方法见表4-52。

表4-52　沉降观测质量标准及检验方法

检验项目		质量标准	检验方法
基本要求	动态观测	路基施工应按施工图要求进行地基沉降、侧向位移的动态观测	边桩及沉降在施工期间一般每一填筑层应进行一次观测,在沉降量突变的情况下,每天应观测2～3次,如果两次填筑间隔时间较长,每3 d至少观测一次。路堤经过分层填筑达到预压高程后,在预压期的前2～3个月内,每5 d观测一次,三个月后7～15 d观测一次,半年后一个月观测一次,一直观测到施工图要求的时间
	观测基桩设置	观测基桩必须设置于不受施工影响的稳定地基内,并进行定期的复核校正。观测装置的埋设应符合施工图要求,且埋设稳定。观测期间应对观测点采取有效的保护措施	
	测量等级	沉降观测应采用二等几何水准测量,观测精度不低于±1 mm	

续上表

<table>
<tr><th colspan="2">检验项目</th><th>质量标准</th><th>检验方法</th></tr>
<tr><td rowspan="4">基本要求</td><td>数据处理</td><td>(1)在填筑过程中,应根据观测结果整理绘制“填土高—时间—沉降量”关系曲线图,分析土体的侧向位移值及其发展趋势,判断地基的稳定性。
(2)当路堤中心线地面沉降速率每昼夜大于 10 mm,或坡脚水平位移速率每昼夜大于 5 mm 时,应立即停止填筑,待观测值恢复到限值以内再进行填筑</td><td rowspan="7">边桩及沉降在施工期间一般每一填筑层应进行一次观测,在沉降量突变的情况下,每天应观测 2～3 次,如果两次填筑间隔时间较长,每 3 d 至少观测一次。路堤经过分层填筑达到顶压高程后,在预压期的前 2～3 个月内,每 5 d 观测一次,三个月后7～15 d 观测一次,半年后一个月观测一次,一直观测到施工图要求的时间</td></tr>
<tr><td>路肩观测</td><td>路基填筑至施工图标示路肩高程,应在路肩设置观测桩,应与边桩和沉降同步进行观测,通过测量路肩观测桩的高程变化,确定路基面的沉降量</td></tr>
<tr><td>观测资料</td><td>(1)观测资料应齐全、详实、规范,符合施工图要求,并应及时整理、汇总分析,提供给相关单位。
(2)竣工交验前,沉降观测设备和观测资料应同时移交给工程接收单位</td></tr>
<tr><td>工后沉降评估</td><td>铺轨前应由建设单位、设计单位、施工单位和监理单位参加的路基验评小组对路基工后沉降进行评定</td></tr>
<tr><td colspan="2">沉降观测装置和位移边桩的构造、结构尺寸和制作材料的规格、材质等</td><td>应符合施工图要求,且无影响观测精度的缺陷</td></tr>
<tr><td colspan="2">观测断面数量及每一断面观测点布设数量、观测频次和精度</td><td>应符合施工图要求</td></tr>
<tr><td colspan="2">观测断面及每一观测断面上观测点埋设位置的允许偏差</td><td>≤20 cm</td></tr>
</table>

4.2.8　基床底层改良土路拌摊铺机法填筑施工

1. 工艺概述

适用于高速与客运专线铁路路基基床底层改良土填料路拌法路基填筑施工。一般情况下不推荐采用此法,仅在特殊情况下可考虑采用。

2. 作业内容

基底处理、填料拌制、改良土摊铺、碾压等。

3. 施工工艺及质量控制流程

改良土填筑路拌法施工工艺及质量控制流程如图 4-43 所示。

4. 工艺步骤说明

(1)施工开始条件。参见本章 4.2.7 基床底层改良土场拌摊铺机法填筑施工相关内容。

(2)生石灰消解。参见本章 4.2.7 基床底层改良土场拌推铺机法填筑施工相关内容。

(3)土块破碎。参见本章 4.2.7 基床底层改良土场拌推铺机法填筑施工相关内容。

(4)下承层处理、验收。参见本章 4.2.7 基床底层改良土场拌推铺机法填筑施工相关内容。

(5)测量放样。参见本章 4.2.7 基床底层改良土场拌推铺机法填筑施工相关内容。

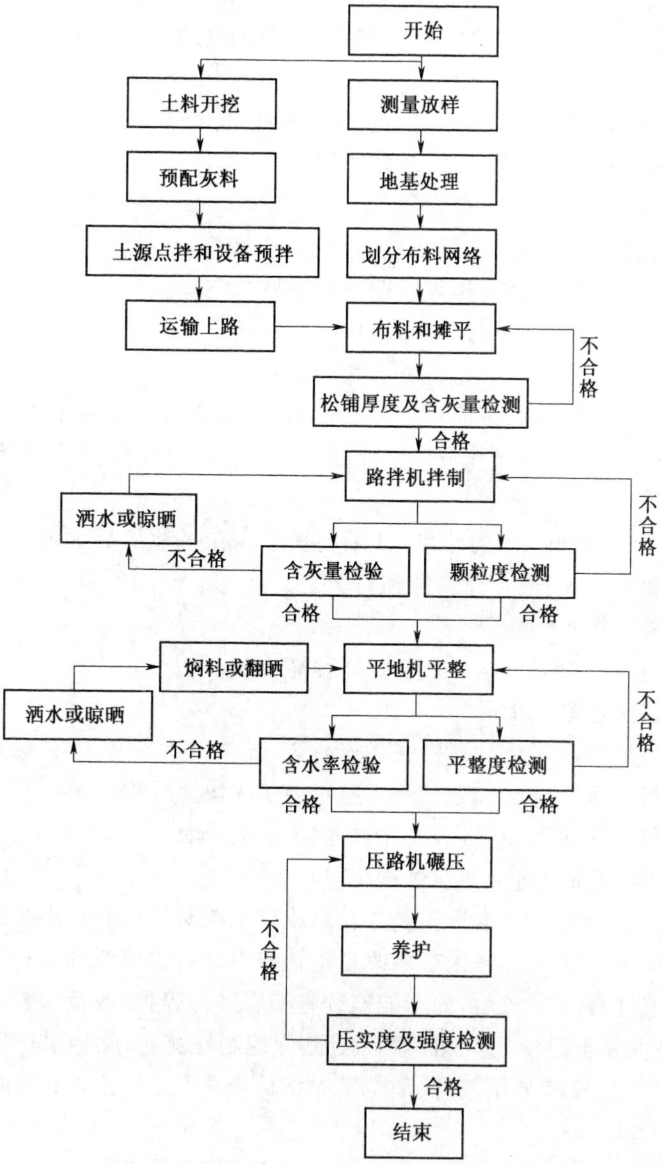

图 4-43 改良土填筑路拌法施工工艺及质量控制流程图

(6)填料的运输。采用大吨位自卸车运输。根据松铺厚度计算每车拌和料的摊铺面积，确定堆放密度。在填筑场地按照每车土方的数量及摊铺厚度，用白灰点控制自卸车倒土密度，同时埋桩挂线，标示松铺厚度。

(7)摊铺、整平。摊铺由推土机及配合平地机进行。初压摊铺整平后的填层使用光轮压路机轻压 1～2 遍，使表面光滑并有一定的密度。

(8)按剂量摊铺石灰或水泥。采用方格网控制石灰或水泥用量，按剂量布灰，人工整形。

(9)拌制。

1)采用稳定土路拌机进行拌制。在稳定土路拌机拌制一遍后，应检查混合料的含水率。

含水率过大时应晾晒;含水率过小时,应用喷管式洒水车洒水。洒水车不应在当天拌制的路段上调头和停留,在洒水拌制过程中,应及时检查拌和料的含水率,其值宜大于最佳含水率 1% 左右。

2)稳定土路拌机拌制改良土,第一遍不宜翻拌到底,应留 2~3 cm,以防止改良剂(石灰或水泥)下沉集中在底部翻拌不上来;第二遍翻拌到底,并对下层略有破坏,宜控制 1 cm 左右;拌制遍数二遍以上,直到均匀为止。

3)石灰撒入土中后,宜不洒水进行初拌,拌均后应焖料 8~12 h,根据检查拌和料的含水率来确定是否洒水,然后进行复拌,拌匀后即进行整平、压实。

4)水泥撒入土中后,应立即进行拌制,拌均匀后即进行整平、压实,从拌制开始到压实完成不宜超过 4 h。

5)搅拌深度应深入下层承的表面 0.5~1 cm 左右,应设专人跟随稳定土搅拌机,随时检查搅拌深度,并配合稳定土搅拌机操作员调整搅拌深度,严禁在拌制层底部留有夹层。

(10)整平。

1)采用平地机平整,做出 4% 的路拱,且纵向平顺。在平地机后面设一个 3 人小组,及时铲除高出挂线的拌和料,低凹处补充新拌和料。

2)平整施工步骤及作业标准。

①经推土机摊铺后层面高程比计划松铺高程高 4 cm。

②用光轮压路机快速静压 1 遍。

③平地机初平后层面高程比计划松铺高程高 3 cm。

④用光轮压路机碾压 2 遍(边部压 3~4 遍),中速或快速行进。

⑤测量层面高程。纵向每 20 m 设 1 个测量断面,每断面 2~4 个测点。

⑥平地机精平,层面高程高于计划松铺高程 0.5 cm。

3)平整作业要点。具体参见本章 4.2.3 石灰改良土路基填筑施工中相关内容。

(11)碾压。参见本章 4.2.7 基床底层改良土场拌摊铺机法填筑施工相关内容。

(12)养护。改良土碾压完成后,如不能连续施工应进行养护,改良土表面保湿养护不少于 7 d。养护期间勿使改良土过湿,更不能忽干忽湿,应控制好交通,除洒水车外应封闭道路。当改良土分层施工时,下层检验如压实度、平整度等指标合格后,上层填土能连续施工时可不进行专门的养护。

(13)检测。参见本章 4.2.7 基床底层改良土场拌摊铺机法填筑施工相关内容。

5. 质量检验标准

原材料、改良土和沉降观测质量标准及检验方法符合设计和相关标准的要求。

4.2.9 基床表层级配碎石(砂砾石)摊铺机法填筑施工

1. 工艺概述

适用于高速与客运专线铁路路基基床表层层级配碎石(砂砾石)摊铺机法施工。

2. 作业内容

场拌设备的安装与调试、级配碎石(砂砾石)配合比试验、验收下承层、测量放样、安置钢丝绳基准线、设备拌制级配碎石拌和料、级配碎石拌和料的运输、摊铺机分层摊铺、分层检测、路堤边坡及路面修正等。

3. 施工工艺及质量控制流程

基床表层填筑施工工艺及质量控制流程如图 4-44 所示。

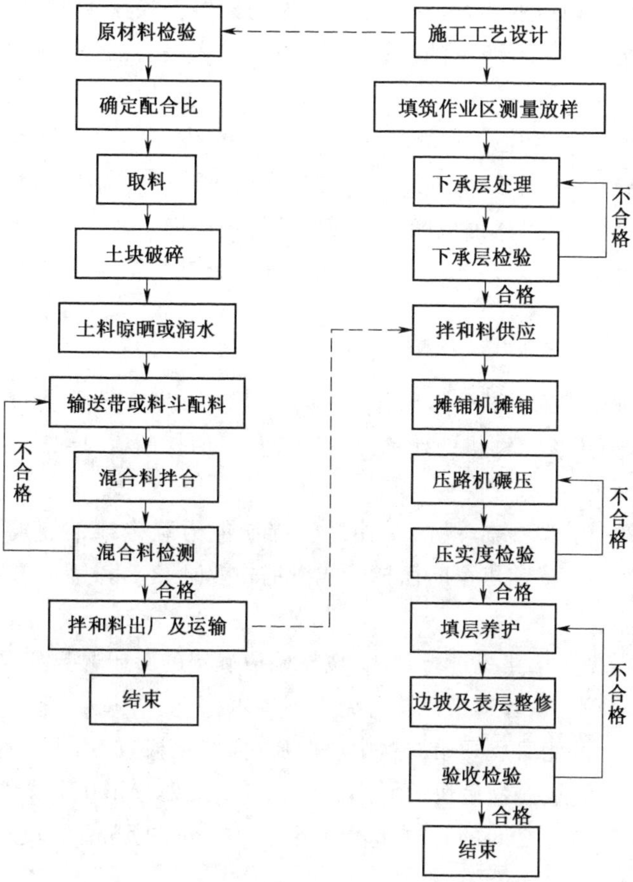

图 4-44 基床表层填筑施工工艺及质量控制流程图

4. 工艺步骤说明

(1)施工开始条件。施工准备工作全部完成;试验段取得的各项技术参数符合施工图要求,摊铺机、其他机具及人员已进场,施工组织设计已编制。

(2)材质及级配试验。

1)填筑前对所需的材料作全面的检查,并提前做好储料的一切准备工作,并有足够的储料场和储料设备,保证基床表层的正常铺筑。

2)基床表层级配碎石必须采用场拌法施工。搅拌设备应计量准确,拌和料必须进行材质及级配试验,材质及级配均要符合施工图和规范的要求。正式拌制前,调试场拌设备。

(3)测量放样。在施工现场附近引临时水准点,报监理审批,严格控制高程;按每 10 m 设置 1 个桩,放中线和边线,设置钢丝绳基准线。

(4)验收基床底层。基床表层填筑前应检查基床底层几何尺寸,核对压实标准,不符合标准的基床底层应进行修整,使其达到基床底层验收标准。

(5)拌制。

1)级配碎石拌和料用级配碎石搅拌设备在拌制厂集中进行拌制,拌和料需拌制均匀,采用不同粒径的碎石和石屑,按预定配合比在拌制设备内拌制级配碎石拌和料。

2)在正式拌制级配碎石拌和料之前,必须先调试所用的场拌设备,使拌和料的颗粒组成、级配和含水率都能达到规定的要求,并通过试验段的试拌、试铺总结的各种施工参数进一步合理地调整和确定拌制需要各种级配的碎石数量,以使基床表层的级配碎石填层具有更好的强度和刚度。

(6)运输。

1)装料时,车要有规律的移动,使拌和料在装车时不致产生离析,采用大吨位自卸车运输,并保证足够的运输车辆,确保摊铺机能够不间断地连续摊铺。

2)车辆运输过程中用防水篷布覆盖。运料汽车在摊铺机前10～30 cm处停住,不得撞击摊铺机。

(7)摊铺。

1)采用摊铺机铺筑。摊铺机以日进度需要量和搅拌设备的产量为度,合理计算卸料需要量。摊铺机摊铺时,应根据摊铺机的摊铺能力及搅拌厂的拌制能力配置运输车辆,使摊铺机的摊铺作业能够不间断的连续进行。

2)摊铺时应保持匀速摊铺,根据搅拌厂的拌制能力确定摊铺速度,一般规定为1.0～3 m/min。摊铺采用2台摊铺机全断面梯队式摊铺作业时,2台摊铺机前后间距8～10 m。

(8)碾压。

1)采用重型光轮振动压路机进行碾压,按试验段确定的碾压遍数和程序进行压实,使其达到规定压实度,且表面平整,各项指标符合施工图要求。

2)直线地段,应由两侧路肩开始向路中心碾压;曲线地段,应由内侧路肩向外侧路肩进行碾压。碾压遵循先轻后重、先慢后快的原则。各区段交接处应相互重叠压实,纵向搭接压实长度不小于2 m,纵向行与行之间的轮迹重叠不小于40 cm,上下两层填筑接头应错开不小于3 m。

(9)检测。每层施工完成后应进行自检,合格后报验监理工程师抽检的质量检测系统,严格按照规范要求的试验方法、试验点数、检验频次,逐层分段、分部进行试验检测,各类填料及压实标准应符合规定,凡检验不合格者,不得进行下一道工序施工。

(10)整修养护。基床表层顶面整修完成后采取措施控制车辆通行,并做好基床表面的保护工作,防止表层扰动破坏,严禁机车在基床表层顶面的路段上调头或急刹车。

(11)基床表层级配碎石(砂砾石)质量控制。

1)路基基床表层质量控制要点主要抓好三个方面:填料与原材料控制、施工过程控制、试验与检测控制。

2)严格控制填料及原材料质量,制定原材料的进货检验和进场前检查验收制度,杜绝不合格的材料进场,级配碎石选料标准应满足材料的规格、材质和级配的有关规定。路堤填料种类及原材料质量应符合施工图要求。

3)严格按试验段总结的施工工艺流程组织施工,同时在施工中,根据实际情况不断完善施工质量控制措施,确保路基工程质量。

5. 质量检验标准

(1)原材料质量检验标准及检验方法见表4-53、表4-54。

表 4-53　基床表层级配碎石质量标准及检验方法

检验项目		质量标准	检验方法
级配碎石	粒径级配	其不均匀系数 $C_u = d_{60}/d_{10}$ 不得小于 15，0.02 mm 以下颗粒质量百分率不得大于 3%	每 2 000 m^3 抽样检验 1 次颗粒级配、颗粒密度、黏土团及其他杂质含量、级配砂砾石中细长扁平颗粒含量、级配碎石中大于 16 mm 的粗颗粒中带有破碎面的颗粒含量；其他项目每一料场抽样检验 2 次，在料场抽样按《铁路工程土工试验规程》(TB 10102—2010)规定的试验方法进行室内试验，并在每层的填筑过程中目测检查级配有无明显变化
	与上部道床及下部填土之间	$d_{15} < 4d_{85}$	
	每一层压实	采用同一种类填料	
级配砂砾石	粒径级配	颗粒中细长及扁平颗粒含量不应超过 20%，黏土团及有机物含量不超过 2%，颗粒粒径小于 0.5 mm 的细集料的液限应小于 25%，塑性指数应小于 6	每 2 000 m^3 抽样检验 1 次颗粒级配、颗粒密度、黏土团及其他杂质含量、细长扁平颗粒含量；其他项目每一料场抽样检验 2 次，在料场抽样按《铁路工程土工试验规程》(TB 10102—2010)规定的试验方法进行室内试验，并在每层的填筑过程中目测检查级配有无明显变化
	与上部道床及下部填土之间	$d_{15} < 4d_{85}$	
	每一层压实	采用同一种类填料	

表 4-54　基床表层砂砾石级配范围

级配编号	通过筛孔(mm)，质量百分率(%)									
	60	50	40	30	20	10	5	2	0.5	0.075
1	97～100	95～100	90～99	84～90	76～94	65～85	54～77	40～67	23～51	3～23
2	—	100	90～100	80～93	65～85	45～70	30～55	15～35	10～20	4～10
3	—	—	100	90～100	75～95	50～70	30～55	15～35	10～20	4～10

基床表层级配碎石级配要求参见本书前面表 3-1。

(2)基床表层级配碎石(砂砾石)的压实标准应按表 4-55 控制。

表 4-55　基床表层级配碎石(砂砾石)压实标准

填料	压实标准			检验数量及检验方法
级配碎石或级配砂砾石	地基系数 K_{30}(MPa/m)	动态变形模量 E_{vd}(MPa/m)	孔隙率 n(%)	沿线路纵向每 100 m 每压实层抽样检验动态变形模量 E_{vd} 和孔隙率 n 各 6 点，其中：左、右距路肩边线 1.5 m 处各 2 点；路基中部 2 点。检验地基系数 K_{30} 抽样 4 点，其中：左、右距路肩边线 1.5 m 处各 1 点，路基中部 2 点，按《铁路工程土工试验规程》(TB 10102—2010)规定的试验方法检验
	≥190	≥55	<18	

(3)路堑基床表层换填深度及宽度应符合施工图要求。采用尺量沿线路纵向每 100 m 抽样检验 5 个断面。

(4)填料应分层填筑，每层的压实厚度不宜超过 30 cm，最小压实厚度不宜小于 15 cm，具体的摊铺厚度及碾压遍数应按工艺试验确定并经监理工程师批准的参数进行控制。每压实层路拱坡面应符合施工图要求，无积水现象。采用观察、尺量的方法，沿线路纵向每 100 m 每压实层抽样检验 6 处(左、中、右各 2 处)。

(5)过渡段基床表层级配碎石中水泥掺加剂量允许偏差为试验配合比 0～+1.0%。采用滴定法检测，每过渡段每层抽样检验 3 处(左、中、右各 1 处)。

(6)基床表层填筑厚度的质最标准及检验方法见表 4-56。

表 4-56 基床表层填筑厚度的质量标准及检验方法

检验项目	质量标准	检验方法
级配碎石或级配砂砾石厚度	－20 mm	沿线路纵向每 100 m 抽样检验 3 点，采用水准仪测量
砂垫层厚度	不小于施工图标示值	

(7)基床表层级配碎石或级配砂砾石表面中线高程、路肩高程、中线至路肩边缘距离、宽度、横坡、平整度的质量标准及检验方法见表 4-57。

表 4-57 基床表层级配碎石质量标准及检验方法

检验项目	质量标准及允许偏差	检验方法
中线高程	±10 mm	沿线路纵向每 100 m 抽样检验 5 点，采用水准仪测
路肩高程	±10 mm	
中线至路肩边缘距离	$^{+20}_{0}$ mm	沿线路纵向每 100 m 抽样检验 5 点，采用尺量
宽度	不小于设计值	
横坡	±0.5%	沿线路纵向每 100 m 抽样检验 5 个断面，采用坡度尺量
平整度	不大于 10 mm	沿线路纵向每 100 m 抽样检验 10 点，采用 2.5 m 长直尺量

4.2.10 基床表层封闭层沥青混凝土施工

1. 工艺概述

适用于高速与客运专线铁路路基基床表面封闭层沥青混凝土施工。

2. 作业内容

沥青混凝土搅拌设备的安装与调试、沥青混凝土目标配合比和生产配合比设计与调试、验收及清扫下承层、测量放样与安置钢丝绳基准线、拌制沥青拌和料、沥青拌和料的运输、摊铺机摊铺、压路机碾压、检测等。

3. 施工工艺及质量控制流程

基床表层封闭层沥青拌和料施工工艺及质量控制流程如图 4-45 所示。

4. 工艺步骤说明

(1)施工开始条件。施工准备工作全部完成；试验段取得的各项技术参数符合施工图要求，摊铺机、其他机具及人员已进场，施工组织设计已编制。

(2)配合比设计。

1)沥青拌和料的矿料级配应符合设计图要求。

2)采用马歇尔试验配合比设计方法。沥青拌和料的马歇尔稳定度、流值、孔隙率、沥青饱和度等指标应符合施工图要求，并具有良好的高温稳定性、水稳定性、防渗水性能等。其技术指标应符合施工图要求。

3)沥青拌和料配合比设计通过目标配合比设计、生产配合比设计及生产配合比验证三个阶段。确定矿料级配、最佳沥青用量。在目标配合比设计时要注重材料的选材，材料不仅要合格而且要有代表性。生产配合比设计时要注重搅拌设备振动筛网规格的选择,确保计量的准确性。

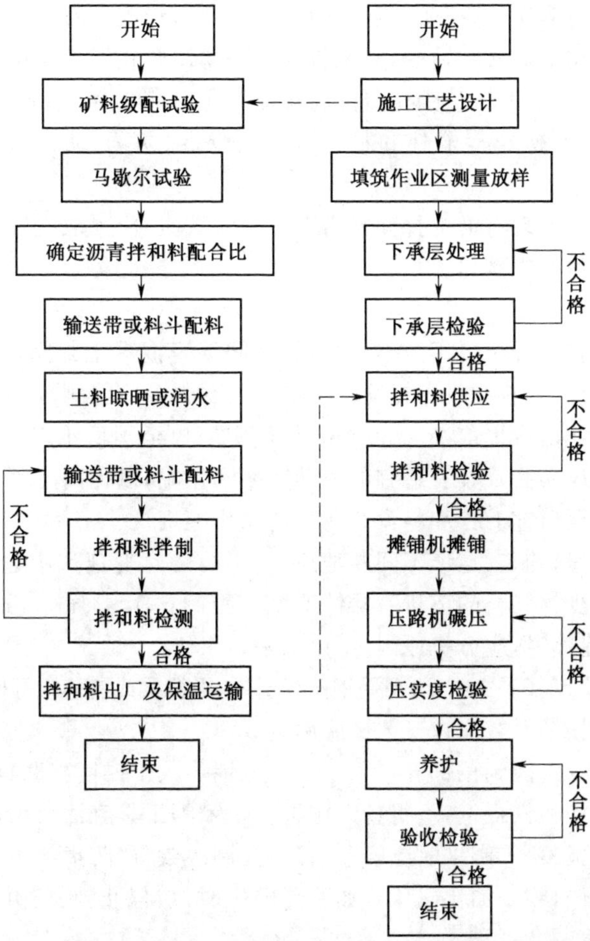

图 4-45 基床表层封闭层沥青拌和料施工工艺及质量控制流程图

(3)测量放样。在施工现场附近引临时水准点,报监理审批,严格控制高程。按 10 m 一桩,放中线和边线,设置钢丝绳基准线。

(4)拌制。

1)沥青拌和料在搅拌厂采用搅拌机械拌制。

①搅拌厂的设置必须符合国家有关环境保护、消防、安全等规定。

②考虑交通堵塞等因素,尽可能缩短搅拌厂与工地的运输距离,确保拌和料温度下降不超过要求,且不致因颠簸造成拌和料离析。

③各种集料必须分隔贮存,细集料场地应设防雨顶棚,料场和场区道路应硬化,严禁泥土等污染集料。搅拌厂应做好完整的排水设施。

2)沥青拌和料采用间歇式搅拌机,搅拌机的拌制能力应满足施工进度要求。

3)沥青拌和料的生产温度宜符合热拌沥青拌和料施工温度的有关规定。烘干集料的残余含水率不得大于 1%。

4)沥青拌和料出厂时应逐车检验其重量和温度,记录出厂时间,签发运料单。

(5)运输。

1)沥青拌和料采用自卸车运输(区间狭窄地段采用小机动翻斗车倒料),不得在级配碎石或级配砂砾石路面上急刹车、急掉头,应匀速行驶,避免对级配碎石或级配砂砾石层造成损伤。

2)运输车每次使用前后必须清扫,车厢板上涂一薄层防止沥青黏结的隔离剂或防粘结剂,但不得有余液积聚在车厢底部。从拌和机向运输车上装料时,应多次挪动汽车位置,平衡装料,减少拌和料离析。运输车运输拌和料时应覆盖保温、防雨、防污染。夏季运输时间短于0.5 h可不加覆盖。

3)在运输过程中如发现有沥青拌和料沿车厢板滴落时,应采取措施予以避免。

4)运料车每次卸料必须倒尽。

(6)摊铺。

1)站线及作业面较宽部位采用摊铺机摊铺,区间沥青混凝土封闭层宽度较窄地段则采用人工配合小型机具摊铺,或特制设备摊铺。摊铺机的受料斗应涂刷薄层隔离剂或防粘结剂。

2)摊铺机开始作业前应提前30~60 min预热熨平板至不低于100 ℃。摊铺过程中选择熨平板的振捣或夯锤压实装置具有适宜的振动频率和振幅,以提高路面的初始压实度,熨平板加宽连接应仔细调节至摊铺的拌和料没有明显的离析痕迹。

3)摊铺机必须缓慢、均匀、连续不间断地摊铺,不得随意变速或中途停顿和频繁收起挡料板,以提高平整度,减少拌和料的离析。摊铺速度宜控制在1~4 m/min。当发现拌和料明显的离析、波浪、裂纹、拖痕时,应分析原因,予以消除。

4)摊铺机应采用自动找平方式,可采用钢丝绳引导、平衡梁或雪橇式等摊铺厚度控制方式。

5)沥青拌和料的松铺系数应按工艺试验确定。

6)在局部机械作业不能到位部分可采用人工摊铺。人工摊铺拌和料应符合下列要求。

①沥青拌和料宜卸在铁板上,不得扬锹抛甩。铁锹等工具宜沾防粘剂或加热使用。

②边摊铺边用刮板整平,刮平时应轻重一致,控制次数,严防集料离析。

③摊铺不得中间停顿,并加快碾压。如不能碾压时,应停止摊铺,并对卸下的沥青拌和料覆盖保温。

④低温施工时,每次卸下的拌和料应及时覆盖保温。

(7)碾压。

1)应配备适合高速与客运专线铁路路基基床表层沥青混凝土封闭层结构特点的压路机,选择合理的压路机组合方式及初压、复压、终压的碾压步骤,以达到最佳的碾压效果。低温、风大、薄层碾压时压路机数量应适当增加。

2)压路机应以慢而均匀的速度碾压,压路机速度应符合表4-58中的要求,压路机的碾压线路、方向不应突然改变,从而导致拌和物的推移。

表4-58 沥青混凝土碾压速度 (单位:km/h)

压路机类型	初压		复压		终压	
	适宜	最大	适宜	最大	适宜	最大
钢筒式压路机	2~3	4	3~5	6	3~6	6
轮胎式压路机	2~3	4	3~5	6	4~6	8
振动式压路机	2~3 静压或振动	4 静压或振动	3~5 振动	5 振动	3~5 静压	5 静压

3)压路机的碾压温度应符合热沥青拌和料施工温度表中的有关要求。在不产生严重推移和裂缝的前提下,碾压在尽可能高的温度下进行,不得在低温状态下做反复碾压。

4)压路机不得在未碾压成型的路段转向、掉头、加水或停留。初压应紧跟摊铺机进行,并保持较短区段。复压紧跟初压后进行,不得随意停顿,碾压长度宜控制在 60～80 m 内。终压紧跟复压后进行,且不少于2 遍,至无明显轮迹为止。

5)在当天成型的沥青混凝土路面上不得停放各种机械设备或车辆,不得散落矿料、油料等杂物。

6)压路机压不到的地方,采用振动夯板或热的手锤将沥青拌和料充分夯实,已经压实过的路面不得修补表皮。

7)基床表层沥青混凝土接缝。

①沥青混凝土接缝必须紧密、平顺,不得产生明显的接缝离析。上下层纵缝应错开 15 cm(热接缝)或30～40 mm(冷接缝)。相邻两副及上下层的横向接缝应错开 1 m 以上。

②横向接缝可采用斜接缝、阶梯形接缝或平接缝形式。

(8)基床表面封闭层沥青混凝土检测。

1)基床表层沥青拌和料的各项技术质量指标应符合施工图要求。当材料有变化时,要及时调整配合比。

2)摊铺机的摊铺速度应与拌制速度匹配,严格按照试验段确定的摊铺、碾压工序施工。

3)基床表层沥青混凝土施工必须有详细的作业指导书或技术交底,保证合理的施工工期,不得在气温低于 10 ℃、雨天、路面潮湿的情况下施工。

4)对压路机压不到的地方,如无砟轨道支撑层道床的侧面及电缆槽内侧等,采用振动夯板或热的手锤把沥青拌和料充分夯实,并作为质量检查的重点部位,以防止雨水从此部位下渗。

5)基床表层沥青混凝土施工采用人工配合小型机具摊铺时,应特别注意对摊铺设备的保温,这是保证压实质量的关键。同时,要注意对施工工序的合理安排,并尽可能安排在气温较高时施工。

5. 质量检验标准

基床表层封闭层沥青混凝土质量标准及检验方法见表 4-59。

表 4-59 基床表层封闭层沥青混凝土质量标准及检验方法

检验项目	质量标准	检验方法
原材料品种、各项技术指标	符合施工图要求	矿料按同一生产地点每 200 m^3 抽样检验 1 次,不足 200 m^3 时也按一批计。沥青按同一产地、品种、规格每 100 t 抽样检验 1 次,不足 100 t 时也按一批计
沥青含量、矿料级配和马歇尔技术指标	符合施工图要求	每台搅拌机抽样检验 1 次/d。搅拌制取样,按客运专线铁路有关沥青混凝土技术条件进行检验
沥青混凝土压实质量	符合施工图要求	沿线路纵向每 100 m 用核子密度仪法检验 6 点,其中左、右距路肩边线 1.5 m 处各 2 点,路基中部各 2 点;每 200 m 用钻芯法检验 2 点,其中路肩边线 1.5 m 处各 1 点,路基中部 1 点
沥青混凝土厚度	不小于施工图标示值	沿线路纵向每 100 m 抽样检验 3 点,采用水准仪测量

4.3　路堑施工

4.3.1　土质路堑施工

1. 工艺概述

机械开挖路堑适用于不需要爆破开挖的土质路堑、强风化和全风化的岩质路堑。机械开挖路堑岩土分类见表4-60。

表 4-60　机械开挖路堑岩土分类表

分类		说明
细粒土		黏土、粉质黏土、塑性指数不大于3的粉土
粗粒土		漂石土、块石土、卵石土、圆砾土、角砾土
风化岩	强风化岩	(1)结构和构造层理不甚清晰,矿物成分已显著变化,组织结构已大部分破坏。 (2)岩体被节理,裂隙分割成碎石块(2～3 cm),碎石用手可折断。 (3)用镐可以挖掘,手摇钻不易钻进
	全风化	(1)组织结构已基本或大部分破坏,但尚可辨认。 (2)有微弱的残余结构强度。 (3)用镐挖,干钻可钻进

2. 作业内容

测量放样、防排水设施修筑、分层开挖、边坡清理、基底整平等。

3. 施工工艺及质量控制流程

机械开挖土质路堑施工工艺及质量控制流程如图4-46所示。

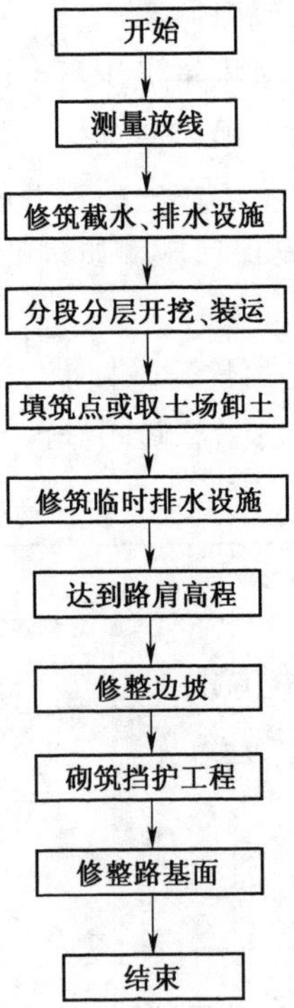

图4-46　机械开挖土质路堑施工工艺及质量控制流程图

4. 工艺步骤说明

(1)开工条件。

1)施工准备工作已完成,按实施方案配置了机具设备、作业人员及修理保养环境条件,施工效率能满足工期要求,检测验证手段、施工组织能力能达到预期的质量和进度效果。

2)路堑施工按以下原则布置。

①尽可能增加开挖工作面和运输线,采用高挖高弃、低挖低弃。

②充分利用地势高差,加快装车速度。

③土质路堑施工,应优先考虑按机械施工进行工地布置和规划,较小工程宜采用机械开挖与轻轨运输配合的作业方案。

④运输道路一般应布置重车下坡,以利车辆的运行和路堑开挖时渗水和雨水的排出。

(2)测量放线。在施工前,必须按施工图要求测量放线,设置护桩,测量误差必须符合《高速铁路工程测量规范》(TB 10601—2009)有关要求,测量工作必须贯彻复核制。

(3)堑顶截、排水。

1)应首先做好堑顶截水沟、天沟，路堑开挖过程要自始至终保证排水畅通。

2)堑顶为土质或含有软弱夹层时，天沟应及时铺砌或采取其他防渗措施，其排水口应引入自然沟或排水构筑物。

3)在路堑施工期间要注意检查维护，如发现路堑或边坡内发生地下水渗流时，应根据渗流的位置及流量大小采取设置排水沟、水井、渗沟等设施，降低地下水位或将地下水引出，截排水设施要满足以下要求：

①边沟整齐，沟坡、沟底平顺，无浮土杂物。

②排水沟泄水不得对路基产生危害。

③截水沟的弃土应于路堑与截水沟间筑成土台，并分层压实，台顶设2%倾向截水沟的横坡，土台边缘坡脚距路堑顶的距离不应小于5 m。

(4)路堑开挖。

1)路堑开挖形式。

①路堑错台分层开挖。路堑开挖平均深度在10 m以上时，宜从上到下分层依次进行。待上台阶开挖到一定程度，不影响下台阶工作安全时，即可同时进行下台阶开挖作业，挖除下台阶可挖的数量。

开挖深度在10 m以内的临时性挖方边坡的坡度，考虑土质的稳定性和施工的安全性，可参考表4-61确定。挖方经过不同类土(岩)层或深度超过10 m时，其边坡可作成台阶形状。

表4-61 边坡坡度

土壤类别		边坡坡度
砂土(不包括细、粉砂)		(1∶1.25)～(1∶1.5)
一般黏土	坚硬	(1∶0.75)～(1∶1)
	硬塑	(1∶1)～(1∶1.25)
碎石类土	充填坚硬、硬塑黏性土	(1∶0.5)～(1∶1)
	充填砂土	(1∶1)～(1∶5)

②纵向分段开挖。路堑过长，运距较远，采用分层开挖仍不能满足施工期限时，可用纵向分段开挖或分层分段相结合的形式。

当傍山路堑一侧堑壁不厚，可适当地选择一处或几处将堑壁挖穿(俗称“马口”)，把长路堑变成几段进行开挖，增加工作面。分段开挖的分段长度，以不小于8～10倍的开挖深度为宜。如果马口开挖数量不大，路堑深度较浅，开挖出砟高程可一次设计在路基面高程上。如果马口开挖数量较多，路堑较深，出砟高程则分层确定。

③分层拉槽开挖。用于深度在15 m左右的石质路堑。开挖方法可分为5 m左右一层，以最上层顺线路中心拉槽开挖，槽宽能布置挖装和运输机械的工作场地为限。长路堑为了加速施工进度，可于路堑中部开挖一个横向马口，分别向两端进行分层拉槽。

2)推土机开挖路堑施工作业。

①路堑两端出土纵向开挖法。推土机作纵向开挖，从路堑的两端出土，作路堤的利用方。纵向开挖利用下坡推土作业效率较高。一般推土机作纵向弃土的运距为40～60 m，此运距通

常也是移挖作填的最大经济运距。纵向开挖的路堑邻接路堤的填筑程序应为水平分层铺填,以利后续压实工序的顺利进行,不宜采用斜层铺填。

②傍山半挖堑填堤法。傍坡半挖堑半填堤,需根据地形及挖除土体的宽度,分别采取傍坡槽推或傍坡顺推作业方法,槽推法以安装斜角推土刀片较好,但这种作业方法的施工关键是路堑与路堤连接部分的挖台阶处理和半路堤部分的分层压实工艺,必须认真按工艺设计和作业细则要求进行施工。

3)铲运机开挖路堑施工作业。

①连续铲卸法。丘陵地区移挖作填施工,常用铲运机进行连续作业,如填挖土方利用数量很大,事先要用推土机开出运行路线,然后用铲运机降坡取土。当路堑逐渐下降路堤逐渐填高形成连续作业条件时,再采取连续作业路线。

②横向出土法。由于条件限制,路堑施工不能作纵向出土,则可采用横向出土法。横向出土开挖路堑的作业方法与横向取土填筑路堤的作业方法基本相似,但施工中应注意以下几点。

一是分段长度可按照路堤计算公式确定。为了减少通道数量,并适应纵向利用开挖限界的需要,路堑横向出土分段长度可比路堤分段增长 10～20 m。

二是深路堑内,为了便于机械进出,在横向通道位置上一般将堑顶以下一定高度挖成锁口,以降低路堑通道的高度。此锁口一般只需做好上游排水、挡水措施,完工后可不予回填,如必须回填时,则应保证与原土的密贴和分层夯实。

三是横向出土开挖地段内铲运机应采用逐渐延伸的作业方法,保持下坡铲土的有利条件。自堑顶地面边线处斜对堑底已挖出的边线,按直线运行铲土。

路堑不论采取何种形式开挖都应随时做临时排水沟,并避免超挖和欠挖。

4)特殊土质路堑开挖。

①膨胀岩(土)路堑的侧沟、天沟、吊沟、排水沟的铺砌必须及时完成,保证铺砌前不受雨水侵入。施工、生活、工业用水应采取有效措施,禁止流入施工现场,应集中力量、快速施工,及时封闭、分段完成,应避免在大雨、连续阴雨天施工。设有支挡结构的边坡应随开随挖随砌筑;如防护不能紧跟开挖完成时,应暂留厚度不小于 50 cm 的保护层。路堑高侧山坡不应设弃土堆。需要设置弃土堆时,弃土堆距边坡顶不应小于 10 m。

②黄土路堑宜在旱季施工,确需在雨季施工,应集中力量快速施工,工作面应随时保持大于 4%的坡度,横向排水沟距路堑边坡不小于 2 m。施工前应做好堑顶截、排水和地面排水设施,各种水沟铺砌必须保证质量,严防渗漏。生产和生活用水应妥善处理,不得流入施工现场软化地基、浸泡边坡。灌浆施工时应有符合环保要求的废浆隔离与回收设施。降雨量大的地区应及早做好边坡防护和冲刷防护。

5)路堑开挖遇到下列情况时,应办理变更设计。

①边坡、基床的土石种类和构造与施工图明显不符。

②因自然灾害危及堑底或边坡稳定。

③采用新的或特殊施工方法,需改变边坡坡度。

④需增设或改变支挡、防护结构及排水设施。

(5)路堑弃土。路堑施工应尽量考虑移挖作填,符合填料使用条件的土用作路堤填料,必须弃舍时应本着“高土高弃、低土低弃、劣土废弃、优土还田”的原则,合理规划弃土场,防止堆置不当影响路堑边坡的稳定或造成水土流失、淤塞排灌沟渠等病害。弃土堆的设置及要求如下：

1)弃土堆位置与高度的确定应保证路堑边坡和自身的稳定,并考虑地形以及对附近建筑物、农田、水利、河道、交通的影响。

2)沿河岸的弃土,不得弃入河道,挤压桥孔或涵洞出入口,以防止改变水流方向和加剧对河岸的冲刷。严禁贴近桥墩台处与岩溶漏斗处及暗河口弃土。

(6)边坡整修。

1)正确标出边桩连线。经常检查边坡开挖坡度,纠正偏差。

2)坡面应平顺,无明显的局部高低差及浮石、渣堆、杂物等。

3)边坡上出现的坑、凹槽应嵌补平整。

4)平台应有向路基侧沟排水的坡度。

5)需要防护的边坡,应按施工图及时防护;当防护不能紧跟开挖进行,应留一定厚度的保护层并放缓开挖面坡度,待做护坡时再刷边坡。

(7)砌筑侧沟。

(8)基面修整。

1)路堑施工接近堑底时,鉴别核对土质,按施工图断面测量放样,开挖修整,或按施工图采取压实、换填、改良土质、排水封闭等措施。

2)填补凹坑应采用与路基面种类相同的填料,并予压实。

(9)施工注意事项。

1)大型土方机械开挖应从上至下分层分段依次进行,严禁在高度超过 3 m 或在不稳定土体之下掏挖。在挖方边坡上如发现有危岩、孤岩、滑坡等土体或岩(土)体倾向挖方一侧易引起滑移的软弱夹层、裂隙时,应及时将其清除并采取相应措施。

2)在滑坡地段挖方时,应详细了解该处地质资料,制定施工方案,明确开挖的方法、顺序和措施,防止坍滑发生。

3)在经过工程处理的地基上开挖时,不得引起过大的地基振动,挖土宜分层均匀进行。

4)开挖接近开挖控制高程时,应尽量保护好下部土层,减少扰动。使用挖掘机开挖(正铲或反铲)时,可在开挖控制高程以上保留 30 cm 的土层,待基床施工前用小型机具挖除。

5)土方边坡的加固(包括填方、排水沟和截水沟等的边坡),应遵照施工图和施工组织设计或施工工艺设计进行施工,一般应使同一个层段的开挖和防护施工在一个时间段内集中完成,挖一个层段,砌筑一个层段。

5. 质量检验标准

(1)路堑开挖高程、中线至路肩边缘距离、宽度、横坡、平整度的允许偏差及检验方法符合表 4-62 的规定。

表 4-62 路堑基床表层允许偏差及检验方法

检验项目	允许偏差	检验数量	检验方法
中线高程	±30 mm	每 100 m 等间距检验 3 点	水准仪测量
路肩高程	±30 mm	每 100 m 等间距检验 6 点(左右各 3 点)	水准仪测量
中线至路肩边缘距离	$^{+50}_{0}$ mm	每 100 m 等间距检验 3 个断面	尺量
宽度	不小于设计值	每 100 m 等间距检验 3 个断面	尺量

续上表

检验项目	允许偏差	检验数量	检验方法
横坡	±0.5%	每100 m等间距检验5个断面	坡度尺量/水准仪测量
平整度	<15 mm	每100 m等间距检验10次	2.5 m长直尺量

(2)开挖后路堑表面平整、密实,曲线圆顺、边线顺直、边沟整齐、沟底无阻水或积水现象。开挖后边坡质量检验标准见表4-63。

表4-63 路堑边坡坡率、边坡点位置、平台位置和宽度的允许偏差及检验方法

检验项目	允许偏差	检验数量	检验方法
边坡坡率(偏陡量)	不陡于设计坡率	沿线路纵向每100 m抽样检验6点	水准仪测量或尺量
边坡点位置	±100 mm		
平台位置	±100 mm		
平台宽度	±50 mm		尺量

4.3.2 石质路堑施工

1. 工艺概述

适用于硬质岩、软质岩、岩体结构比较稳定,需要用爆破施工的路堑地段。爆破开挖路堑岩石分类见表4-64。

表4-64 爆破开挖路堑岩石分类表

类别		强度(MPa)	代表性岩石品种
硬质岩石	极硬岩石	>60	花岗岩、花岗片麻岩、闪长岩、玄武岩、石灰岩,石英砂岩、大理岩,硅质砾石等
	次硬岩石	30~60	
软质岩石	次软岩石	5~30	黏土岩、贝岩、绿泥石、片岩、云母片岩等
	极软岩石	<5	

注:1. 强度系指新鲜岩块的饱和单轴极限抗压强度。
2. 岩石微风化、中等风化,用镐难挖掘,采用岩芯钻方可钻进。

2. 作业内容

爆破设计、修建钻孔平台、测量放线、钻机对位、装药、警戒、起爆、出渣、整修边坡、整修基面等。

3. 施工工艺及质量控制流程

爆破开挖石质路堑施工工艺及质量控制流程如图4-47所示。

4. 工艺步骤说明

(1)开工条件。

1)施工组织设计、施工工艺设计和工序质量控制设计已编制,施工准备工作已完成。

2)爆破作业区各种管线、构筑物已拆迁,或已采取相应的技术安全和环境保护措施;与当地政府取得联系,并得到行政管理部门批准。

(2)爆破设计必须对爆破参数、装药量等方面进行详细的计算。预裂爆破主要参数见表4-65。

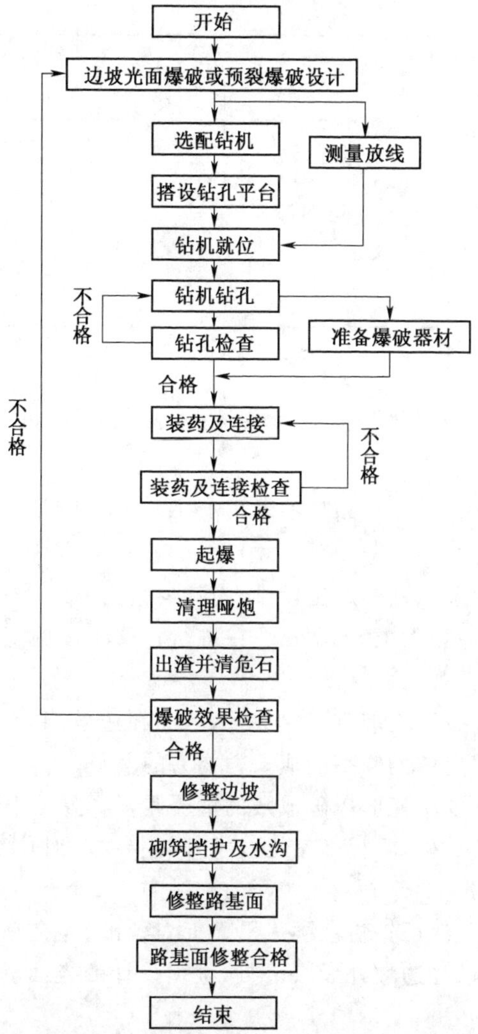

图 4-47 爆破开挖石质路堑施工工艺及质量控制流程图

表 4-65 预裂爆破主要参数

岩石类别	极限抗压强度(MPa)	参数	钻孔直径(mm)				
			50	75	100	125	150
坚石	60 以上	a	0.45～0.65	0.75～0.95	1.1～1.3	1.45～1.65	1.8～2.1
		q'	215～340	355～560	390～620	485～765	555～875
		q''	孔深 $L>10$ m 时，$q''=5q'$ $L=5\sim10$ m 时，$q''=4q'$ $L=3\sim5$ m 时，$q''=3q'$				
次坚石	30～60	a	0.4～0.5	0.6～0.75	0.9～1.1	1.2～1.4	1.5～1.8
		q'	155～215	250～355	280～390	345～485	395～555
		q''	孔深 $L>10$m 时，$q''=4q'$ $L=5\sim10$ m 时，$q''=2.5q'$ $L=3\sim5$ m 时，$q''=q'$				

续上表

岩石类别	极限抗压强度(MPa)	参数	钻孔直径(mm)				
			50	75	100	125	150
软石	5～30	a	0.3～0.4	0.5～0.6	0.75～0.85	1～1.2	1.2～1.5
		q'	60～155	100～250	115～280	140～345	160～395
		q''	孔深 $L>10$ m 时,$q''=4q'$ $L=5\sim10$ m 时,$q''=2.5q'$ $L=3\sim5$ m 时,$q''=q'$				

注:1. 表中:a 为钻孔间距,m;q'为线装药密度(全孔装药量扣除孔底部增加装药量除以装药段长度),g/m;q''为孔底装药密度,g/m。

2. 表列 q'值按 40%时耐冻胶质炸药计列,并以不耦合系数在 2～3 之间为选用条件。

3. 堵塞长度在 0.8～1.0 间选取。

(3)搭建钻孔平台。钻孔作业在高陡的坡顶上进行,钻机移位及架设均采用人工完成,必须保证人员和机具的安全。

钻孔精度要求高,三角架式钻机定位较难,为减少钻孔偏差,钻孔平台应有一定宽度,以利于钻机的调整。平台宽度一般为 1.5～2 m。在进行多层光爆施工时应预留出下面各层的钻孔平台宽度。

(4)测量放线。光面爆破后边坡宜一次成型,因此在边坡测量放线时,应尽量将放线误差控制在最小,否则可能会因边坡的修整造成人力物力的浪费。

(5)钻机对位。钻孔精度是光面爆破成败的重要因素。要想保证钻孔精度,应把炮孔钻在同一平面上,使用三角架式钻机,除提高钻机技术外,还要按"对位准、方向正、角度精"三要点来操作。

1)钻机对位要准。为了保证钻机在同一平面上对位准,应在钻机平台上铺设钢管作为钻机移动轨道。钢管一般铺设在边坡外 30 cm 处,根据设计的光面爆破孔距用油漆在钢管上标明孔位。

2)钻孔方向要正。沿边坡开挖线拉一条测线,量测机架两侧至测线距离,当两者距离相同时,说明钻机安放准确。

3)钻孔角度要精确。精确的钻孔角度是光面爆破后坡面平整、光滑的保证。钻孔角度大于边坡坡度时,将使抵抗线偏小,会产生飞石;小于边坡坡度时,则抵抗线增大,会使光爆层炸而不塌。保证钻孔精度应用仪器测定钻杆角度,符合要求后,固定钻机进行钻孔作业。

(6)钻孔。按以下基本要领进行作业:

1)熟悉岩石性质,摸清不同岩层的凿岩规律。

2)孔口要完整,孔壁要光滑,保证排渣顺利。

3)软岩慢打,硬岩快打。

(7)装药。炮孔底部加强装药段,其装药长度和炸药增量可按表 4-66 确定;孔口堵塞长度应不小于最小抵抗线,一般为 0.8 m。堵塞时先用纸团塞紧在堵段下部,然后用黄黏土堵实。

(8)警戒。光面爆破与主体爆破同时进行,警戒距离按主体爆破的要求确定;单独实施光面爆破的警戒范围不得小于 200 m。

表 4-66 炮孔底药增量

炮孔深度(m)	<3	3～5	5～10	10～15	>15
底药长度(m)	0.5	0.5～1.0	1.0～1.5	1.0～1.5	1.5～2.0
增量(倍)	0.5～1	1.0～1.5	1.5～2.0	2～3	>3

(9)起爆。起爆方法有两种:用设计段数的电雷管或非毫秒雷管绑于内药柱或药串上起爆。用导爆索连接起爆。

在与主炮孔同时施爆的时候,光爆孔要迟后于主炮孔 50～150 ms(硬岩可取小值,软岩宜取大值)起爆。

(10)出渣。

1)路堑石方运距大于 1 000 m 时采用自卸汽车配合装载机械施工。

2)用装载机铲运装车在铲挖工作面与车辆间进退运行采用 V 形或 L 形循环方式,装载机进铲方向应大致与工作面垂直,避免偏载。装车行走速度控制 0.7～1.8 m/s。

3)汽车运输道路车道宽度、纵坡、曲线半径应符合有关规定,路面结构要满足重载车辆运行的需要。倾卸时要采取安全防护措施。

(11)整修边坡。

1)爆破后边坡和堑顶山体稳定,边坡平顺,不破碎不振动,及时清除凸面悬危石、浮石、砟堆杂物。

2)边坡上出现的坑穴、凹槽用浆砌片石嵌补平整。

(12)整修基面。在岩石路堑的侧沟平台上应按设计图预留信号、电力电缆、排水沟槽。开挖时不得损坏边坡脚,必须保证侧沟平台和基面平整,有凹坑或损坏处用混凝土或浆砌片石补齐。

5. 质量检验标准

(1)光面爆破或预裂爆破的边坡坡面上宜保持炮孔痕迹。硬质岩石边坡炮孔痕迹率应达到 85%;中硬岩达到 70%;软岩达到 50%。边坡坡面平顺,凹凸差应小于 150 mm。

(2)路基面应平顺、无积水,路肩较整齐、曲线圆顺。爆后边坡岩壁和留下的半孔孔壁上都不应出现爆破裂纹;石质路堑路基面超爆坑应用 C25 混凝土补平。

(3)路堑边坡坡率、变坡点、平台位置、宽度、侧沟排水坡度允许偏差及检验方法应符合表 4-67 的规定。

表 4-67 路堑边坡坡率、变坡点、平台位置、平台宽度、侧沟排水坡度允许偏差及检验方法

检验项目	允许偏差	检验数量	检验方法
边坡坡率(偏陡量)	不得陡于设计坡率	每 50 m 每侧检查 8 点,上、下各 4 点	用坡度尺量、计算
变坡点位置	±100 mm	每 100 m 每侧检查 3 点	水准仪测量或尺量
平台位置	±100 mm		
平台宽度	±50 mm	每 100 m 每侧检查 3 点	尺量
侧沟排水坡度	不得积水	每条沟全检	目测

4.4 过渡段施工

4.4.1 路桥过渡段施工

1. 工艺概述

本工艺适用高速铁路和客运专线的路桥过渡段工程的施工。

2. 作业内容

过渡段基底的验收及处理,桥梁涵洞台背基坑混凝土回填,拌制水泥级配碎石,过渡段本体分层填筑、碾压养护以及过渡段后的倒梯形段A、B组填料的填筑等。

3. 施工工艺及质量控制流程

(1)路桥过渡段施工工艺。

1)对过渡段路堤范围内的地面进行清表整平碾压,按程序进行地基承载力检验,满足相关规定后,按设计图纸埋设透水软管,采用机械分层(填料分层松铺厚度不宜大于30 cm)铺设砂层及碎石加水泥层(碎石加水泥采用机械拌制),压路机碾压。路桥过渡段主要形式如图4-48和图4-49所示。

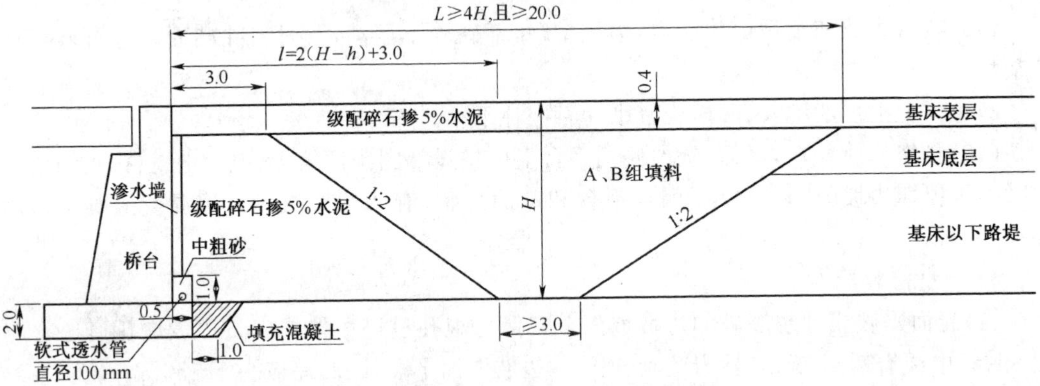

图4-48 路桥过渡段主要形式示意图(单位:m)

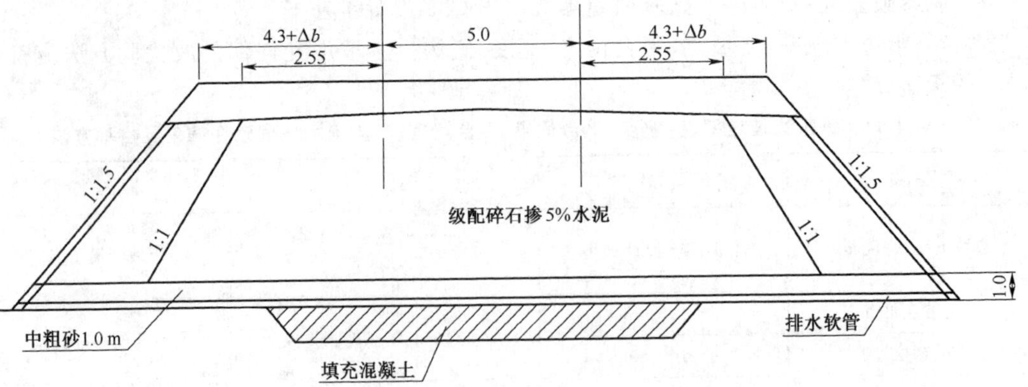

图4-49 路桥过渡段主要形式断面图(单位:m)

2)压路机碾压不到的部位及在台后2.0 m范围内,宜采用小型振动压实设备进行碾压。

3)当桥台伸入弱～微风化硬质岩路堑时按图4-50形式设置长度不小于20 m的刚性过渡

段。施工前应清理路堑表面，按施工图纸要求开挖台阶，泵送混凝土回填桥台基础和台背后过渡段混凝土，支立模板整体灌注刚性过渡段混凝土。

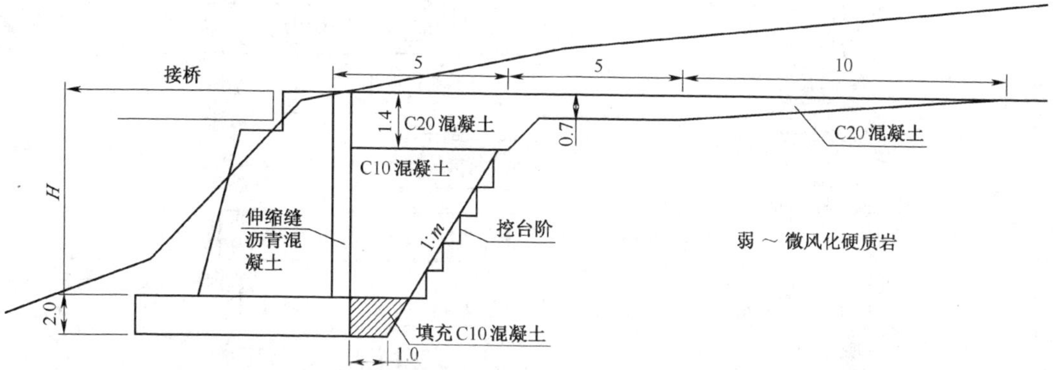

图 4-50　桥与路堑(硬质岩)过渡段示意图(单位:m)

4)当桥台伸入土质、软质岩及强风化岩路堑时，按图 4-51 形式设置长度不小于 20 m 的刚性过渡段，施工前清理路堑表层并碾压密实，开挖连接处台阶。台背基床底层挖除 30 m 长路堑，换填 A、B 组填料(换填填料施工同路堤填筑相同，按要求分层填筑碾压)，桥台基础回填和台背过渡段混凝土施工采用泵送混凝土入模，插入式捣固棒振捣。路基面刚性过渡段采用支立模型整体灌注混凝土。

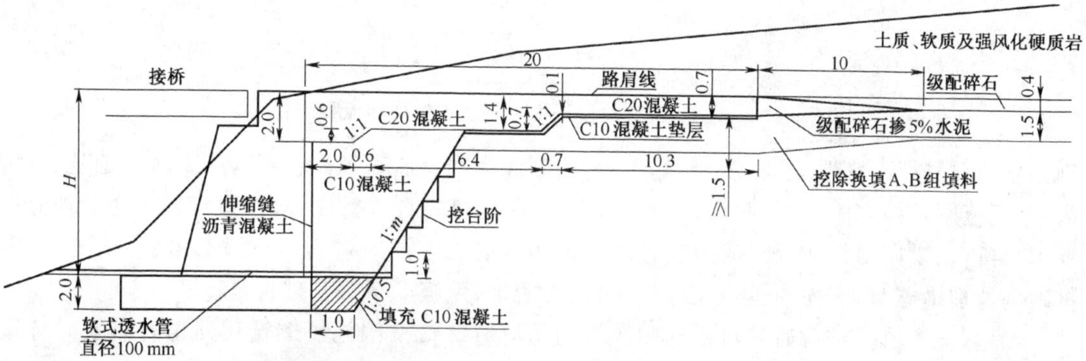

图 4-51　桥与路堑(土质及软质岩)过渡段示意图(单位:m)

5)沉降观测。严格按施工图要求埋设沉降观测桩并进行观测。在过渡段施工过程中以及施工完成后一定时间内应进行沉降观测，并根据观测数据判断该过渡段土体的变形趋势和稳定性。路桥过渡段沉降观测应同时对桥梁和路基过渡段同时进行观测比较，施工期间一般应每天进行一次观测，在沉降量突然变化的情况下，每天应观测 2～3 次。当两次填筑时间较长时，每 3 d 至少观测一次，路堤经过分层填筑达到预压高程后，在预压期的前 2～3 个月内。每 5 d 观测一次；三个月后每 7 d 一次，半年后一个月观测一次，一直观测到预压期末。预压期后每三个月观测一次直至移交。当沉降速率变化大时，增加观测频率；观测断面及每一次观测断面的观测点埋设位置的允许偏差应不大于 20 cm，铺轨前应对过渡段工后沉降进行评估。

(2)工艺控制流程。路桥过渡段施工工艺及质量控制流程如图 4-52 所示。

4. 工艺步骤说明

(1)基底处理。过渡段基底处理过程中及处理后应严格按照施工图要求做好地面排水，特

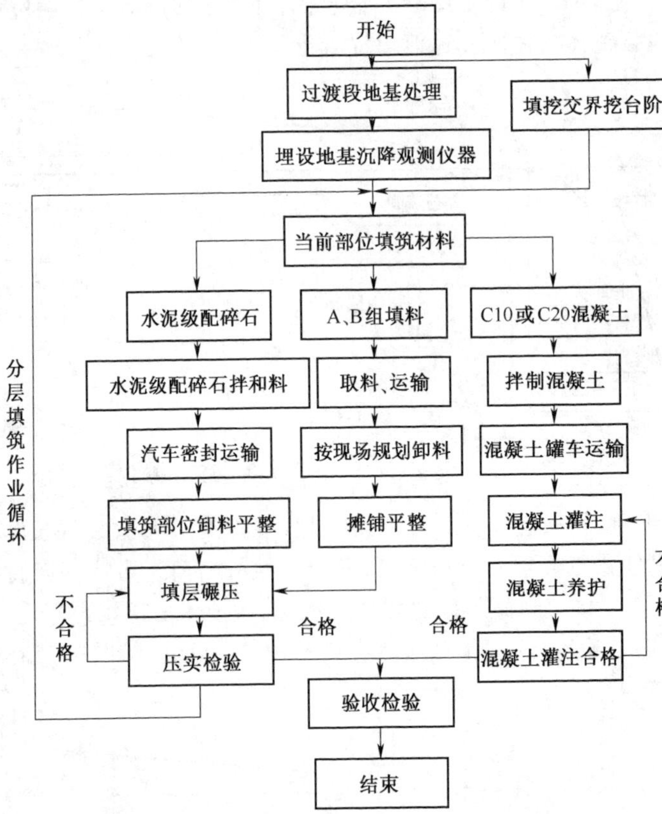

图 4-52 路桥过渡段施工工艺及质量控制流程图

别是软土、松软土、膨胀土和黄土地基地段,应确保降水及地表径流不汇入施工区和地基、基坑内;基底范围及两侧的排水、防渗和地下水拦截、引排应符合设计图要求;过渡段基底处理应按要求与桥台、横向结构物、相邻路堤、相邻隧道的基底处理同时进行,过渡段采用打入桩、挤密桩地基处理措施时,应先施工过渡段打入桩、挤密桩,后施工桥台基础桩基。

(2)基坑回填。桥台后基坑及横向结构物基坑应严格按照施工图选用回填材料及时分层回填压实,避免积水;若基坑采用混凝土回填时,泵送混凝土回填桥台基础和台背过渡段混凝土;若基坑采用碎石回填时,对过渡段路堤范围内进行清表整平碾压,按程序进行地基承载力检验,满足相关规定后,按施工图埋设透水软管,采用机械分层(填料分层松铺厚度不宜大于30 cm)铺设砂层及碎石加水泥层(碎石加水泥采用机械拌制),压路机碾压。

(3)台背渗水墙砌筑。桥台与路基结合部设置厚 0.15 m 带排水槽的渗水墙,渗水墙采用无砂混凝土块砌筑,渗水墙底部设透水管,将渗流水横向排出路基外。

(4)水泥级配碎石随拌随用。水泥级配碎石拌和料按预定配合比用稳定土搅拌设备在拌制场集中进行拌制,拌和料需拌制均匀,采用不同粒径碎石和石屑。在正式拌制级配碎石拌和料之前,必须先调试所用的场拌设备,使水泥用量以及含水率均能达到规定的要求。并通过试验段的试拌、试铺总结的各种施工参数进一步合理地调整和确定拌制需要水泥、各种级配的碎石或砂砾石重量,以使过渡段水泥级配碎石或级配砂砾石填层具有更好的强度和刚度。

(5)汽车运输。装料时,运输车辆应有规律地移动,使拌和料在装车时不致产生离析。采用大吨位自卸车运输并保证足够的运输车辆。车辆运输过程中用防水苫布遮盖。

(6)过渡段本体分层填筑。填筑路堤时,按照不同土质路堤填筑技术要求,分层填筑,分层厚度按试验段确定的厚度。分层填筑时,根据自卸车的车型和规格,按试验段确定的倒土密度进行卸土,并设专人指挥倒土,确保填层厚度满足要求,填筑时应从最低一层台阶填起,均匀把土摊铺在路堤整个宽度上,为保证过渡段边缘有足够的碾压宽度,其两侧各加宽 50 cm 摊铺。

(7)分层、分区碾压。过渡段的碾压采用大、小型振动机械结合进行碾压,台背后 2 m 范围内禁止大型振动机械驶入,避免其对桥台造成挤压;碾压时先静压后振动,先慢后快,由弱至强;直线段由两边向中间,曲线段由内侧向外侧,纵向进退式进行,横向轮迹重叠不小于 40 cm,做到无漏压、无死角,碾压均匀,达到施工图及质量标准规定的压实度。

(8)养护。施工完毕后,及时进行养护并禁止任何行人和车辆在养护期间进入。

5. 质量检验标准

(1)过渡段基底验收及处理。

1)过渡段基底处理应按施工图要求与桥台、横向结构物的基底处理同时进行。

①路堤高度 $H<3$ m 的路堤,原地面处理(压实质量)应符合施工图及验收标准要求。基底无草皮、树根等杂物,且无积水。原地面基底密实、平整;坑穴处理彻底,无质量隐患。横坡应符合施工图要求。

基床范围内的地基满足静力触探比贯入阻力 $P_S \geqslant 1.5$ MPa 或地基基本承载力 $\sigma \geqslant 0.18$ MPa 时,其基底按施工图要求进行换填处理;不足时,应提出变更进行地基加固处理。当设计对基底处理无要求时可参考表 4-68 进行处理。

表 4-68　路堤基底处理技术要求

<table>
<tr><th colspan="2">地基类型</th><th>路堤高度 $H\leqslant$基床表层厚度</th><th>基床表层厚度$<H\leqslant$基床厚度</th><th>$H>$基床厚度</th></tr>
<tr><td rowspan="2">黏性土</td><td>水位距地表 >0.5 m</td><td rowspan="2">基床表层下换填不小于 1 m,填筑 A、B 组渗水性填料,$K_{30}\geqslant130$ MPa/m</td><td>挖除表层不小于 0.5 m,并回填整平压实至 $K\geqslant0.95$</td><td rowspan="4">按施工图要求进行处理</td></tr>
<tr><td>水位距地表 $\leqslant0.5$ m</td><td>换填不小于 0.5 m 渗水填料,并整平压实至 $K_{30}\geqslant130$ MPa/m</td></tr>
<tr><td colspan="2">砾类土</td><td>翻挖回填不小于 0.5 m,$K_{30}\geqslant$ 130 MPa/m</td><td>整平压实至 $K_{30}\geqslant130$ MPa/m</td></tr>
<tr><td colspan="2">砾卵石、碎石类土</td><td>翻挖回填不小于 0.5 m,$K_{30}\geqslant$ 150 MPa/m</td><td>整平压实至 $K_{30}\geqslant130$ MPa/m</td></tr>
<tr><td colspan="2">岩石</td><td colspan="3">坚硬岩石表面应清除凹凸不平面或采用 C25 以上混凝土填平后,直接在其上填筑;强风化硬质岩应清除风化层,整平岩石面后填筑 A、B 组填料,基床底层换填厚度不小于 1 m</td></tr>
</table>

②路堤高度 $H>3$ m 时,过渡段基底原地面平整后用振动碾压机碾压密实,地基系数 $K_{30}\geqslant60$ MPa/m。

③路堤与路堑过渡段按施工图顺原地面纵向开挖台阶,开挖坡面的纵向坡度及台阶高度应符合施工图要求。

④按施工图要求设置沉降观测点。

2)过渡段基坑回填检测。

①基坑采用混凝土回填时,回填材料和混凝土强度等级应符合施工图要求。在灌注地点抽样制作混凝土试件进行标准养护,并进行 28 d 抗压强度试验。

②基坑采用碎石回填时,应分层填筑,并采用小型振动机械压实。

③基坑回填顶面高程采用水准仪测量,其允许偏差为±50 mm。

(2)基床表层以下过渡段级配碎石填层检测。

①过渡段级配碎石填料粒径、级配及质量应符合施工图要求碎石颗粒中针状、片状碎石含量应不大于20%;质软、易破碎的碎石含量不得超过10%;黏土团及有机物含量不得超过2%,过渡段用碎石的级配范围在料场抽样进行室内试验,并在每层的填筑过程中目测检查级配有无明显变化,试验结果应符合前面表3-2中的规定。

②级配碎石中掺入水泥的品种、规格及质量应符合施工图的要求。

③基床表层以下过渡段级配碎石填层的压实质量应按表4-69采用地基系数K_{30}、动态变形模量E_{vd}和孔隙率n三项指标控制。

表4-69 基床表层以下过渡段级配碎石填层压实标准

检验项目	地基系数K_{30}(MPa/m)	动态变形模量E_{vd}(MPa)	孔隙率n(%)
压实标准	≥150	≥50	<28

按《铁路工程土工试验规程》(TB 10102—2010)及有关试验方法的规定检测,其中每压实层抽样检验孔隙率n至少3点,其中距路基两侧填筑级配碎石边线1 m处左、右各1点,路基中部1点;每填高约30 cm,检验动态变形模量E_{vd}抽样3点,其中1点必须靠近桥台或横向结构物边缘处;每填高约60 cm抽样检验地基系数K_{30}、动态变形模量E_{vd}各2点,其中距路基两侧填筑级配碎石边线2 m处1点,路基中部1点。

④在填筑压实过程中,应保证桥台、横向结构物稳定、无损伤。

⑤分层填筑分层压实。采用大型压路机械碾压时,每层的最大压实厚度不宜超过30 cm,最小压实厚度不宜小于15 cm,采用小型振动压实设备碾压时,填料的虚铺厚度不应大于20 cm。具体的摊铺厚度及碾压遍数应按工艺试验确定并经监理单位确认的工艺参数进行控制。每压实层应平整,无积水现象。

⑥级配碎石中水泥掺加剂采用滴定法检测,其允许偏差为试验配合比0~+1.0%,每过渡段每填高约90 cm抽样检验3处(左、中、右各1处)。

⑦过渡段的允许偏差、检验数量及检验方法应符合表4-70的规定。

表4-70 过渡段的允许偏差、检验数量及检验方法

检验项目	允许偏差	检验数量	检验方法
中线至边缘距离	$^{+50}_{0}$ mm	每过渡段抽样检验3点	尺量
宽度	不小于施工图标示值	每过渡段每检测层抽样检验2点	尺量
横坡	±0.5%	每过渡段抽样检验2个断面	坡度尺量
平整度	不大于15 mm	每过渡段抽样检验5点	2.5 m长尺量测
边坡坡率(偏陡量)	3%施工图示坡率	每过渡段每侧抽样检验6点	坡度尺量

⑧基床表层以下级配碎石填层的允许偏差、检验数量及检验方法应符合表4-71的规定。

表4-71 基床表层以下级配碎石填层的允许偏差、检验数量级检验方法表

检验项目	允许偏差	检验数量	检验方法
横向填筑长度	不小于施工图标示值	每层抽样检验3点,左、中、右各1点	尺量
纵向填筑长度	不大于施工图标示值	每层抽样检验3点,左、中、右各1点	尺量计算

(3)基床表层以下过渡段两侧及锥体填土检测。

1)基床表层以下过渡段两侧及锥体填料应符合施工图要求,填筑前应对取土场填料进行取样检查,运至现场的填料进行抽样检验。当填料土质发生变化或更换取土场时应重新进行检验,基床表层以下过渡段两侧及锥体填料试验项目及频次符合表 4-72 规定。

表 4-72 基床表层以下过渡段两侧及锥体填料试验项目及频次

填料类别	试验项目、频次			
	颗粒级配	液塑限	击实实验	颗粒密度
细砾土	—	5 000 m^3(或土性明显变化)	5 000 m^3(或土性明显变化)	—
粗砾土、碎石土	10 000 m^3(或土性明显变化)	—	—	10 000 m^3(或土性明显变化)

注:表用数字为进行一次实验的填料体积。

2)基床以下过渡段两侧及锥体填筑压实质量根据填料类别按表 4-73 采用双指标控制。

表 4-73 基床以下过渡段两侧及锥体填筑压实质量标准

检验项目	压实标准		
	改良细粒土	砾类土及细砾土	碎石类及粗砾土
地基系数 K_{30}(MPa/m)	≥90	≥110	≥130
变形模量 E_{vd}(MPa)	≥80	≥80	≥80
孔隙率 n(%)	—	<31	<31
压实系数	≥0.90	—	—

3)在纵向压实过程中应按《铁路工程土工试验规程》(TB 10102—2010)规定的试验方法沿线路纵向每 100 m 每压实层抽样检验压实系数(改良细粒土)或孔隙率(粗粒土和碎石类土)6 点,其中左、右距路基边线 1 m 处各 2 点,路基中部 2 点;有反压护道地段每 100 m 增加 1 个检测点;每 100 m 每填高 90 cm 抽样地基系数 4 点,其中距路基边线 2 m 处左、右各 1 点,路基中部 2 点。应保证桥台、横向结构物稳定、无损伤。

4)基床表层以下过渡段两侧、相邻路基及锥体填土与过渡段级配碎石间通过筛分试验检验应符合设计和相关标准的要求。

5)浸水路堤防护高程的允许偏差、检验数量及检验方法应符合表 4-74 的规定。

表 4-74 浸水路堤防护高程的允许偏差、检验数量及检验方法

检验项目	允许偏差	检验数量	检验方法
防护高程	$^{+100}_{0}$ mm	每个过渡段抽样检验 2 点	水准仪或尺量

(4)基床表层以下续料过渡段填层。填料应分层填筑,压实。采用大型压路机械碾压时,每层的最大压实厚度不宜超过 35 cm,最小压实厚度不宜小于 10 cm,具体的摊铺厚度及碾压遍数应按工艺试验确定,并经监理单位确认的工艺参数进行控制。每压实层应平整无积水现象。

1)路堤与软质路堑岩石或土质路堑过渡段填料的种类、质量应符合施工图要求。

2)过渡段路基填筑压实度标准应按表 4-75 要求进行控制。

表 4-75 过渡段路基填筑压实标准

设计速度目标值	轨道类型	填料类型	填筑部位	压实标准			
				地基系数 K_{30}(MPa/m)	动态模量 E_{vd}(MPa)	孔隙率 n(%)	E_{v2}(MPa/m)
200 km/h	有砟	级配碎石+5%水泥或级配碎石	基床表层	≥190	—	<18%	—
			基床表层以下	≥150	—	<28%	—
200 km/h 以上	有砟		基床表层	≥190	≥55	<18%	—
			基床表层以下	≥150	≥50	<28%	—
	无砟		基床表层	≥190	≥55	<18%	≥120
			基床表层以下	≥150	≥50	<28%	≥60

4.4.2 路基与横向结构物过渡段施工

1. 工艺概述

本工艺适用于高速铁路和客运专线的路堤、路堑与横向结构物过渡段工程的施工。

2. 作业内容

过渡段基底处理,桥梁和涵洞台背基坑混凝土回填,拌制水泥级配碎石,过渡段本体分层填筑、碾压、养护以及过渡段后的倒梯形段 A、B 组填料的填筑等。

3. 施工工艺及质量控制流程

(1)路堤、路堑与横向结构物过渡段施工工艺。

1)对过渡段路堤范围内进行清表整平碾压,按程序进行地基承载力检验,满足相关规定后,采用机械分层(填料分层松铺厚度不宜大于 30 cm)铺设水泥级配碎石层(水泥级配碎石采用机械拌制),压路机碾压。

2)压路机碾压不到的部位及在台后 2 m 范围内,用小型振动压实设备进行碾压。

3)路堤轨底距横向结构物顶部垂直高度小于等于 1.5 m 时,采用两次过渡方案,在涵洞顶面及两侧设置正梯形的水泥级配碎石过渡段,再延伸设置一段过渡段,采用 A、B 组填料;横向结构物顶部水泥级配碎石分层摊铺找平(每层松铺厚度不大于 20 cm),小型振动夯实机压实。

4)路堑地段涵洞两侧清理基坑边坡至施工设计要求及整体回填 C15 片石混凝土,轨底横向结构物顶部垂直高度小于等于 1.5 m 时,涵顶及涵洞两侧 2 m 范围内摊铺水泥级配碎石,小型振动夯实机碾压。具体形式如图 4-53 所示。

5)当涵洞轴线与线路中线斜交时,采用级配碎石将斜交三角形部分填好,然后按要求施工过渡段,视级配碎石与路堤填料间接触面与线路走向垂直,消除单根轨枕下的横向刚度差异。

(2)路堤、路堑与横向结构物过渡段施工工艺及质量控制流程如图 4-54 所示。

4. 工艺步骤说明

路堤、路堑与横向结构物过渡段施工工艺与路桥过渡段基本一致,路堤、路堑与横向结构物过渡段的施工要点:

(1)施工前,应做好横向结构物两侧的排水施工,防止水流对填料的浸泡或冲刷,路堑地段做好结构物基坑边坡整型;路堤基地原地面平整后,用振动碾压机碾压密实,并使 K_{30}≥60 MPa/m。

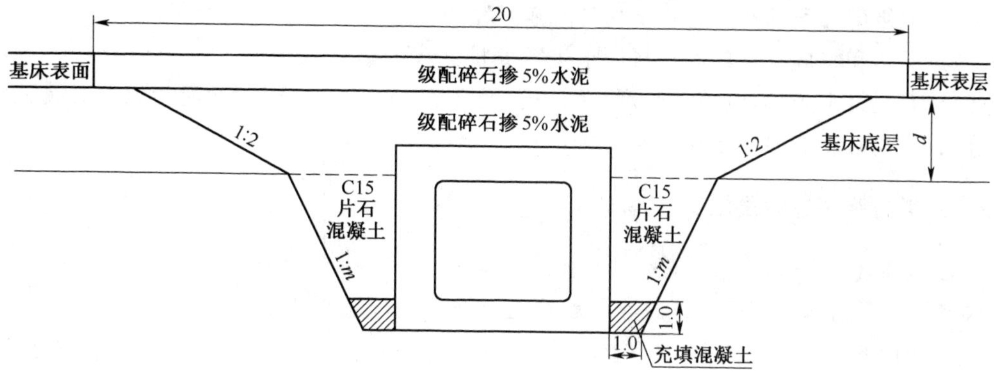

图 4-53 路堑与横向结构物连接处过渡段设置图(单位:m)

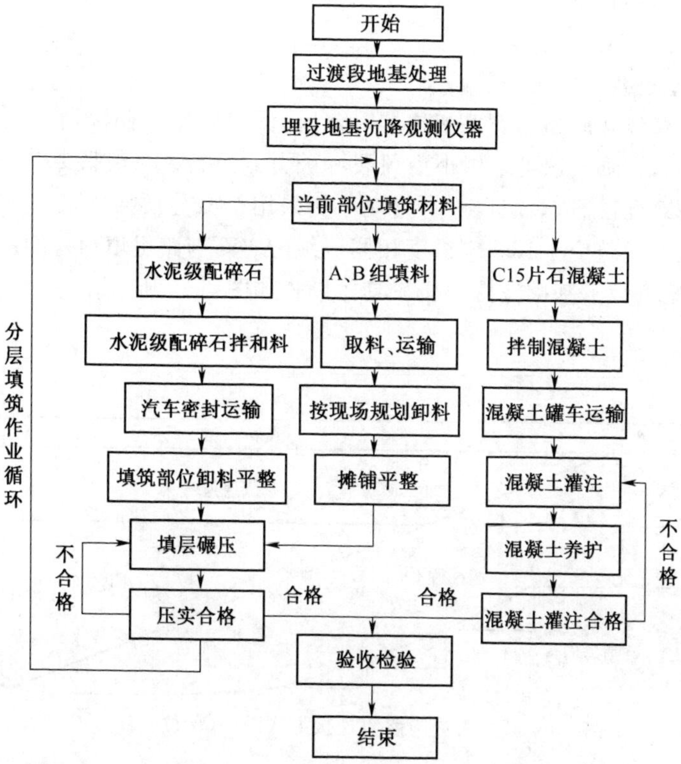

图 4-54 路堤、路堑与横向结构物过渡段施工工艺及质量控制流程图

(2)在路堑地段回填片石混凝土时,应做好基坑边坡防护,防止发生意外。

(3)在横向结构物两侧基础等达到施工图及验收标准强度要求后,及时进行两端过渡段填筑,其压实度要求均与一般路基一致;同时应分别对称分层填筑,防止由于不对称填筑造成对横向结构物的扰动;拌和料填筑过程中,每次填料的松铺厚度不宜大于 30 cm,碾压遍数应通过试验确定,并应与相邻路堤同步施工。

(4)横向结构物两端的过渡段填筑必须对称进行,在填筑的过程中应注意做好防排水施工,每层均应设横向人字坡和纵向排水,并与相邻路堤同步施工。

(5)靠近结构物两侧 2 m 以内及横向结构物的顶部填土厚度小于 1 m 时,必须施工小型振动机碾压。

(6)水泥级配碎石拌和料宜在 2 h 之内施工完毕。

(7)每层拌和料施工完毕后需按要求进行养护。

(8)片石混凝土施工,应填砌坚硬、无风化、无水锈、无裂缝的石块,随混凝土分层灌注而分层填筑,石块间必须有混凝土充实。

4.4.3 路堤与路堑过渡段施工

1. 工艺概述

本工艺适用高速和客运专线铁路的路堤与路堑过渡段工程的施工。

2. 作业内容

路堤基底与路堑的处理,台阶的开挖,拌制水泥级配碎石,过渡段本体分层填筑、碾压、养护以及路堤与硬质岩石路堑过渡段基床表层填筑等。

3. 施工工艺及质量控制流程

(1)路堤与路堑过渡段施工工艺。

1)路堤与弱~微风化硬质岩石路堑连接时,过渡段自路堑一侧沿原硬质岩坡面横向开挖台阶,台阶高度 1 m,台阶开挖可采用小型预裂爆破方式进行。过渡段基床表层 20 m 范围内采用机械摊铺水泥级配碎石,表层以下自路堤一侧采用机械分层摊铺填筑、碾压级配碎石,相邻的路堤和基床底层填筑应于其填筑进度相同。级配碎石与路堤填料之间的分界线应与线路走向保持垂直,使轨道板下基础保持匀质。具体形式如图 4-55 所示。

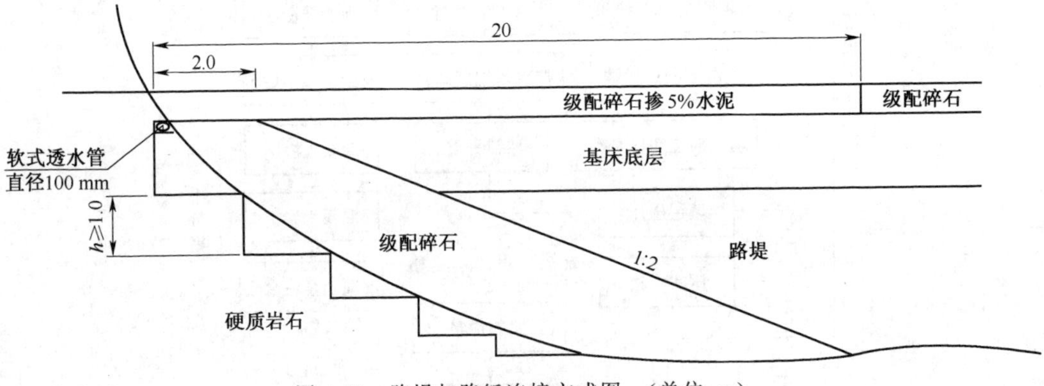

图 4-55 路堤与路堑连接方式图一(单位:m)

2)路堤与路堑连接处横向按施工图人工埋设软式透水管,将水引入路堤坡脚排水沟中。

3)当路堤与强风化硬质岩、软质岩石或土质路堑连接时,路堑一侧沿坡面按 1∶2 的坡率开挖台阶,台阶高度 0.6 m。路堤本体和基床底层、表层均采用机械分层摊铺碾压,台阶部位采用横向碾压。具体形式如图 4-56 所示。

4)硬质岩石路基与土质路基连接时,基床表层应以级配碎石或级配砂砾石由土质路基的路肩高程向硬质岩石路肩施工高程顺坡,其长度不应小于 10 m。过渡段范围内的填料应满足路基各部位的填料要求,分层摊铺和碾压。

(2)路堤与路堑过渡段施工工艺及质量控制流程如图 4-57 所示。

4. 工艺步骤说明

(1)路堤基底处理与路堑表层处理。原地面处理前,应对地基地质资料进行核查,路堤地

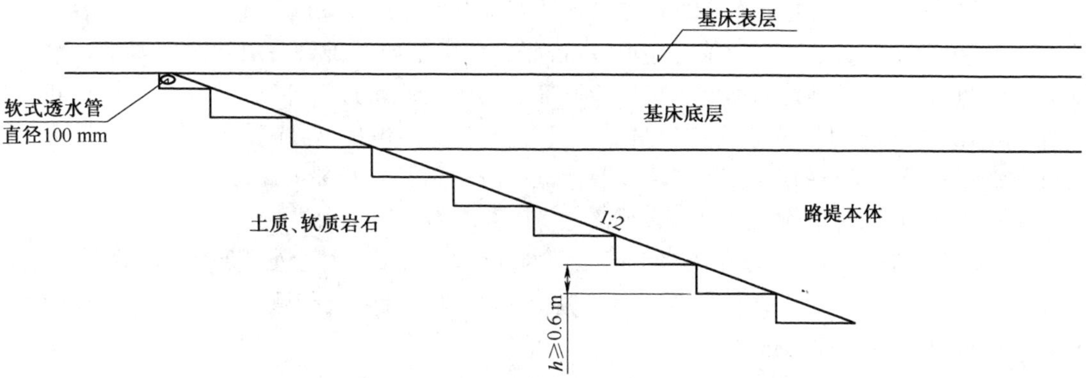

图 4-56 路堤与路堑连接方式图二

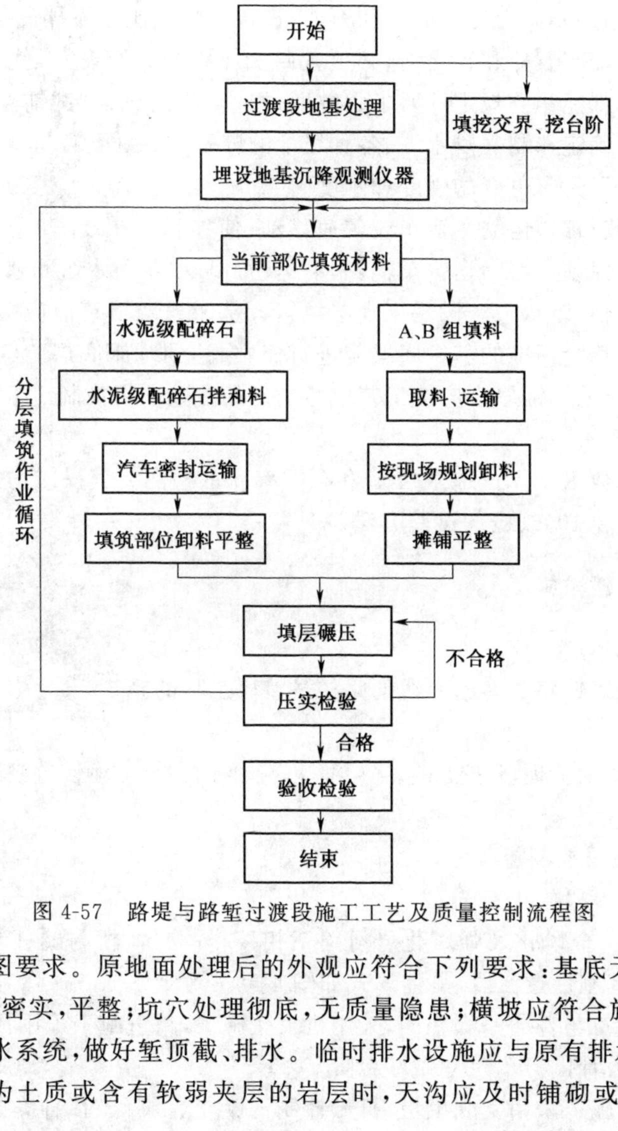

图 4-57 路堤与路堑过渡段施工工艺及质量控制流程图

基条件应满足施工图要求。原地面处理后的外观应符合下列要求：基底无草皮、树根等杂物，无积水；原地面基底密实，平整；坑穴处理彻底，无质量隐患；横坡应符合施工图要求。路堑施工前应及时完善排水系统，做好堑顶截、排水。临时排水设施应与原有排水系统及永久性排水设置相结合。堑顶为土质或含有软弱夹层的岩层时，天沟应及时铺砌或采取其他防渗措施。

开挖前应检查坡顶、坡面的危石、裂缝和其他不稳定情况并妥善处理。

(2)按施工图要求开挖台阶。具体参见前述路堤与路堑过渡段施工工艺中相关内容。

(3)过渡段本体分层填筑。填筑路堤时,按照过渡段不同土质路堤填筑技术要求,分层填筑,分层厚度按试验段确定的厚度。按试验段确定的卸土间距进行卸土,并设专人指挥卸土,确保填层厚度符合要求。填筑时应从最低一层台阶填起,均匀将土摊铺在路堤整个宽度上,为保证过渡段边沿有足够的压实度,其两侧各加宽 50 cm 摊铺。相邻的路堤和基床底层填筑应于其填筑进度相同,每层施工过程中必须按施工图要求做好防排水措施。

(4)分层、分区碾压。大型压路机能碾压到的部位,靠近堤堑结合处,沿堑坡边沿进行横向碾压,大型压路机碾压不到的部位,采用小型振动压实设备分层进行碾压,填料的松铺厚度不宜大 20 cm,碾压遍数应通过试验确定。

(5)养护。施工完毕后按施工图及时进行养护,养护期间禁止任何行人和车辆通行。

(6)拌制水泥级配碎石。水泥级配碎石混合料用稳定土搅拌设备在拌制场集中进行拌制,拌和料需拌制均匀,采用不同粒径的碎石和石屑,按预定配合比在搅拌设备内拌制级配碎石拌和料。在正式拌制级配碎石拌和料之前,必须先调试所用的场拌设备,使拌和料的颗粒组成、水泥用量以及含水率都能达到规定的要求。并通过试验段的试拌、试铺总结的各种施工参数进一步合理的调整和确定拌制需要水泥、各种级配的碎石或砂砾石数量,以使过渡段水泥级配碎石或级配砂砾石填层具有更好的强度和刚度。

(7)汽车运输。装料时,运输车辆车应匀速移动,使拌和料在装车时不致产生离析。采用大吨位自卸车运输并保证足够的运输车辆,车辆运输过程中用防水苫布遮盖。

(8)路堤与硬质岩石路堑过渡段基床表层填筑。基床表层填筑前应检查基床底层几何尺寸,核对压实标准,不符合标准的基床底层应进行修整,达到基床底层验收标准。基床表层必须用摊铺机摊铺,每层的摊铺厚度应按工艺试验确定的参数严格控制。

5. 质量检验标准

主要进行地基系数 K_{30}、动态模量 E_{vd}和孔隙率 n 的检测。其操作均按《铁路工程土工试验规程》(TB 10102—2010)规定的试验方法。

4.4.4 路隧、桥隧过渡段施工

1. 工艺概述

本工艺适用于高速铁路和客运专线的路隧过渡段工程的施工。

2. 作业内容

路堤基底与路堑表层清理,开挖台阶,垫层灌注,混凝土的拌制,刚性过渡段混凝土的灌注以及养护、检测等。

3. 施工工艺及质量控制流程

(1)路隧、桥隧过渡段施工工艺。

1)当隧道与土质、全风化及强风化岩石路堑相接,桥与桥、桥与隧、隧与隧之间间距小于 150 m 时,均采用路基刚性过渡段,具体形式如图 4-58 所示。

2)过渡段路堤填筑与普通路堤相同,采用机械化施工,路堑施工采用预裂爆破或光面爆破开挖。路堤、路堑按设计图标示尺寸做好台阶。

3)过渡段混凝土施工采用支立模板、机械拌制混凝土,混凝土搅拌车运输至现场,泵送入

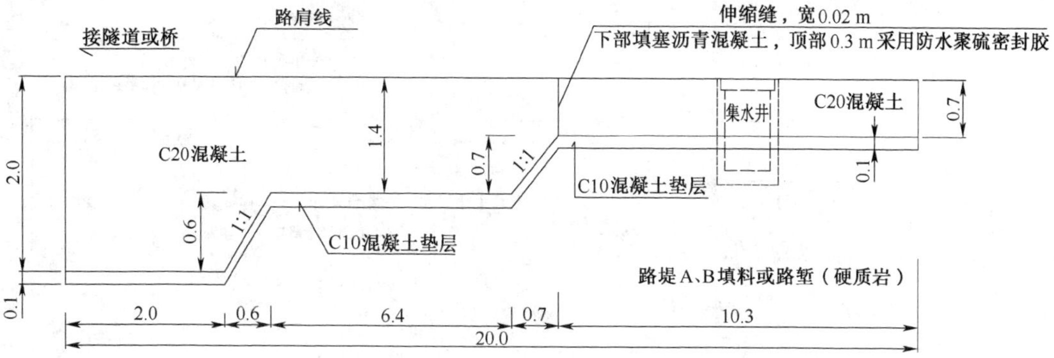

图 4-58 隧路、桥隧刚性过渡段纵向示意图(单位:m)

模,人工振捣。施工中按设计图标示位置设置伸缩缝。

4)隧道电缆槽与侧沟按施工图要求与路基进行顺接过渡。边沟片石砌筑采用挂线砌筑。顺接前做好坡度测量工作,严格控制边沟沟底坡度。路基挡墙和隧道翼墙连接前按施工设计坡度做好路堑整型。严格控制边坡坡度,挂线砌筑边坡,顺接扭坡地段增加挂线密度,保证坡度平顺。路堑边坡顶与隧道翼墙顶按施工图高程和坡度平滑顺接。

5)当桥隧间间距小于或等于 60 m,与桥隧相接处挖方为硬质岩时,按如图 4-59 所示施工。挖方地段地层为土质、软质岩时,按如图 4-60 所示施工。开挖台阶高度 0.6 m,分层摊铺水泥级配碎石,振动碾压,检验合格后进行混凝土垫层和过渡段混凝土施工。

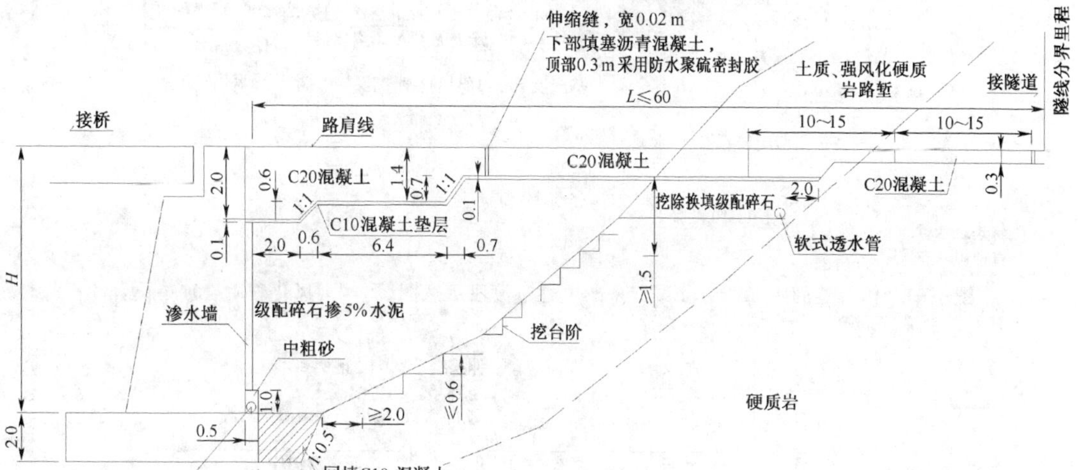

图 4-59 桥与隧间距≤60 m 刚性过渡段示意图(弱～微风化硬质岩)(单位:m)

6)当桥隧间间距大于 60 m,且小于 150 m,与隧道相接处为硬质岩时,按如图 4-61 所示施工过渡段。隧路连接处为土质、软质岩时,按如图 4-62 所示施工。开挖台阶高 60 cm,桥台背后正梯形过渡段与路桥过渡段施工方法相同。基床本体填筑在台后过渡段施工完成后采用机械分层摊铺填筑及碾压。路基面采取整体灌注进行,支立路基面模板后,首先灌注混凝土垫层,检验合格后再进行路基面整体混凝土灌注。

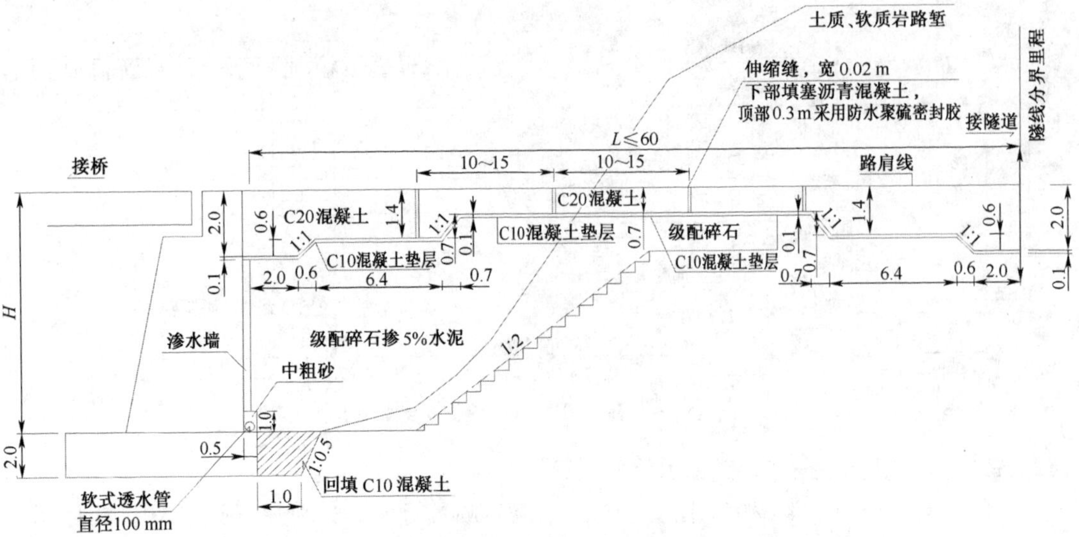

图 4-60 桥与隧间距≤60 m刚性过渡段示意图(土质、软质岩、强风化硬质岩路堑)(单位:m)

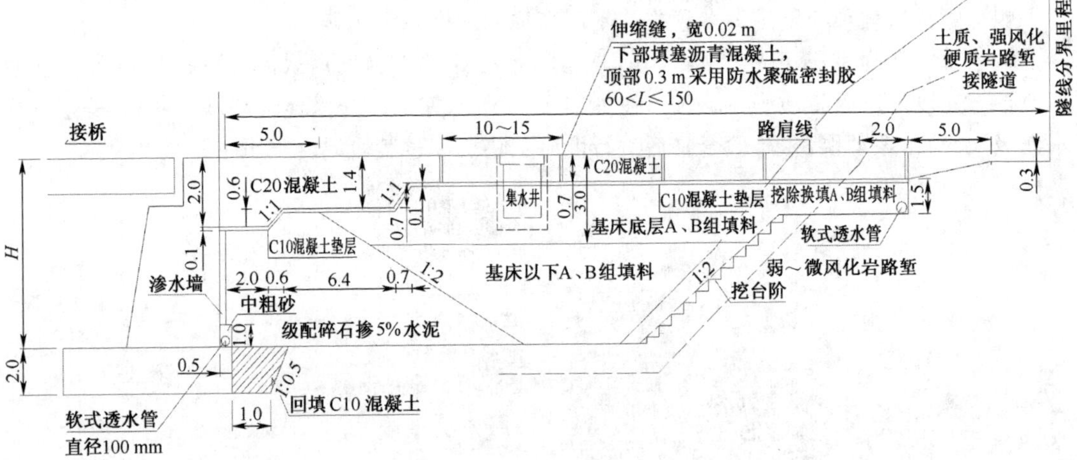

图 4-61 桥与隧间距 60 m<L≤150 m刚性过渡段示意图(弱～微风化硬质岩)(单位:m)

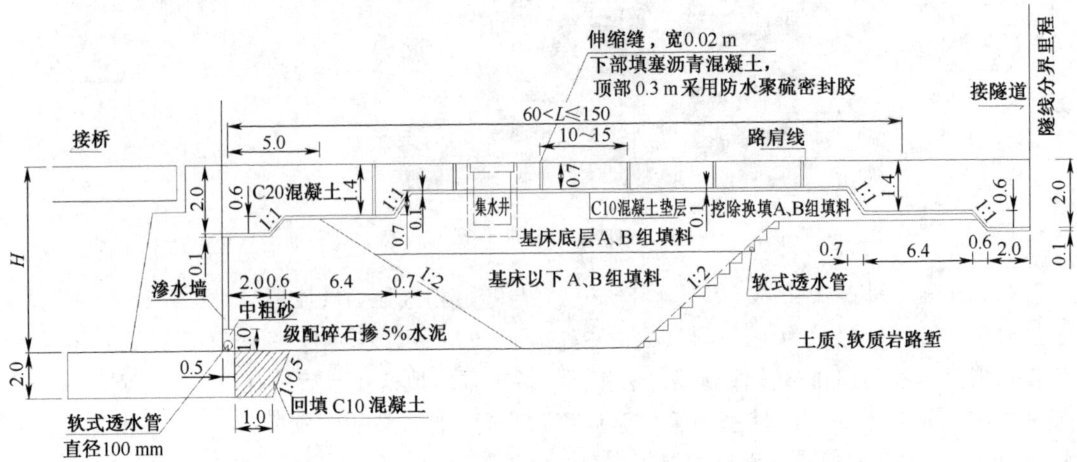

图 4-62 桥与隧间距 60 m<L≤150 m刚性过渡段示意图(土质、软质岩、强风化硬质岩路堑)(单位:m)

(2)路隧过渡段施工工艺流程如图 4-63 所示。

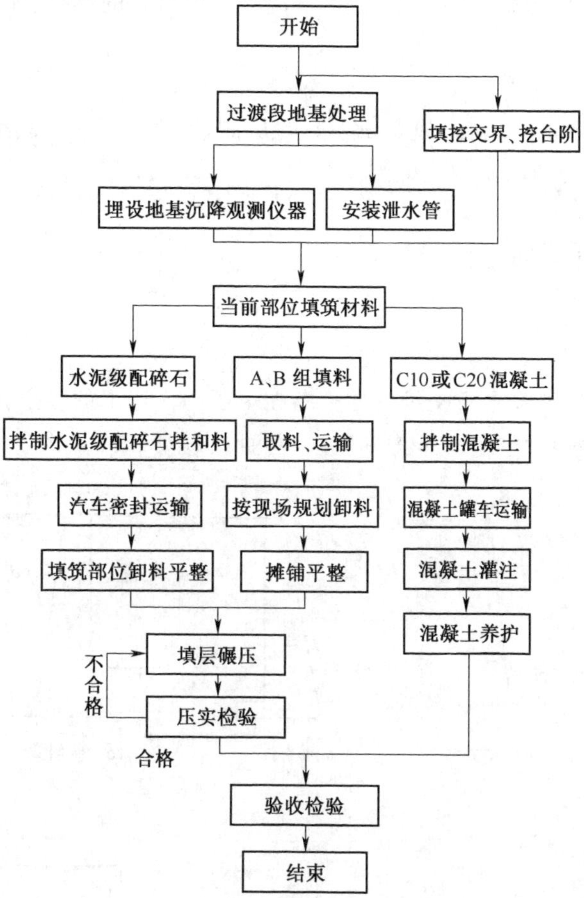

图 4-63 路隧过渡段施工工艺流程图

4. 工艺步骤说明

(1)路基基地清理、路堑表层处理。施工前,清理好路堤基底并碾压至设计要求,并按施工图标示要求分层填筑。清理路堑表土,按施工图标示高程开挖至设计高程,并预留好台阶。

(2)路堤分层填筑、路堑分段开挖至设计。过渡段路堤填筑与普通路堤相同,采用机械化施工,路堑施工采用预裂爆破或光面爆破开挖(施工方法可参照路堑爆破)。路堤路堑按施工图标示尺寸做好台阶。

(3)支立模板。过渡段混凝土施工采用模筑,立模前应严格检查路堤、路堑的高程,确保过渡段混凝土层的厚度。

(4)混凝土拌制及运输。过渡段混凝土采用机械拌制,混凝土搅拌车运输至现场。

(5)泵送混凝土入模。泵送入模,插入式捣固器振捣。施工中按施工设计位置放置伸缩缝。

(6)垫层灌注。路基面采取整体灌注进行,支立路基面模板后,首先灌注混凝土垫层,检验合格后再进行路基面整体混凝土灌注。

(7)养护。施工完毕后按施工图要求及时进行养护,养护期间禁止任何行人和车辆通行。

(8)刚性过渡段混凝土灌注。

支立模型前应严格检查路堤、路堑高程,确保过渡段的混凝土厚度;刚性过渡段混凝土灌注过程中应特别注意模型位置,防止发生模型移位,过渡段混凝土灌注采取一次性灌注,属大体积混凝土施工,施工中为确保混凝土质量,从混凝土原材料的选择、配合比设计、双掺技术及温控等诸方面进行控制。

5. 质量标准及检验方法

主要进行地基系数 K_{30}、动态模量 E_{vd} 等的检测,其操作均按《铁路工程土工试验规程》(TB 10102—2010)规定的试验方法检测。

4.5 路基支挡工程施工

4.5.1 重力式挡土墙施工

重力式挡土墙是以墙身自重来维持挡土墙在土压力作用下的稳定,由墙身及基础组成,也可不设基础。按墙背常用线型,可分为仰斜式、垂直式、俯斜式、凸形折线式、衡重式和台阶式,如图 4-64 所示。

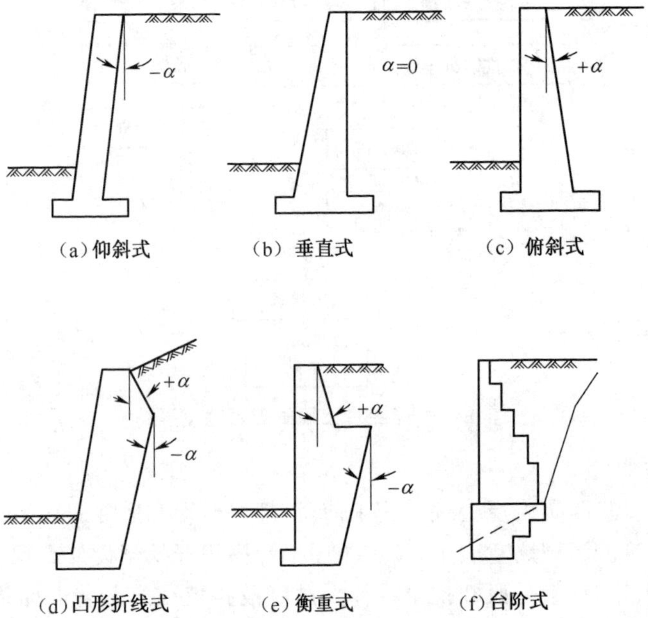

图 4-64 重力式挡土墙的常用类型

1. 施工质量要求

(1)基坑开挖时应采取临时支护措施保持边坡稳定。地质条件较差,基坑开挖较深,边坡稳定性较差时,为确保边坡稳定,应分段跳槽开挖,并及时灌注基础混凝土封闭。基坑开挖过程中应避免对墙趾处持力层的扰动,并应避免雨水浸泡基坑。

(2)设计无特殊要求时,基础及墙身应一次浇筑,两沉降缝间的桩基础承台(托梁)混凝土应连续浇筑一次成型。挡土墙浇筑时,应采取保护措施,防止水泥浆污染反滤层。

(3)采用沉井基础时,施工前应对山洪、泥石流等情况进行调查,并制定相应的安全措施。沉井下沉前,应按设计要求对附近影响范围内的建筑物制定防护措施,并在下沉过程中进行观测。沉井下沉过程中排出的废土,应按环保相关要求弃置于指定地点。

(4)路堤衡重式挡土墙的下墙与上墙结合部应有接槎，严禁形成水平通缝。衡重台顶面应严格按设计要求设置泄水孔。

(5)混凝土预制构件应工厂化生产，水泥砂浆或混凝土必须采用砂浆或混凝土搅拌机进行生产。

(6)明挖基坑底面应无浮渣，基坑地基承载力应符合设计要求。明挖基坑开挖高程应符合设计要求。明挖基坑坑底应完整无伤损，台面与阶壁应平顺。斜面地基应平整、无粘补。基坑基础混凝土强度等级应符合设计要求。桩基础桩孔尺寸应符合设计要求。挡土墙桩底持力层的岩土性质应符合设计要求。

(7)挡土墙所用砂、石料、水泥、粉煤灰、矿物掺合料、外加剂、钢筋和土工合成材料等的品种、规格、质量应符合设计要求，其进场检验应符合相关标准的要求。

(8)桩基础桩身、桩基础承台(托梁)、沉井的钢筋的规格、数量、钢筋骨架形式、钢筋连接方式应符合设计要求和《铁路混凝土工程施工质量验收标准》(TB 10424—2010)的规定。

(9)桩基础桩身混凝土强度等级应符合设计要求；桩基础桩身混凝土应连续、完整。桩基础承台(托梁)混凝土强度等级应符合设计要求。沉井基础底节混凝土必须达到设计强度等级，其上各节混凝土应达到设计强度等级的 70%后方可下沉。沉井混凝土强度等级应符合《铁路混凝土工程施工质量验收标准》(TB 10424—2010)的规定。

(10)换填基础所用材料的类别、规格、质量应符合设计要求；换填基础的基底高程应符合设计要求；换填基础的压实质量应符合设计要求。

(11)钢筋混凝土挡土墙的钢筋保护层垫块位置、厚度和数量应符合设计要求。

(12)挡土墙墙面应平顺整齐，墙顶、两端面与基础连接处应密贴封严。

(13)挡土墙墙身沉降缝(伸缩缝)的预留与塞缝应符合设计要求，接缝平直、塞缝严密。伸缩缝、沉降缝应为贯通缝，严禁切割墙体设置假缝。

(14)泄水孔孔径应符合设计要求，应按上下左右间隔 2～3 m 交错布置，墙背易积水处及反滤层最低处必须设置，最低一排泄水孔应设于反滤层底部，其向外排水坡不应小于 4%，进水口应用透水土工布包裹，并确保排水通畅。

(15)墙后反滤层、隔水层的材料应符合设计要求。墙后反滤层袋装砂卵砾石层、透水土工布、反滤层最低处隔水层的设置位置、构造尺寸及厚度应符合设计要求。

(16)墙背填筑应分层压实，其压实质量应符合设计要求。

2. 质量检验标准

(1)明挖基坑各部尺寸允许偏差、检验数量及检验方法应符合表 4-76 的规定。

表 4-76 挡土墙明挖基坑各部尺寸允许偏差、检验数量及检验方法

检验项目	允许偏差	检验数量	检验方法
基坑边缘距路基中线距离	+50 mm −10 mm	4 点	尺量
台阶尺寸	±100 mm	4 点	尺量
斜面基底坡率	±1%	4 点	水平尺与楔形尺量计算
起迄里程	±100 mm	截面尺寸变化处 2 点	测量仪器测量、尺量
基底高程	−50 0 mm	每个基坑检查 5 点	测量仪器测量

(2)墙前基坑回填应分层夯填密实,并应符合设计要求。

(3)基坑基础顶面高程、前边缘距路基中线距离、基础宽度、基础襟边宽度(高度)、起迄里程(长度)、沉降缝位置及宽度允许偏差、检验数量及检验方法应符合表 4-77 的规定。

表 4-77 基坑基础、沉降缝各检验项目允许偏差、检验数量及检验方法

检验项目	允许偏差(mm)	检查数量	检验方法
基坑基础顶面高程	±20	每基坑 3 点	测量仪器测量
前边缘距路基中线距离	+50	每基坑 3 点	钢尺量
基础宽度	±50	每基坑 3 点	尺量
基础襟边宽度(高度)	±20	每明挖基坑基础段 3 组	尺量
起迄里程(长度)	±100	每不同结构尺寸段 1 处	测量仪器测量、尺量
沉降缝位置	±50	每道	尺量
沉降缝宽度	±4	每基坑 6 处	尺量

注:非水平基础底面高程应检测墙趾、墙踵处高程。

(4)桩基础桩孔垂直度偏差不得大于 0.5%。

(5)桩基础、桩身钢筋骨架允许偏差、检验数量及检验方法应符合表 4-78 的规定。

(6)桩的平面位置、桩底高程、桩径允许偏差、检验数量及检验方法应符合表 4-79 的规定。

表 4-78 挖(钻)孔桩钢筋骨架的允许偏差、检验数量及检验方法

<table>
<tr><th>检验项目</th><th>允许偏差</th><th>检验数量</th><th>检验方法</th></tr>
<tr><td>钢筋骨架在承台底以下长度</td><td>±100 mm</td><td rowspan="6">全部检验</td><td rowspan="2">尺量检查</td></tr>
<tr><td>钢筋骨架直径</td><td>±20 mm</td></tr>
<tr><td>主钢筋间距</td><td>±0.5d</td><td rowspan="3">尺量检查不少于 5 处</td></tr>
<tr><td>加强筋间距</td><td>±20 mm</td></tr>
<tr><td>箍筋间距或螺旋筋间距</td><td>±20 mm</td></tr>
<tr><td>钢筋骨架垂直度</td><td>骨架长度 1%</td><td>吊线、尺量检查</td></tr>
</table>

注:d 为钢筋直径。

表 4-79 桩的平面位置、桩底高程、桩径允许偏差、检验数量及检验方法

<table>
<tr><th>检验项目</th><th>允许偏差(mm)</th><th>检验数量</th><th>检验方法</th></tr>
<tr><td>桩的平面位置</td><td>±50</td><td rowspan="2">全部检验</td><td rowspan="2">尺量</td></tr>
<tr><td>桩底高程</td><td>±100</td></tr>
</table>

(7)承台(托梁)高程、边缘距路基中线距离、基础宽度,起迄里程、沉降缝位置及宽度允许偏差、检验数量及检验标准应符合设计和标准的规定。

(8)沉井承台(顶盖)高程、边缘距路基中线距离、起迄里程允许偏差、检验数量及检验方法应符合设计和标准的规定。沉井制作允许偏差、检验数量及检验方法应符合表 4-80 的规定。

表 4-80 沉井制作允许偏差、检验数量及检验方法

检验项目		允许偏差	检验数量	检验方法
平面尺寸	长、宽	±0.5%，且不大于 120 mm	全部检验	测量每边不少于 2 处
	曲线半径	±0.5%，且不大于 60 mm		尺量不少于 4 处
	对角线	±1%，且不大于 180 mm		尺量
井壁厚度	混凝土 片石混凝土	±40 mm		尺量不少于 4 处
	钢筋混凝土	±15 mm		
井壁表面平整度		±5 mm		3 m 靠尺量不少于 4 处

(9)沉井下沉至设计高程后的允许偏差、检验数量及检验方法应符合表 4-81 的规定。

表 4-81 沉井下沉至设计高程后的允许偏差、检验数量及检验方法

检验项目	允许偏差	检验数量	检验方法
底面、顶面中心位置	h/50 mm	全部检验	底、顶面至少各测量 4 处
倾斜度	1/50		测量仪器测量
平面扭角(矩形、圆端形)	1°		

注：h 为沉井高度。

(10)换填基础的顶面高程、换填深度、边缘距路基中线的距离、起迄里程允许偏差、检验数量及检验方法应符合表 4-82 的规定。

表 4-82 换填基础检验项目允许偏差、检验数量及检验方法

检验项目	允许偏差(mm)	检验数量	检验方法
高程	±20	3 点	测量仪器测量
换填深度	±50	3 点	测量仪器测量
边缘距路基中线距离	+50 0	3 处	钢尺丈量
起迄里程	±100	1 组	测量仪器测量、尺量

(11)墙身前边缘距线路中线距离、墙身厚度、顶面高程、泄水孔间距、起讫里程允许偏差、检验数量及检验方法应符合表 4-83 的规定。

表 4-83 墙身各检验项目允许偏差、检验数量及检验方法

检验项目	允许偏差(mm)	检查数量	检验方法
距线路中线距离	+20 0	3 处	测量仪器测量、尺量
墙身厚度(前缘至后缘)	+20 0	3 处	尺量
顶面高程	±20	3 点	测量仪器测量
泄水孔间距	±20	抽查 10%，1 组	尺量

续上表

检验项目	允许偏差(mm)	检查数量	检验方法
起讫里程	±100	每不同结构长度,2处	测量仪器测量、尺量
沉降缝位置	±50	每道缝	尺量
沉降缝宽度	±4	6处	尺量

(12)墙面垂直度、斜度、平整度允许偏差、检验数量及检验方法应符合表4-84的规定。

表4-84 墙面垂直度、斜度、平整度允许偏差、检验数量及检验方法

检验项目		允许偏差	检查数量	检验方法
垂直度	$h\leqslant 6$ m	10 mm	3处	吊线尺量
	$h>6$ m	15 mm		吊线尺量
斜度		±3%设计斜度		坡度尺或吊线尺量
平整度		20 mm		3 m直尺,尺量

(13)墙后反滤层透水土工布搭接方式和宽度应符合设计要求,宽度允许偏差、检验数量及检验方法应符合表4-85的规定。

表4-85 墙后反滤层透水土工布搭接宽度允许偏差、检验数量及检验方法

检验项目	允许偏差(mm)	检查数量	检验方法
搭接宽度	+50 0	3处	尺量

4.5.2 短卸荷板式挡土墙施工

短卸荷板式挡土墙其墙背卸荷板作用为减少墙背土压力和增加稳定力矩,从而达到减少墙体圬工的目的,主要形式如图4-65所示。

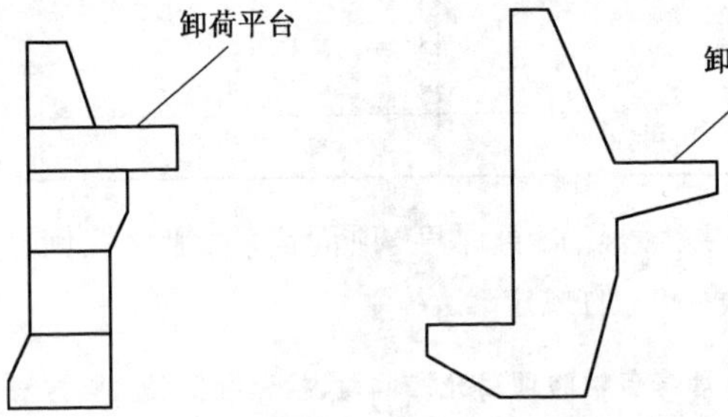

图4-65 短卸荷板式挡土墙

1. 施工质量要求

(1)短卸荷板式挡土墙基坑开挖、混凝土浇筑施工应符合设计和标准的规定。

(2)挡土墙墙身应按下墙与上墙两个部分进行施工。

(3)挡土墙的下墙与上墙结合部应有接槎,严禁形成水平通缝。短卸荷板顶面应严格按设计要求设置泄水孔。

(4)短卸荷板宜采用现浇法施工。当采用预制吊装施工时,卸荷板及垫板表面应有粗糙度，铺设时应垫水泥砂浆使其与墙体连接牢固。

(5)短卸荷板挡土墙的混凝土强度、基坑的开挖与回填、卸荷板等预制和现浇构件的施工可按照高速铁路施工质量验收标准的相关规定执行。

2. 质量检验标准

短卸荷板安装高程、长度、宽度、厚度允许偏差、检验数量及检验方法应符合表 4-86 的规定。

表 4-86 短卸荷板安装高程、长度、宽度、厚度允许偏差、检验数量及检验方法

检验项目	允许偏差(mm)	检查数量	检验方法
高程	±20	3 点	测量仪器测量
长度	+10 −5	2 处	尺量
宽度	+3 −5	3 处	
厚度	+4 −2	3 处	

4.5.3 悬臂式和扶壁式挡土墙施工

悬臂式挡土墙由立壁及底板(包括前趾板和后踵板)组成，扶壁式挡土墙由立壁、扶壁、底板(包括前趾板和后踵板)组成，如图 4-66 所示。悬臂式挡土墙立壁顶宽不应小于 0.2 m，立壁外侧表面可设有(1∶0.02)～(1∶0.1)的仰坡，内侧面坡度宜为竖直。前趾板与后踵板的端部厚度不应小于 0.3 m。扶壁式挡土墙立壁宜采用等厚的竖直板，顶宽不应小于 0.2 m。扶壁间距宜按经济性原则确定，常用值为墙高的 1/3～1/2，扶壁的厚度宜为两扶壁间距的 1/8～1/6，但不应小于 0.3 m，扶壁应随高度逐渐向墙后加宽。底板最小厚度不应小于 0.3 m。

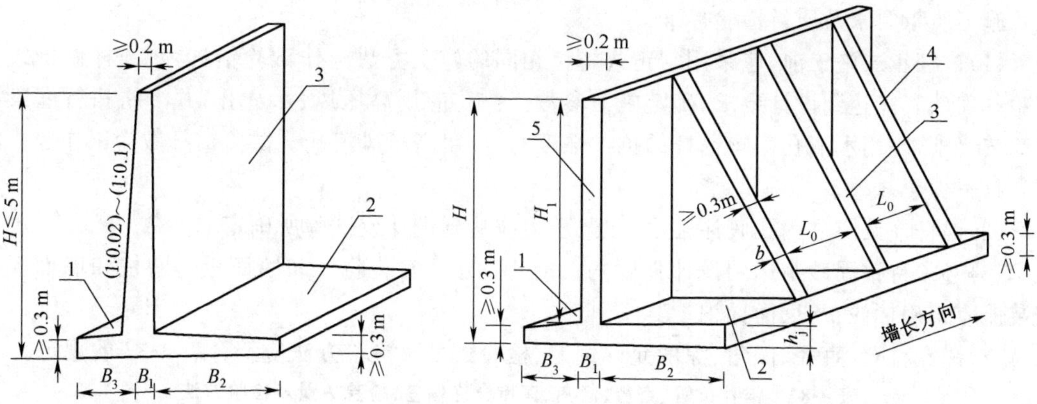

(a)悬臂式挡土墙

1—前趾板；2—后踵板；3—立壁

(b)扶壁式挡土墙

1—前趾板；2—后踵板；3—中扶壁；4—边扶壁；5—立壁

图 4-66 悬臂式和扶壁式挡土墙

施工质量要求：

(1)挡土墙凸榫必须按照设计尺寸开挖,其混凝土必须与墙底板(墙趾板、墙踵板)同时浇筑,并在底板宽度方向上不得间断,应一次浇筑完成。

(2)每段墙的墙趾板、墙踵板、面板和肋(扶壁)的钢筋应一次绑扎、安装成型。

(3)每段墙的墙趾板、墙踵板、面板和肋(扶壁)的混凝土宜一次浇筑完成。墙面板(悬臂板)在高度方向上不宜间断,否则接缝处应按施工缝处理,保证新混凝土与已浇筑混凝土粘结牢固。

(4)墙面板混凝土强度达到设计强度的70%后,方可进行墙背填筑。

(5)悬臂式挡土墙的材料验收、结构尺寸、强度及基坑回填和墙背反滤层等的施工可按照高速铁路路基施工质量验收标准的相关要求执行。

4.5.4 锚杆挡土墙施工

锚杆挡土墙由于锚固地层、施工方法、受力状态以及结构形式的不同,有各种各样的形式。按墙面的结构形式可分为柱板式锚杆挡土墙和壁板式锚杆挡土墙,如图4-67所示。

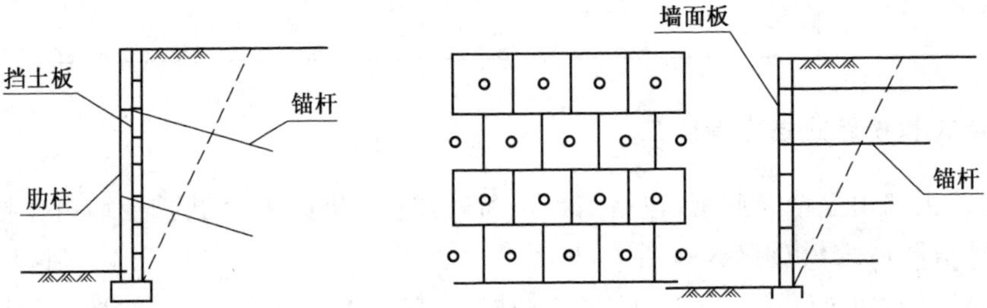

(a)柱板式　　(b)壁板式

图4-67　锚杆挡土墙

施工质量要求及质量检验标准:

(1)锚杆正式施工前,应采用与正式施工相同的施工方法施作试验锚杆,对锚杆做抗拔力试验并确认其能达到设计要求,确定施工参数。锚孔应用高压风、水清孔,并严格执行灌浆施工工艺要求,当用水清孔影响锚杆的抗拔强度时,应用高压风清孔。试验锚杆数为工作锚杆的3%,且不少于3根。

(2)锚杆注浆应采用孔底注浆法,注浆压力应达到设计或试验所确定的参数。

(3)必须待锚固砂浆达到设计强度的70%后,方可安装肋柱和墙面板。肋柱和墙面板在安装前应正确标注正、反面标识。

(4)锚孔位置、直径、倾角、深度允许偏差、检验数量及检验方法应符合表4-87的规定。

表4-87　锚孔位置、直径、倾角、深度允许偏差、检验数量及检验方法

检验项目	允许偏差	检查数量	检验方法
位置	±50 mm	每孔2组4点	测量仪器测量、尺量
直径	$^{+10}_{-5}$ mm	每孔2组4点	尺量
倾角	±3%	每孔	导杆法测量
深度	±50 mm	每孔	尺量

(5)锚杆挡土墙肋柱、墙面板等钢筋混凝土构件允许偏差、检验数量及检验方法应符合表4-88的规定。

表 4-88　锚杆挡土墙肋柱、墙面板等钢筋混凝土构件允许偏差、检验数量及检验方法

检验项目	允许偏差	检查数量	检验方法
柱长度	+5 −10 mm	每批成品 10%,且不少于 3 件。每件 2 点(组)	尺量
板、块件长度	+10 −5 mm		
板、柱体宽(厚)	±5 mm		
板宽、高度	±5 mm		
柱弯曲	L/750		拉线尺量
板对角线	10 mm		尺量
外面平整度	5 mm	每批成品 10%,且不少于 3 件,每件 3 点	3 m 直尺、钢尺
预埋件中心	3 mm	每批成品 10%,且不少于 3 件,每件 2 点	尺量

注:L 为构件长度。

(6)锚杆挡土墙肋柱高度、间距及与线路中线距离允许偏差、检验数量及检验方法应符合表4-89的规定。

表 4-89　锚杆挡土墙肋柱高度、间距及与线路中心线距离允许偏差、检验数量及检验方法

检验项目	允许偏差(mm)	检查数量	检验方法
肋柱高度	+20 −10	2 点	尺量
肋柱间距	±50	3～6 点	
与线路中心线距离	+50 −10	2 点	

(7)分级平台排水坡应符合设计要求,外观平顺,并保持纵、横排水通畅。

4.5.5　锚定板挡土墙施工

锚定板挡土墙与锚杆挡土墙不同的是将锚杆换为拉杆,在其土中的末端连上锚定板,如图4-68所示。

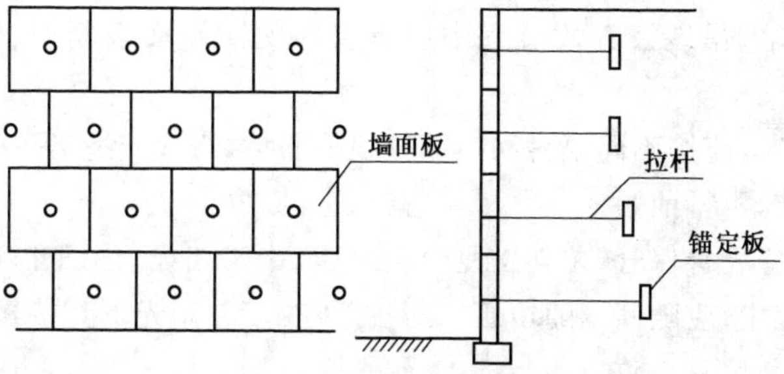

图 4-68　锚定板挡土墙

施工质量要求:

(1)肋柱应适当向填土一侧倾斜,严禁前倾,倾斜度应符合设计要求。肋柱吊装时,应在肋柱基础的杯槽内铺垫 2 cm 厚度的沥青砂浆。

(2)拉杆及锚定板埋设时,应在填土碾压至拉杆高度以上 20 cm 后再挖槽就位。锚定板前方超挖部分应用混凝土或灰土回填夯实。挖槽时,宜使锚定板比设计位置抬高 3~5 cm。

(3)锚定板挡土墙墙后填土时,严禁直接碾压拉杆和锚定板,且碾压方向应垂直于拉杆,距挡板 2 m 范围内应采用小型压实机具施工。

(4)锚定板挡土墙的基坑开挖、肋柱安装、反滤层施工等可按照高速铁路路基施工质量验收标准的相关规定执行。

(5)拉杆长度、拉杆和锚定板的安装应符合设计要求。

(6)埋于土中的锚定板拉杆以及肋柱外露锚头,应按设计做好除锈、防锈处理。

(7)锚定板挡土墙墙后填料的类别、规格、质量应符合设计规定。

(8)锚定板挡土墙墙后填料必须分层压实,分层厚度宜为 30 cm。

4.5.6 加筋土挡土墙施工

加筋土挡土墙是利用加筋土技术修建的一种支挡结构物,加筋土是一种在土中加入拉筋的复合土,它利用拉筋与土之间的摩擦作用,改善土体的变形条件和提高土体的工程性能,从而达到稳定土体的目的。加筋土挡土墙由填料、在填料中布置的拉筋以及墙面板三部分组成,基本结构如图 4-69 所示。

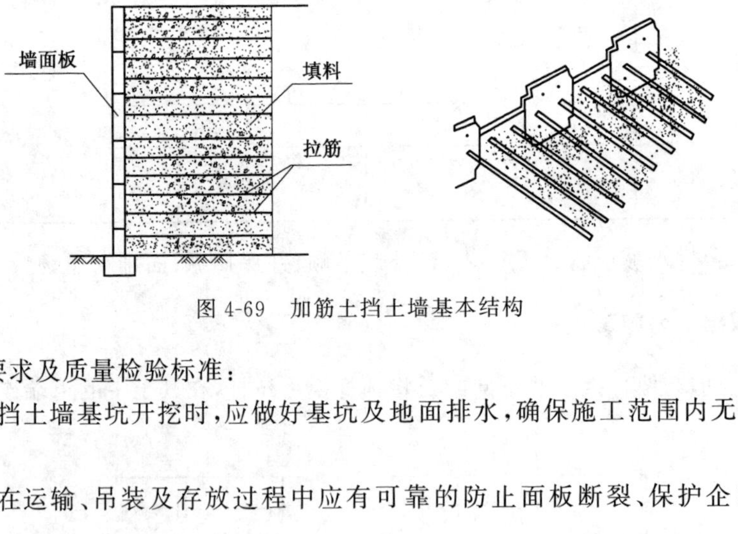

图 4-69 加筋土挡土墙基本结构

施工质量要求及质量检验标准:

(1)加筋土挡土墙基坑开挖时,应做好基坑及地面排水,确保施工范围内无积水。严禁积水浸泡基底。

(2)墙面板在运输、吊装及存放过程中应有可靠的防止面板断裂、保护企口不受损坏的措施。

(3)墙面板安装时,应按不同填料和拉筋预设仰斜坡,板面应适当后倾,确保填土后墙面板垂直度符合设计要求,不得前倾。

(4)拉筋进场后应妥善保管,尤其是复合土工带、土工格栅、编织土工袋等土工合成材料,严禁暴晒。施工过程中,应随铺设随填筑,尽量减少拉筋在阳光下直接暴晒的时间。

(5)帽石分段应与墙身一致。

(6)挡土墙基础混凝土强度等级应符合设计要求。

(7)包裹式加筋挡土墙整体式护墙钢筋骨架形式、钢筋连接方式以及与包裹墙体锚杆连接方式可按《铁路混凝土工程施工质量验收标准》(TB 10424—2010)的有关规定验收。

(8)墙后反滤层袋装砂卵砾石层、透水土工布、反滤层最低处隔水层的设置位置、构造尺寸及厚度应符合设计要求。

(9)拉筋应铺设在平整压实的填料上。严禁施工机械在未覆盖填料的筋材上行走。

(10)满铺土工合成材料拉筋的铺设位置、层数、方向以及连接方式应符合设计要求。

(11)土工合成材料包裹压载体袋内材料应符合设计要求,装填应密实,包裹压载体结构尺寸应符合设计要求。

(12)包裹式加筋土挡墙包裹墙体内预埋锚杆位置、长度应符合设计要求。

(13)金属拉筋及拉筋与组合式墙面板、锚杆与护墙预埋钢筋的连接应符合设计要求,并应按设计要求做好防锈、防腐蚀处理。

(14)加筋土体内的泄水管孔径、埋设位置、管身小孔型式应符合设计要求,其向外排水坡不应小于4%,管身和进水口应用透水土工布包裹,并应与护墙身泄水孔连通,确保排水通畅。

(15)填料应分层填筑、碾压,填料的碾压顺序应从筋带中部压向筋带尾部,再由中部压向面板,全面静压后再振动碾压。填料未压实前碾压机械不应作90°转向操作。压实机械与面板距离不应小于2 m,在此范围内应采用小型夯实机械或人工夯实。

(16)条带式拉筋带长度允许偏差为±5%。

(17)条带式拉筋尾部不得重叠,错开距离应符合设计要求。满铺式拉筋铺设时,应绷紧、铺平,不得褶皱或损坏,包裹压载体后拉筋回折宽度应符合设计要求。

(18)帽石与墙面板应嵌接牢固,墙面板应嵌入帽石之内构成整体。

(19)帽石边缘距路基中线距离、帽石厚度及宽度、顶面高程、起讫里程允许偏差、检验数量及检验方法应符合表4-90的规定。

表4-90　帽石边缘距路基中线距离、帽石厚度及宽度、顶面高程、起讫里程允许偏差、检验数量及检验方法

检验项目	允许偏差(mm)	检验数量	检验方法
距路基中线距离	+20	每路基连续长度100 m检查3处	测量仪器测量、尺量
帽石厚度	+10		尺量
帽石宽度	±20		尺量
顶面高程	±20		测量仪器测量
起讫里程	±100	不同结构长度检查2处	测量仪器测量、尺量

4.5.7　土钉墙施工

土钉墙是由设置于天然边坡或开挖形成的边坡中的加筋杆件及护面板形成的挡土体系,用以改良原位土体的性能,并与原位土体共同工作形成以重力挡土墙式的轻型支挡结构,从而提高整个边坡的稳定性,基本结构如图4-70所示。

1. 施工质量要求

(1)土钉墙施工前应先检测路堑横断面,净空合格后方能进行土钉墙施工。

(2)土钉墙应按“自上而下,分层开挖,分层锚固,分层喷护”的原则组织施工,并及时挂网喷护,不得使坡面长期暴露风化失稳。

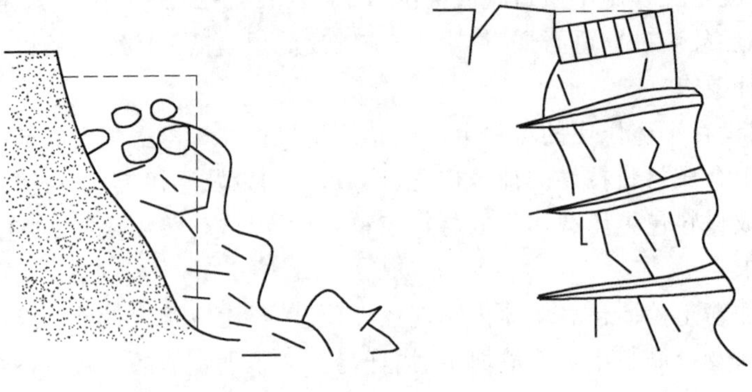

(a) 素土　　(b) 土钉墙

图 4-70　土钉墙基本结构

(3)施工前应按设计要求进行注浆工艺试验、土钉抗拉拔试验,验证设计参数,确定施工工艺参数。

(4)土钉钻孔时,严禁灌水。钉孔注浆应采用孔底注浆法,确保注浆饱满,注浆压力宜为0.2 MPa。

(5)土钉墙施工时应按设计要求制作支撑架。

(6)挂网材料为土工合成材料时,应采取妥善的防晒措施,防止土工合成材料老化。挂网前应清除坡面松散土石。

(7)坡脚墙基坑施工应尽快完成,同时应采取措施防止基坑被水浸泡。

(8)喷射混凝土前应进行现场喷射试验,确定施工工艺参数。

(9)喷射作业应自下而上进行,喷层厚度大于 7 cm 时,应分两层喷射。喷射过程中应采取有效措施保证泄水孔不被堵塞。

(10)土钉墙所用的土工合成材料的品种、规格、质量应符合设计要求。进场时应进行现场验收,并对其技术性能进行检验。

(11)土钉孔的布置形式应符合设计要求。

(12)土钉孔锚固砂浆强度等级应符合设计要求。

(13)网的规格尺寸、网与土钉的连接应符合设计要求。

(14)喷射混凝土强度等级应符合设计要求。

(15)喷射混凝土面层厚度在每个断面上 60%以上不应小于设计厚度,且厚度最小值不应小于设计厚度的一半;同时,所有检查孔的厚度平均值,不应小于设计厚度值。

(16)土钉墙沉降缝设置及塞缝处理应符合设计要求。

2. 质量检验标准

(1)土钉孔深、间距允许偏差、检验数量及检验方法应符合表 4-91 规定。

表 4-91　土钉孔深、间距、允许偏差、检验数量及检验方法

检验项目	允许偏差(mm)	检验数量	检验方法
孔深	±50	总数的 10%	尺量
间距			

(2)钢筋间距允许偏差为±20 mm。

(3)土工合成材料的铺设范围、搭接宽度的允许偏差、检验数量及检验方法应符合表 4-92 的规定。

表 4-92 土工合成材料的铺设范围、搭接宽度的允许偏差、检验数量及检验方法

检验项目	允许偏差(mm)	检验数量	检验方法
铺设范围	+100 0	每 100 m 等间距检查 3 点	尺量
搭接宽度			

(4)喷射混凝土应与坡面、钢筋网(土工网)紧密结合,其表面应平顺、无裂隙、无露筋。

(5)坡脚墙混凝土(砌体)应与土钉钢筋网(土工网)和喷射混凝土面层结合紧密。

4.5.8 桩板式挡土墙施工

桩板式挡土墙为钢筋混凝土结构,由桩及桩间的挡土板两部分组成,如图 4-71 所示,利用桩深埋部分的锚固段的锚固作用和被动土抗力,围护挡土墙的稳定。

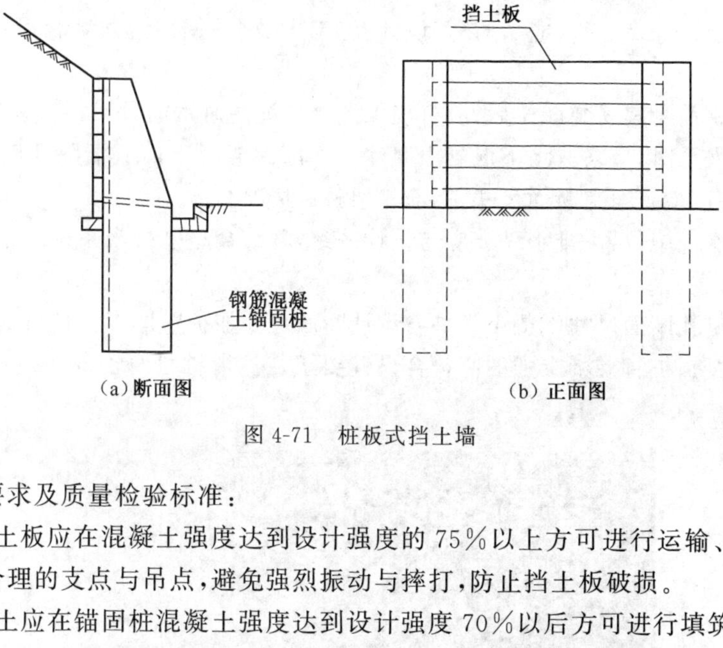

图 4-71 桩板式挡土墙

施工质量要求及质量检验标准:

(1)预制挡土板应在混凝土强度达到设计强度的 75%以上方可进行运输、吊装。运输、吊装时应布置好合理的支点与吊点,避免强烈振动与摔打,防止挡土板破损。

(2)墙后填土应在锚固桩混凝土强度达到设计强度 70%以后方可进行填筑。

(3)桩身地上部分应按设计预埋铁件或设置牛腿。预埋铁件或牛腿的规格、尺寸、数量应符合设计要求。

(4)挡土板与锚固桩间应连接牢固,并符合设计要求。

(5)悬挂式挡土板与锚固桩的连接处理应符合设计要求。

(6)当设计有墙背反滤层时,反滤层施工应随填筑同时进行。

(7)挡土板混凝土强度等级应符合设计要求,桩身混凝土地上部分应轮廓清晰,无蜂窝、麻面现象。

(8)挡土板尺寸允许偏差、检验数量及检验方法应符合表 4-93 的规定。

表 4-93 挡土板尺寸允许偏差、检验数量及检验方法

检验项目	允许偏差(mm)	检验数量	检验方法
长度	+10 −5	全部检查	尺量
宽度及厚度	±5		

4.5.9 抗滑桩施工

1. 施工质量要求

(1)桩孔开挖前应做好施工场地平整及地面截排水和通风设施。

(2)桩孔护壁第一节应高出地面 20 cm,加强孔口护壁,做好井口锁口,防止地面坍塌。

(3)护壁混凝土应紧贴围岩灌注;灌注前应清除岩壁上的松动石块、浮土,滑动面处的护壁应加强。在承受推力较大的护壁和孔口加强衬砌的混凝土中应加钢筋。

(4)开挖施工中应及时记录地质剖面、滑动面位置,填好地质柱状图,并根据地质情况,及时做好支护。在土石层变化处及滑动面附近,应加强支护,护壁不得分节。注意支护情况,若有变形、损坏,应立即采取加强措施,撤离井下施工人员。

(5)桩孔挖至设计高程后,应由监理、设计、施工人员会同验孔,并结合滑动面实际情况确定孔底高程。

(6)抗滑桩钢筋骨架安装就位后,应有确保混凝土灌注时钢筋骨架不得上浮的措施。

(7)地下水发育时,应采取水下混凝土灌注法。灌注混凝土前应清除孔底的松动石块、浮土,抽干积水,并应检查净空断面尺寸、钢筋骨架就位情况。

(8)地面排水设施位置、排水纵坡应与设计一致,并结合路基排水系统的布置,将水排至路基主排水沟。

(9)抗滑桩桩孔断面尺寸不得小于桩身设计断面尺寸加护壁厚度。抗滑桩桩孔孔型、孔底持力层岩土层性质、桩身混凝土强度应符合设计要求。抗滑桩桩身混凝土应连续、完整,如图 4-72 所示。

图 4-72 抗滑桩

(10)桩顶封闭及排水设施所用混凝土(砂浆)强度等级应符合设计要求。

(11)护壁厚度应符合设计要求,护壁混凝土应紧贴围岩灌注。

(12)桩身钢筋保护层厚度应符合设计要求。

2. 质量检验标准

(1)桩孔中心位置、断面尺寸、孔底高程、桩孔垂直度允许偏差、检验数量及检验方法应符合表 4-94 的规定。

(2)抗滑桩和桩孔护壁钢筋骨架安装尺寸允许偏差、检验数量及检验方法应符合表 4-95 的规定。

表 4-94 桩孔中心位置、断面尺寸、孔底高程、桩孔垂直度允许偏差、检验数量及检验方法

检验项目	允许偏差	检验数量	检验方法
桩孔中心位置	纵向 ±100 mm 横向 $^{+100}_{-50}$ mm	纵向 1 处 横向 1 处	测量仪器测量、尺量
断面尺寸	不小于设计尺寸	6 处	尺量孔上、中、下三个断面
孔底高程	±50 mm	1 点	测量仪器测量、尺量
桩孔垂直度	1%	1 处	吊线、尺量

表 4-95 抗滑桩钢筋骨架安装尺寸允许偏差、检验数量及检验方法

检验项目	允许偏差	检验数量	检验方法
钢筋骨架长度	±100 mm	全部检验	用钢尺量
主筋间距	±5 mm	15 点	
钢筋骨架直径	±20 mm	15 点	
箍筋间距	±20 mm	20 点	
钢筋骨架垂直度	2%	全部检验	吊线实测

(3)桩身顶面高程允许偏差为±50 mm。

(4)抗滑桩顶面及其周围应按设计要求用混凝土或砂浆抹面封闭。封闭地面应有排水坡，避免积水。

(5)地表排水沟设置范围、高程、坡度、平整度、宽度、深度、铺砌厚度允许偏差、检验数量及检验方法应符合表 4-96 的规定。

表 4-96 地表排水沟检验项目的允许偏差、检验数量及检验方法

检验项目	允许偏差	检验数量	检验方法
设置范围	±200 mm	每条沟 2 处	测量
沟底高程	土质 ±20 mm;石质 ±30 mm;铺砌沟 ±20 mm	每条沟 6 点	测量仪器测量
沟底坡度	5%设计坡度	每条沟 6 处	坡度尺量
沟底平整度	土质 15 mm;石质 30 mm;铺砌沟 15 mm	每条沟 6 处	尺量
宽度	$^{+50}_{-20}$ mm	每条沟 6 处	
深度	$^{+100}_{-30}$ mm	每条沟 6 点	
铺砌厚度	−10%设计厚度	每条沟 6 处	

4.5.10　预应力锚索施工

施工质量要求及质量检验标准：

(1)钻孔时应记录地层变化情况，核实地层分界面、滑动面高程及设计长度，置于稳定岩层中的锚固段长度应符合设计要求。

(2)预应力钢绞线锚索编制工艺应符合设计要求。

(3)编索前应按设计要求对预应力钢绞线进行除锈、调直等处理。

(4)锚索施工前应按工作锚索的3%做锚固试验，且不少于3根，以验证锚固段的设计指标，确定施工工艺参数。

(5)锚索张拉施工工艺应符合设计要求。张拉用设备、仪表应按检定周期送计量测试部门检定，且应配套检定、配套使用，当使用过程中张拉设备出现异常现象或设备检修后，均应重新进行检定。

(6)锚索张拉应在其锚固段砂浆强度达到设计规定强度以后进行。锚索张拉时应逐级加力，并对加力值及锚索伸长值做好记录。

(7)锚索张拉前应按设计要求安装测力计，并按设计要求进行观测，同时应做好测力计的保护工作。

(8)锁定及注浆工艺应符合设计要求。

(9)锁定及注浆前应具有经监理工程师检查签证的预应力张拉记录、检查证。

(10)预应力锚索、锚具、锚塞(夹片)、垫板的品种、规格、质量应符合设计要求和国家现行《预应力混凝土用钢绞线》(GB/T 5224—2003/XG1—2008)、《铁路工程预应力筋用夹片式锚具、夹具和连接器技术条件》(TB/T 3193—2008)的有关规定。

(11)钢绞线按设计要求编成锚索后，应按设计要求做好防锈处理。

(12)注浆体强度等级应符合设计要求。

(13)锚孔注浆应采用孔底注浆法，注浆压力应符合设计要求，并应二次补浆，确保注浆密实。

(14)锚索预应力张拉应分级加力，其最终拉力应满足设计要求。

(15)锚索张拉实际伸长值与计算伸长值之差不得超过±6%。

(16)锚索张拉时，滑(断)丝总数不得超过钢丝总数的5‰，且1束内滑(断)丝不超过1根。

(17)锚索张拉完成7 d后，应对其拉力和外观进行复查，复查合格后方能切除多余的锚索，进行最后的锚固作业，如图4-73所示。

图4-73　预应力锚索

(18)锚索张拉端锁定后，其回缩量及锚塞(夹片)外露量应符合设计要求。

(19)锚索孔位置、孔径、倾角、深度允许偏差、检验数量及检验方法应符合表4-97的规定。

表 4-97　锚索孔位置、孔径、倾角、深度允许偏差、检验数量及检验方法

检验项目	允许偏差	检验数量	检验方法
位置	±100 mm	1处	测量仪器测量、尺量
孔径	$^{+10}_{0}$ mm	2处	尺量
倾角	1%	1处	导杆法量
深度	$^{+100}_{0}$ mm	1点	尺量钻杆长度

4.6　路基边坡防护

4.6.1　基本要求

(1)路堤边坡防护工程应根据设计情况安排在适宜时间施工，堑坡防护应随施工同时完成。软土、松软土地基地段的路基防护工程应在沉降稳定后进行施工。

(2)边坡施工前，边坡基底应稳定，坡面应平整密实。

(3)边坡植物防护施工质量应符合下列要求。

1)坡面应平整、密实、湿润。铺、种植物后，应加强养护管理，直至植物成长覆盖坡面。

2)移植的草皮应与基面钉合牢固，表面平整；有骨架地段，骨架应嵌入坡面，与草皮平齐相接。

3)种草防护的草籽应均匀、全部落入坡面，及时覆盖表土并适当拍压。

4)喷播植草应按设计要求施工，喷播材料与草(灌木)籽应按配比充分搅拌均匀，清理好的坡面应提前湿润，喷洒应自下而上进行，草籽喷洒应均匀，不得流淌。

5)对不利于草类生长的土质，应按设计要求在坡面先铺一层种植土，然后再进行草籽喷洒，及时做好养护直至覆盖坡面。

(4)铺设固土网垫时，应先适量洒水湿润边坡，固土网垫应与坡面紧贴，不得出现空隙；铺网垫后及时喷播植草或撒播草籽，植草种类及数量应符合设计要求。

(5)路基坡面防护所用的砂、石料、水泥、钢筋(包括锚杆、锚索)等材料的品种、规格、质量应符合设计要求。

(6)混凝土预制件加工、移位和堆放应符合以下的规定。

1)预制所用模具应有足够的刚度，预制件不得变形。

2)浇筑前，对照设计文件核对各种预埋件的数量和布置。

3)每一构件应一次浇筑完成，振捣密实。

4)构件外露面应平整、光滑、无蜂窝麻面。

5)构件搬运时的混凝土强度应不低于设计强度的70%。

6)各种构件应分类标识、分类堆放，堆放场地应平整、硬实，并有排水措施。堆放高度应按构件强度、地面承载力、垫块强度等确定，不得因堆放不当而损坏。

7)预制件安装应平稳。

(7)预制件勾缝应于路堤沉降基本稳定后进行。勾缝前应先将松动和变形处修整平齐完好。

(8)骨架护坡一般应采用带截水槽的结构，骨架嵌入坡面一定深度，骨架表面应与骨架间植物防护衔接。

(9)混凝土预制件拼装排列应整齐、平顺、紧密、美观，并与坡面及相邻砌体衔接密贴、稳固。

(10)采用喷混植生进行坡面防护,喷层应与基面牢固结合,不得漏喷、脱层。周边与基面之间应无空隙,锚杆锚固材料应无外露现象,周边应封严。

(11)框架梁模板及支架、钢筋和混凝土的施工应符合《铁路混凝土工程施工质量验收标准》(TB 10424—2010)有关一般规定的要求。

(12)锚杆(索)钻孔时应记录地层变化情况,核实地层分界面及设计长度,置于稳定地(岩)层中的锚固段长度应符合设计要求。

4.6.2　植物防护施工

(1)边坡植物防护施工质量应符合设计要求,并按相关规定进行验收。植物防护如图 4-74 所示。

图 4-74　植物防护

(2)边坡植物防护的种类及数量应符合设计要求。

(3)边坡植物防护的防护范围应符合设计要求,并应沿坡面连续覆盖。

(4)边坡客土填筑方法、客土厚度、边坡坡率应符合设计要求。

(5)边坡植物防护覆盖率、成活率及检验方法应符合表 4-98 的规定。

表 4-98　边坡植物防护覆盖率、成活率及检验方法

检验项目			覆盖率(%)	成活率(%)	检验数量	检验方法
一般地区	植草防护	土质路基边坡	85	—	每段护坡每 100 m 长抽样检验 3 条带	尺量、计面积
		石质路基边坡	70	—		尺量、计面积
	种植藤本植物、灌木防护	土质路基边坡	—	80		点数、统计计算
		石质路基边坡	—	70		点数、统计计算
旱地地区	植草防护	土质路基边坡	65	—		尺量、计面积
	种植藤本植物、灌木防护		—	70		点数、统计计算
寒冷地区	植草防护	土质路基边坡	80	—		尺量、计面积
		石质路基边坡	70	—		尺量、计面积
	种植藤本植物、灌木防护	土质路基边坡	—	75		点数、统计计算
		石质路基边坡	—	70		点数、统计计算

注:一条带指边坡上从顶至底带宽为 3 m 的护坡。

4.6.3 边坡固土网垫植草防护

(1)固土网垫的规格及性能应符合设计要求,进场时应进行现场验收。

(2)固土网垫的铺设范围、连接方式和固定方式应符合设计要求。

(3)边坡客土填筑方法、客土厚度、边坡坡率的检验应符合设计要求。

(4)固土网垫铺设的允许偏差、检验数量及检验方法应符合表 4-99 的规定。

表 4-99 固土网垫铺设的允许偏差、检验数量及检验方法

检验项目	允许偏差	检验数量	检验方法
搭接宽度	$^{+30}_{0}$ mm	沿线路纵向每 100 m 抽样检验 5 处	尺量
上、下边埋入土深度	不小于设计值		
回转长度	不小于设计值		
固定钉长度	不小于设计值		
固定钉间距	+50 mm		

4.6.4 骨架护坡防护

(1)现浇混凝土所用材料规格、品种、技术条件应符合设计要求。

(2)现浇混凝土强度等级应符合设计要求。

(3)预制件混凝土强度等级应符合设计要求。

(4)现浇或采用混凝土预制件骨架护坡应与边坡密贴,无空洞,如图 4-75 所示。

图 4-75 骨架护坡防护

(5)沉降缝、伸缩缝的设置,缝宽与缝的塞封应符合设计要求。

(6)骨架间植草防护的种类和数量应符合设计要求。

(7)边坡客土填筑方法、客土厚度、边坡坡率应符合设计要求。

(8)骨架护坡各部允许偏差、检验数量及检验方法应符合表 4-100 的规定。

表 4-100 骨架护坡各部允许偏差、检验数量及检验方法

检验项目	允许偏差	检验数量	检验方法
平面位置	+50 mm	每段护坡抽样检验 4 点	采用符合精度要求的仪器量测
基底高程	+50 mm	每段护坡抽样检验 3 点	
坡顶高程	$^{0}_{-20}$ mm	每段护坡抽样检验 3 点	
骨架净距	+50 mm	每段护坡抽样检验 6 处(上、中、下部各 2 处)	尺量
骨架宽度及边槽高度	≥设计值		
骨架厚度及嵌置深度	≥设计值		
护肩、镶边及基础厚度、宽度	≥设计值	每段护坡抽样检验 3 组	
踏步宽度、厚度	≥设计值	每踏步抽样检验 1 处	
坡面平整度	不大于 40 mm	每段护坡抽样检验 3 处	3 m 长直尺量测

注:每段护坡长不足 50 m 按 50 m 计。

4.6.5 混凝土预制件防护

(1)预制件混凝土强度等级应符合设计要求。

(2)施工用砂浆强度等级应符合设计要求。

(3)砌筑的混凝土预制件护坡应与边坡密贴,无空洞,如图 4-76 所示。

图 4-76 混凝土预制件防护

(4)泄水孔的位置、布置形式、孔径尺寸及泄水孔背反滤层设置规格应符合设计要求,且排水畅通。严禁倒坡。

(5)沉降缝、伸缩缝应按照设计要求设置,且根据现场地形适当增设。

(6)混凝土预制件防护各部允许偏差、检验数量及检验方法应符合表 4-101 的规定。

表 4-101 混凝土预制件防护各部允许偏差、检验数量及检验方法

检验项目	允许偏差	检验数量	检验方法
平面位置	±50 mm	每段护坡抽样检验 4 点	采用符合精度要求的仪器量测
基底高程	±50 mm	每段护坡抽样检验 3 点	
坡顶高程	$^{0}_{-20}$ mm	每段护坡抽样检验 3 点	

续上表

检验项目		允许偏差	检验数量	检验方法
坡率		±0.5%	每段护坡抽样检验 3 点	吊垂线
护肩、镶边及基础厚度、宽度		≥设计值	每段护坡抽样检验 3 组	尺量
反滤层、垫层厚度		≥设计值	每段护坡抽样检验 3 处	
坡面平整度		15 mm	每段护坡抽样检验 3 处	3 m 长直尺量测
混凝土板外形尺寸	边长	$^{+6}_{-3}$ mm	按混凝土预制件数量的 2%抽样检验	尺量
	对角线长	$^{+6}_{-3}$ mm		
	厚度	$^{+4}_{-2}$ mm		

注：每段护坡长不足 50 m 按 50 m 计。

4.6.6　喷混植生防护

(1)制作基材所用种植土、养生材料、水泥等材料规格、品种、技术条件应符合设计要求，进场时应进行验收。

(2)种子、挂网材料、锚杆的品种、规格应符合设计要求。

(3)锚杆加工质量应符合设计要求。

(4)锚杆的设置应符合表 4-102 的规定。

表 4-102　喷混植生锚杆孔深、间距、长度的允许偏差

检验项目	允许偏差
锚杆孔深	−50 mm
锚杆间距	±50 mm
锚杆长度	−30 mm

(5)坡面植生防护的种类和数量应符合设计要求。

(6)喷射基材厚度应满足设计要求。

(7)喷混植生防护各部的允许偏差、检验数量及检验方法应符合表 4-103 的规定。

表 4-103　喷混植生防护各部的允许偏差、检验数量及检验方法

检验项目	允许偏差	检验数量	检验方法
平面位置	±50 mm	每段护坡抽样检验 4 点	采用符合精度要求的仪器量测
底面高程	±50 mm	每段护坡抽样检验 3 点	
坡顶高程	$^{0}_{-20}$ mm	每段护坡抽样检验 3 点	
坡度	0.5%	每段护坡抽样检验 3 点	吊垂线

注：每段护坡长不足 50 m 按 50 m 计。

(8)坡面植生植物防护覆盖率、成活率应满足设计要求。

4.6.7　锚杆(索)框架梁防护

(1)混凝土强度等级应符合设计要求。

(2)框架梁浇筑护坡应与边坡密贴,无空洞,如图 4-77 所示。

图 4-77　锚杆(锚索)框架梁防护

(3)框架梁锚杆的锚杆孔深、间距、长度允许偏差参见表 4-102。

(4)框架梁锚索的设置应符合表 4-104 的规定。

表 4-104　框架梁锚索位置、孔径、倾角、孔深的允许偏差及检验方法

检验项目	允许偏差	检验方法
锚索位置	±50 mm	采用符合精度要求的仪器量测
锚索孔径	$^{+10}_{0}$ mm	尺量
锚索倾角	1%	导杆法量
锚索孔深	$^{+100}_{0}$ mm	尺量钻杆长度

(5)框架间植草防护的种类和数量应符合设计要求。

(6)框架梁各部允许偏差、检验数量及检验方法应符合表 4-105 的规定。

表 4-105　框架梁各部允许偏差、检验数量及检验方法

检验项目	允许偏差	检验数量	检验方法
平面位置	±50 mm	每段护坡每 50 m 长抽样检验 4 点	采用符合精度要求的仪器量测
基底高程	±50 mm	每段护坡每 50 m 长抽样检验 3 点	
坡顶高程	$^{0}_{-20}$ mm	每段护坡每 50 m 长抽样检验 3 点	
框架净距	±50 mm	每段护坡每 50 m 长抽样检验 6 处(上、中、下部各 2 处)	尺量
框架宽度及边槽高度	≥设计值		
框架梁厚度及嵌置深度	≥设计值		
护肩、镶边及基础厚度、宽度	≥设计值	每段护坡每 50 m 长抽样检验 3 组	
踏步宽度、厚度	≥设计值	每踏步抽样检验 1 处	
坡面平整度	不大于 40 mm	每段护坡每 50 m 长抽样检验 3 处	3 m 长直尺量测

注:每段护坡长不足 50 m 按 50 m 计。

4.7　路基防排水

4.7.1　地面排水

1. 施工质量要求

(1)路基边沟、侧沟、平台截水沟、天沟等地面排水设施应与天然沟渠和相邻的桥涵、隧道、车站、道口等排水设施及路基面排水、坡面排水、电缆沟槽两侧排水衔接,组成完整的排水系统。排水设施构件的布置、构成和维护都应利于地表水汇集、排泄和蒸发顺畅。边坡平台截水沟必须引入相邻排水设施。

(2)站内轨道间纵向排水沟、站台边排水沟、横向排水沟、检查井等设施应形成完整的排水系统,满足车站范围内各线间地表水及基床水排除的需求,轨道间不得积水。

(3)无砟轨道线间沟、集水井、横向排水管应形成一个完整的排水系统。站场排水设施应符合下列规定:

1)站场排水应结合自然水系、城镇排水规划、场坪排水、站内建筑排水等进行系统的规划和设计,大型站场应编制排水系统总图。

2)纵向排水槽的排水坡度不应小于2‰,单面排水坡长度不宜大于200 m,必要时应设置横向排水槽。

3)站场排水设施不应与接触网柱、雨棚柱基础等交叉。困难条件下可绕行,但不得降低排水能力。

4)水管、风管等管线应系统设计,避免与排水设施相互干扰。

5)无砟道岔区应采取措施避免积水。

(4)路基工程施工前,施工单位应核对全线排水系统的设计是否完善,结合实际地形和施工组织合理划分施工单元,统筹规划临时排水设施和永久性排水系统,对影响路基稳定的地表水、地下水等应予以截断、疏干、水位降低,并引排到路基范围以外。

(5)在路基施工期间,施工单位不得破坏地表植被和堵塞水路;各类排水设施应及时维修和清理,保持排水畅通、有效。路堤分层填筑时应做好路基面横、纵坡,排水应通畅;路堑开挖到位时,应及时做好排水系统,路基面不得浸水。

(6)路基排水工程应根据工程特点和实际需要及时实施、完善,形成完整、通畅的排水系统。

(7)在路基电缆槽、接触网支柱、声屏障、防护栅栏、"四电"设备等其他设备完成后,应及时完善路基面与附属设施结合部的路基处理和排水设施。

(8)混凝土预制件加工、搬运、堆放和安装应符合以下规定。

1)预制所用模具应有足够的刚度,预制件不得变形。

2)浇筑前,对照设计文件核对各种预埋件的数量和布置。

3)每一构件应一次浇筑完成,振捣密实。

4)构件外露面应平整、光滑、无蜂窝麻面。

5)构件搬运时的混凝土强度应不低于设计强度的70%。

6)各种构件应分类标识、分类堆放,堆放场地应平整、硬实,并有排水措施。堆放高度应按构件强度、地面承载力、垫块强度等确定,不得因堆放不当而损坏。

7)预制件安装应平稳。

(9)导流构筑物施工时,应调查核对坝址情况,当地质、河道、水文条件发生变化时,应及时变更设计。

(10)河道(沟)工程施工应符合下列规定。

1)改河道(沟)工程宜在枯水期施工。

2)河道(沟)开挖应先挖中段,再挖末段。必须经检查确认新河道(沟)床已符合要求后,方可挖通其上游河段。

3)利用开挖新河道(沟)的土石填平旧河道(沟)时,在新河道(沟)未通流前,不得堵断旧河道(沟)。

4)通流时,改河(沟)上游进口河(沟)段的河(沟)床纵坡应稍大于设计坡度。

(11)混凝土(或钢筋混凝土)预制件进场时应有出厂质量证明文件,外观不得破损,结构尺寸应符合设计要求。

(12)路基排水设施基底处理应符合设计要求,基底应密实、平整,且无草皮、树根等杂物,无积水。

(13)路基排水设施基底压实质量应符合设计要求。

(14)排水设施、垫层、反滤层、封闭层的结构形式应符合设计要求,并保证排水通畅。

(15)预制水沟的基础与基坑边坡应密实、平整。预制件应拼装平顺,水泥砂浆粘贴密实,接缝咬合完好,与基础和边坡间应用水泥砂浆填塞缝隙。水沟盖板尺寸及盖板间空隙应符合设计要求,铺设应平稳。

(16)浆砌水沟铺砌应密实、平顺、整齐、无渗漏水,沟内不积水,无淤塞。

(17)路堑侧沟泄水孔设置位置、布置形式、尺寸、数量应符合设计要求,且排水通畅。

(18)伸缩缝的设置、缝宽与缝的塞封应符合设计要求。

(19)垫层、反滤层的厚度应满足设计要求。

(20)水沟出水口位置与既有沟渠、自然沟渠的衔接应符合设计要求,应形成完整的排水系统。路基与桥台衔接处的排水沟应与天然沟渠衔接,不得直接冲刷桥台椎体。排水沟与涵洞衔接处的沟底高程不应低于涵洞水流面高程。

(21)天沟、排水沟靠山侧沟壁不得高出地面,沟顶与地面必须顺接,并按设计要求做好表面封闭层。地面排水如图 4-78 所示。

图 4-78　地面排水

2. 质量检验标准

(1)路堤排水沟检验项目允许偏差、检验数量及检验方法应符合表 4-106 规定。

表 4-106 路堤排水沟检验项目、允许偏差、检验数量及检验方法

检验项目	允许偏差	检验数量	检验方法
沟底中心位置	±100 mm	每 100 m 抽样检验 5 处	尺量
沟底高程	±20 mm		水准仪测量
净空尺寸	±20 mm		尺量
沟底坡度	±5%设计坡度		坡度尺量
水沟铺砌厚度	−10 mm		尺量
沟底平整度	20 mm		2.5 m 长直尺和钢尺量
沟顶高程	$^{0}_{-20}$ mm		水准仪测量

(2)路堑侧沟检验项目允许偏差、检验数量及检验方法应符合表 4-107 的规定。

表 4-107 路堑侧沟检验项目允许偏差、检验数量及检验方法

检验项目	允许偏差		检验数量	检验方法
	石质沟	现浇或预制沟		
沟底中心位置	$^{+50}_{0}$ mm	$^{+50}_{0}$ mm	每 100 m 抽样检验 5 处	尺量
沟底高程	±20 mm	±10 mm		水准仪测量
净空尺寸	±20 mm	±20 mm		尺量
边坡坡度(偏陡量)	5%设计坡度	5%设计坡度		坡度尺量
铺砌厚度	−10 mm	−10 mm		尺量
沟底坡度	±5%设计坡度	±5%设计坡度		坡度尺量
沟底平整度	20 mm	10 mm		2.5 m 长直尺和钢尺量
平台宽度	$^{+50}_{0}$ mm	$^{+50}_{0}$ mm		尺量
沟顶高程	—	$^{0}_{-20}$ mm		水准仪测量

(3)预制水沟及盖板检验项目允许偏差、检验数量及检验方法应符合表 4-108 的规定。

表 4-108 预制水沟及盖板检验项目允许偏差、检验数量及检验方法

检验项目		允许偏差(mm)	检验数量	检验方法
预制水沟厚度		−10	抽样检验 2%	尺量
盖板	边长	$^{+3}_{-2}$		
	对角线长	$^{+4}_{-2}$		
	厚度	$^{+4}_{-2}$		

(4)无砟轨道集水井允许偏差、检验数量及检验方法应符合表 4-109 的规定。

表 4-109 无砟轨道集水井允许偏差、检验数量及检验方法

检验项目	允许偏差	检验数量	检验方法
平面位置	±50 mm	每个1处	经纬仪测量
深度	$^{+100}_{0}$ mm	每个1点	尺量
断面尺寸	$^{+50}_{-20}$ mm	每个2处	

(5)吊沟(急流槽)允许偏差、检验数量及检验方法应符合表4-110的规定。

表 4-110 吊沟(急流槽)允许偏差、检验数量及检验方法

检验项目	允许偏差	检验数量	检验方法
净空尺寸	$^{+50}_{0}$ mm	每100 m抽样检验6处	尺量
铺砌厚度	－10%设计厚度		

(6)平台截水沟允许偏差、检验数量及检验方法应符合表4-111的规定。

表 4-111 平台截水沟允许偏差、检验数量及检验方法

检验项目	允许偏差	检验数量	检验方法
净空尺寸	$^{+50}_{0}$ mm	每条沟抽样检验6处	尺量
沟身厚度	－10%设计厚度		

(7)天沟允许偏差、检验数量及检验方法应符合表4-112的规定。

表 4-112 天沟允许偏差、检验数量及检验方法

检验项目	允许偏差	检验数量	检验方法
沟底中心位置	±100 mm	每100 m抽样检验5处	尺量
净空尺寸	±20 mm		
水沟铺砌厚度	－10 mm		

4.7.2 地下排水

1. 施工质量要求

(1)地下排水设施应与地基处理、地表排水系统、自然排水系统相协调、配套,形成完整的排水体系,水路畅通。渗沟的出水口应设置端墙,出水口管底距排水沟沟底的高度不宜小于20 cm。

(2)排水沟或暗沟采用混凝土浇筑或浆砌片石砌筑时,应在沟壁与含水地层接触面的高度处,设置一排或多排向沟中倾斜的渗水孔,沟壁最下一排渗水孔的孔底部应高出沟底不小于20 cm。

(3)浆砌工程应采用挤浆法分层、分段砌筑,嵌缝饱满、密实,勾缝平顺无脱落。

(4)土工合成材料进场后应整齐堆放在料棚(库)内,避免阳光照射,并保持通风、干燥和远离高温源。按设计要求铺设后不得长时间受阳光直接曝晒。

(5)当土工合成材料的垫层为碎石时,应在土工合成材料和碎石之间按设计设置保护层。

(6)地下排水设施施工应符合下列要求。

1)渗沟的开挖宜自下游向上游进行,应随挖随支撑,并迅速回填,支撑渗沟应间隔开挖。

2)沟槽开挖必须保证沟槽两壁、基础表面平顺、平整,严禁出现反坡或凸凹不平现象。

3)盲沟、渗沟开挖后应疏干沟内积水,平整沟底及沟壁,清除尖石、树根等杂物。

4)渗水管铺设位置、固定和连接方法应符合设计要求。

5)严禁使用再生、褶皱、老化、污染的土工织物。土工织物铺设应平顺、松紧适度,并与沟壁土体密贴,不得褶皱和损坏。

6)渗沟沟内用作排水和渗水的填充料在使用前必须筛选和清洗,级配合理。

7)土工织物合成材料铺设后应及时回填或覆盖,回填时应防止土工织物和渗水管受到损伤。

8)沿沟槽每隔 10～15 m 或当沟槽通过软硬岩层分界处时应设置伸缩缝或沉降缝。

(7)渗水管等混凝土(或钢筋混凝土)预制件进场时应有出厂质量证明文件,外观不得破损,结构尺寸应符合设计要求。

(8)土工合成材料的品种、规格及质量应满足设计要求,进场时应进行现场验收。采用土工合成材料作为地下排水设施时,应符合以下技术条件:

1)作反滤层的土工织物宜采用耐腐蚀、抗老化的无纺土工织物,且应满足保土、透水、防淤堵的设计准则,刺破强度和撕裂强度不应小于 400 N,CBR 顶破强度不应小于 1.5 kN。

2)作为隔水防渗材料的土工膜和复合土工膜,膜厚不应小于 0.3 mm,渗透系数不应大于 10^{-11} cm/s,CBR 顶破强度不应小于 2.5 kN,在严寒地区还应有抗冻性。

3)塑料渗水管材应质量轻、耐化学腐蚀,使用寿命长,可在－25～60 ℃条件下使用,有良好的透水、渗滤、纵向排水性能,并具有较高抗拉、抗压强度和环形刚度。

(9)渗水暗沟填充碎石技术指标应符合表 4-113 的规定。

表 4-113　渗水暗沟填充碎石技术指标

项　目	检验指标
母岩强度	不小于 30 MPa
碎石粒径	3～8 cm
含泥量(按质量计)	＜2%

(10)地下排水设施基底处理应符合设计要求,基底应密实、平整,且无草皮、树根等杂物,无积水。

(11)地下排水设施的位置、开挖断面、排水坡度、出水口地点应符合设计要求,且排水通畅,无阻塞现象。

(12)排水沟或暗沟采用混凝土浇筑或浆砌片石砌筑时,沟壁最下一排渗水孔的底部应高出沟底不小于 20 cm。

(13)渗水管的布置形式、埋置深度,管径、纵坡,过反滤层结构、透水孔,防冻性和耐久性应满足设计要求。

(14)渗沟内渗水材料填充位置、厚度应符合设计要求。

(15)伸缩缝的设置、缝宽与缝的塞封应符合设计要求。

2. 质量检验标准

(1)土工合成材料搭接宽度的允许偏差为＋50 mm,0。

(2)地下排水设施允许偏差、检验数量及检验方法应符合表 4-114 的规定。

表 4-114 地下排水设施检验项目允许偏差、检验数量及检验方法

检验项目	允许偏差(mm)	检验数量	检验方法
沟中心位置	±50	沿线路每 100 m 抽样检验 3 个检查井	经纬仪测量
沟底高程	±20	沿线路每 100 m 抽样检验 4 个检查井,8 点	水准仪测量
渗沟断面尺寸	+50 −20	沿线路每 100 m 抽样检验 2 处	尺量

(3)检查(竖)井检验项目允许偏差、检验数量和检验方法应符合表 4-115 的规定。

表 4-115 检查(竖)井检验项目允许偏差、检验数量及检验方法

检验项目		允许偏差	检验数量	检验方法
检查井位置	纵向	±50 mm	每个检查井	经纬仪测量
	横向	+50 mm		
井底高程		±30 mm	每个检查井	水准仪测量
净空尺寸(内径、深度)		±30 mm	每个检查井	尺量
井盖直径		±10 mm	每个井盖	尺量
井盖厚度		不小于设计值	每个井盖	尺量
井盖与相邻路基面高差		+10 0 mm	每个检查井	水准仪、水平尺测量

4.7.3 路基横向排水

施工质量要求:

(1)路基横向排水沟应与路基两侧排水沟、坡面排水系统等相接,形成完整的排水系统。

(2)车站范围内正线间或正线与到发线间的横向排水设施与其他排水系统应形成连通的、完整的排水系统,横向排水槽、集水井(检查井)和保护层等设置应符合设计要求。

(3)横向排水管安装后应排水通畅,接缝处理应保证不漏水,管内不得积水。

(4)土工合成材料的无砟轨道横向排水管进场后应分类存放,不得挤压或重击。

(5)混凝土所用的水泥、细骨料、粗骨料、水等原材料的品种、规格、质量应符合设计要求。

(6)路基横向排水沟基底处理应符合设计要求,基底应密实、平整、无积水。

(7)沟底垫层、反滤层、封闭层结构形式、设置位置应符合设计要求。

(8)横向排水沟沟底坡度应符合设计要求,并与路基两侧排水沟相接,且沟底相接处不得积水。

(9)预制横向排水沟的基础与基坑边坡应密实、平整。预制件应拼装平顺,水泥砂浆粘贴密实,接缝咬合完好,与基础和边坡间应用水泥砂浆填塞缝隙。水沟盖板尺寸及盖板间空隙应符合设计要求,且能满足泄水需要,铺设应平稳。

(10)伸缩缝的设置、缝宽与缝的塞封应符合设计要求。

(11)沟底垫层、反滤层厚度、材料应符合设计要求。

(12)无砟轨道横向排水管结构形式、管径及材质应符合设计要求。

(13)无砟轨道横向排水管沟底垫层结构形式、设置位置及周边回填应符合设计要求。

(14)无砟轨道横向排水管沟底坡度应符合设计要求,并与路基两侧排水沟相接,沟底不得积水。

(15)路基横向排水沟进水口和出水口位置、与其他沟渠的衔接应符合设计,应形成完整的排水系统,排水通畅,不得积水。

(16)路基横向排水沟接缝处理必须符合设计要求,不得渗漏水。

4.7.4 过渡段排水

施工质量要求:

(1)路堤与桥台过渡段排水设施应按设计要求及时完成,其设置方式应符合设计要求,铺设应平顺、整齐、牢固,排水畅通。

(2)路堤与路堑结合部过渡段排水设施应按设计要求及时完成,其设置方式应符合设计要求,铺设应平顺、整齐、牢固,排水畅通。

(3)混凝土的强度等级应符合设计,配合比设计和施工的检验应符合相关规定。

(4)路堤与桥台过渡段桥台背隔离层无砂混凝土块强度等级、规格、质量应符合设计要求,进场时应进行现场验收。

(5)路堤与桥台过渡段桥台背隔离层空心砖规格、质量应符合设计要求,进场时应进行现场验收。

(6)路堤与桥台过渡段桥台背无砂混凝土渗水板、无砂混凝土渗水板基础、软式透水管、混凝土基础等排水设施的品种、规格、质量应符合设计要求,进场时应进行现场验收。

(7)路堤与桥台过渡段桥台后隔离层设置的形式、厚度、范围、位置应符合设计要求。

(8)路堤与桥台过渡段无砂混凝土渗水板、无砂混凝土渗水板基础、软式透水管、混凝土基础等排水设施的结构形式、尺寸、设置范围、位置、坡度应符合设计要求,并保证排水通畅。

(9)路堤与路堑结合部过渡段渗水盲沟用砂、软式透水管等排水设施的材料品种、规格、质量应符合设计要求,进场时应进行现场验收。

(10)路堤与路堑结合部过渡段渗水盲沟设置位置、范围、尺寸、坡度应符合设计要求,并保证排水通畅。

(11)路堤与路堑结合部过渡段渗水盲沟设内埋设的软式透水管等排水设施的设置位置、范围、尺寸、坡度应符合设计要求,并保证排水通畅。

4.8 堆载预压填筑施工

4.8.1 工艺概述

1. 预压土与地基固结

为了加速地基固结,一般预压法多与砂垫层或竖向排水体相结合,构成排水、固结的两个因素,即加压系统和排水系统。加压系统是加速固结作用的荷载,它使地基土的固结压力增加促使软土中的水分加速排出,进而达到使地基加速固结的目的。

2. 适用范围

本工艺适用于松软土地基段,在加固处理后的地基上填筑路堤,并为加速地基的沉降固结,尽快完成地基沉降而在路堤上加筑土料荷载的施工。

4.8.2 作业内容

测量放样、观测桩的设置、路堤填筑、边坡位移观测、预压土填筑、沉降观测和数据分析、预压土卸载等。

4.8.3 施工工艺及质量控制流程

软土地基堆载预压路堤施工工艺及质量控制流程如图4-79所示。

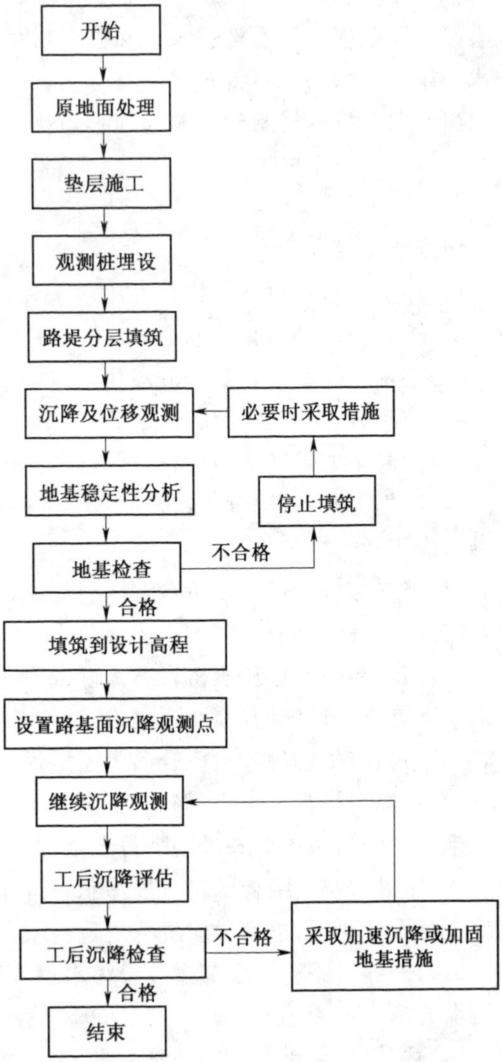

图4-79 软土地基堆载预压路堤施工工艺及质量控制流程图

4.8.4 工艺步骤说明

1. 开工条件

(1)施工准备工作已完成,所需的施工机械、物资及人员已进场。

(2)根据设计需要做一段试验路堤,以及进行观测所需的设备、仪器等的准备工作。

2. 测量放样

在进行施工前,必须按施工设计提供的控制桩位进行测量放线,设置好护桩,测量工作必须贯彻复核制度。

3. 填筑前交接检查

路堤填筑施工前,应对地基处理工程进行交接检查,地基处理型式、质量标准、垫层施工质量等均应满足验收标准的要求。路基两侧排水顺畅,水沟状态良好。

如果地基处理施工时未修筑侧沟,则应在路堤填筑前把侧沟修好,保证路堤两侧不积水。

4. 整修承垫层

(1)对路堤填筑范围基底进行平整,对有垫层的地段,要进行垫层施工,垫层填料应符合施工图要求。

(2)采用平地机刮平并压实,表面平整密实,无翻浆松软地段。基底高程、宽度、横坡度、平整度、密实度验收合格后,方可进入填筑施工。

5. 观测基桩埋设

(1)沉降观测断面设置。采用沉降板、观测仪、分层沉降仪等,结合精密水准测量,进行沉降、位移观测。沉降观测应采用二等几何水准测量。观测基桩应设置于不受施工和地基变形影响的稳定的地基内,路基面沉降观测桩设置于路肩上,并按观测周期的3～5倍周期进行复核校正。观测期内要保护好观测基桩和观测装置。

软土地段工点每隔 100 m 设一个观测断面。松软地段工点长度小于 500 m 时，间距 150～200 m 设一个观测断面；工点长度大于 500 m 时，每 200 m 设一个断面。每个工点观测断面不少于 2 处。

(2)边桩埋设。

1)位移桩采用 C15 钢筋混凝土预制，截面采用 15 cm×15 cm 正方形，长度不小于 1.5 m，并在桩顶埋半圆形不锈钢耐磨测头。

2)边桩设置在路堤坡脚外侧 2～10 m 范围内，边桩的埋置深度以地表下不小于 1.4 m，桩顶露出地面不大于 10 cm，埋置方法采用"洛阳铲"打入设计深度，将预制边桩放入孔内，周围以 C15 混凝土灌注固定，确保边桩埋置稳定。

(3)沉降观测板的埋设。

1)沉降板由钢板或钢筋混凝土底板、测杆、保护套管等组成。沉降板采用尺寸为 50 cm×50 cm×3 cm 的 C15 钢筋混凝土制成，或用 50 cm×50 cm 的厚度 1～1.2 cm 的钢板制作。测杆采用 ϕ40 mm 的钢管，与底板焊接固定在垂直位置上，保护套采用塑料套管，套管尺寸以能套住测杆并使标尺能进入为宜。随着填土的增高，测杆的套管亦相应接高，每节长不超过 50 cm，接高采用管箍连接，接高后测杆顶面应略高于套管上口，测杆顶用顶帽封住管口，避免填土落入管内而影响测杆自由下沉，顶帽高出碾压高度不大于 50 cm。

2)在埋设地面挖 60 cm×60 cm×20 cm 的土坑，坑内铺 5 cm 左右的中粗砂，整平压实，将沉降板平放在坑内，四周用中粗砂填实并用水准尺校正使板面水平，再回填土整平压实。将套管垂直套进测杆标于土面上，使其与测杆底板保持 10 cm 以上，在套管四周用土堆实，使其立稳。水准仪观测测杆的高程，确定为初始高程。当路堤开始填筑时，应保护好沉降板(杆)不受机械损坏，在沉降板周围 1 m 范围采用人工填筑小型机具压实。测杆高程减去杆长即为沉降板高程，每次沉降差即为地表沉降值。

3)用于观测位移和沉降的基桩，必须置于不受填土荷重影响稳定的地基内，并与设计的导线基线和水准点联网测量。基桩及位移观测桩在观测期间内必须采取有效措施加以保护。

6. 分层填筑

软土路基分层填筑、摊铺平整、碾压夯实施工除按天然填料填筑路堤的有关施工工艺要求外，还应满足下列要求：

(1)施工前根据设计需要做一段试验路堤，验证和修订施工图参数，确定施工工艺，指导全段施工。

(2)反压护道与路堤同时填筑。其填料、填筑方法、压实标准应符合路堤相应部位的规定。护道顶面应平顺并有向路基两侧的排水坡，边坡应顺直无凹陷。

(3)填筑软土路堤时，均应在路堤中心及两侧坡脚外设置观测点，定期观测路基面和地面沉降量、边桩水平位移量等，以控制填筑速率和推算工后沉降量；施工过程中应及时向设计单位提供沉降观测资料，以供修正施工设计。

(4)填土速率的控制标准。坡脚水平位移速率大于每昼夜 5 mm，路基中心线地面沉降速率大于每昼夜 10 mm 时，应立即停止填筑，待位移、沉降观测值恢复到限值以内再继续填筑。等于或大于临界高度的路堤，应按施工设计规定的填土速率和静置时间组织施工。

(5)预压的堆载土也应分层填筑，一次填筑厚度不大于 50 cm，压实度 80%。防止一次填筑厚度过大,引起路基失稳破坏。

7. 沉降观测

(1)观测人员及仪器配置。观测人员由 3 人专职进行,其中由 1 名测量工程师负责。竖向沉降测量采用水准仪,要求二级中等精度几何水准测量高程,观测精度应小于 1 mm,并定期校正基点的高程。水平位移测量用全站仪进行。

(2)沉降观测频次。

1)填筑期间,每填一层每天进行 1 次观测,在沉降突变时,每天观测 2～3 次;当两次填筑时间间隔较长时,每 3 d 至少观测 1 次,特别是路基填筑达临界高度时应加强观测,密切注意路基的沉降量,每天上下班时各测量 1 次。

2)在开始第一层填筑前应按施工图要求的观测断面设置观测装置,建立基础数据,以后随填筑进程不断观测,并在填筑完成后继续观测一定时间,有的需要按照施工图要求长期观测。

3)预压期,前 3 个月内每 5 d 观测 1 次;3 个月后,7～15 d 观测 1 次;半年后,每月观测 1 次。

(3)观测资料绘制时态曲线。

1)填筑过程中,观测后及时整理资料,并绘制"填土高度—时间—沉降量"关系曲线。分析地基横向位移值及其发展趋势,判断地基的稳定性。当路堤中心线处地面沉降速率每昼夜大于 10 mm,或路堤坡脚处水平位移速率每昼夜大于 5 mm 时,应立即停止填筑,待观测值恢复到限值以内再进行填筑。

2)路堤填筑完成后,依据沉降观测资料,适时进行沉降完成情况和工后沉降(剩余沉降量)评估。在轨道工程开工前推定工后沉降量是否满足要求,如果不能满足要求,应采取增加预压荷载、加固地基等措施。

(4)为保证取得准确观测成果应采取的措施。

1)成立专职沉降观测小组,采用高精度测量仪器,确保测量精度达到设计要求。

2)对施工负责人、工程机械及运输司机进行沉降观测重要性的专项教育,设专人指挥倒车,运土车辆卸土时,确保沉降观测杆不被破坏。一旦发生损坏或丢失,要由专职人员立即恢复。

3)所有观测桩位置都要设标志旗,以提醒作业人员注意。沉降观测杆周围应改用打夯机夯实,并重点抽查该处压实质量。

4)观测杆太高时,会影响观测精度,要根据设计要求控制高度,以高出路面 0.5 m 左右为宜。

5)在整个沉降观测过程中,做好重点断面观测工作。卸载前后各进行一次沉降观测,找好两者关系;在卸载和级配碎石施工期间,认真做好沉降观测记录。

8. 沉降计算分析

沉降计算的目的主要用于估算总沉降量、预压期间的沉降值、预压时间与实际观测结果对比,确定超载预压荷载的大小及卸载后的剩余沉降量,同时还可估算施工期间因沉降造成的土方增加量及路基填筑时的预留高度,以便更好地控制施工。

4.8.5 质量标准及检验方法

(1)预压土填筑应随施工分层检测,压实度检测采用核子密度仪,检测前用灌砂法做对比试验(以灌砂法为基准,核子密度仪应定期核定)。预压土检验标准及检验方法见表4-116。

表4-116　预压土检验标准及检验方法

检验仪器	检验标准	检验方法
核子密度仪	湿密度≥1.8 kN/m²或施工图要求	每层沿纵向每100 m检测6点,梅花形布置,距边坡1 m处4点,中间范围内检查2点

每层填筑压实度质量按规定检验,达到设计要求后才可进行下一填层施工。预压土检验项目允许偏差及检验方法见表4-117。

表4-117　预压土检验项目允许偏差及检验方法

检验项目	允许偏差	检验方法
顶面高程	±50 mm	每100 m水准仪检查5点
中线	±50 mm	每100 m经纬仪检查5点
宽度	大于设计值	每100 m检查5点
横坡	±0.5%	每100 m检查2断面
边坡	小于3%的设计值	每100 m检查3处
平整度	≤15 mm	每100 m,2.5 m直尺检查10断面

(2)软土地基路堤填筑速率堆载预压的荷载与时间等应符合施工图要求。

(3)沉降观测质量标准及检验方法参见本章4.2.7节表4-52。

5 高速铁路路基施工质量检测

5.1 地基承载力检测——动力触探法

地基承载力是反映地基承受其上荷载的能力，其单位是 MPa。地基承载力的检测方法较多，这里仅介绍动力触探法。根据土质条件可采用动力触探试验中的轻型动力触探试验来测定地基承载力。动力触探试验是利用一定的锤击能量，将一定规格的探头和探杆打入土中，根据贯入的难易程度即土的阻抗大小判别土层变化，进行力学分析，评价土的工程性质。通常以贯入土中一定距离所需锤击数来表征土的阻抗，以此与土的物理力学性质建立经验关系，用于工程实践与检测。

1. 试验仪器及条件

(1)轻型动力触探试验所用仪器主要由探头、触探杆、落锤组成。探头主要参数为：质量(10±0.2)kg，重锤落距(50±2)cm，探头截面积 13 cm^2，探杆外径 25 mm。探头采用 45 号或优于 45 号碳素钢的钢材，表面淬火后硬度(HRC)为 45～50。

(2)试验前对试验仪器进行检测，需达到下列条件方可使用。

1)探头直径磨损不得大于 2 mm，锥尖磨损高度不得大于 5 mm。

2)每节探杆非直线偏差不得大于 0.6%。

3)所有部件连接螺纹完好，连接紧固无松动。

2. 试验过程及结果

(1)先使用钻具钻取所需测试土层顶面。

(2)安装动力触探试验支架，确保支架牢固，试验过程中支架不得偏移。

(3)保持 20 击/min 的锤击频率将落锤垂直贯入所测基面，在贯入深度达到 30 cm 的击打次数超过 90 击时停止击打，并记录击打次数。

5.2 地基系数检测

地基系数指施加荷载强度与对应下沉量之比值，单位 MPa/m。地基系数能够较为直观地反映路基的刚度情况，通过地基系数检测的结果可以判断路基施工的好坏，因此，在施工过程中按照要求进行地基系数的检测，能够起到控制路基施工质量的作用。

根据 1867 年捷克工程师(E. Winkler)提出的假定：地基上的任何点的沉降取决于作用在该点上所受的力，而与邻近的压力无关。该假定适用于地基压缩层很薄，即地基压缩层与受力面积尺寸相比为一个很薄的垫层。根据设计图纸，若每层摊铺厚度为 30～60 cm，则可以近似认为符合该假定，从而可以使用 K_{30} 平板载荷试验测定路基系数。

1. 试验条件

对平板载荷试验测试值大小的影响因素很多。包括填料的性质、级配、压实系数、含水率、碾压工艺、最大干密度、最佳含水率、试验操作方法及测试面平整度等。为了规范试验过程，提出了平板载荷试验的适用条件和要求。K_{30}平板载荷试验适用于粒径不大于载荷板直径 1/4 的各类土和土石混合填料。同时，场地及环境条件必须符合以下条件：

(1)对于水分挥发快的均匀粒砂，表面结硬壳、软化或因其他原因表层扰动的土，平板荷载仪应置于扰动带以下(下挖深度限定在荷载板直径范围内)。

(2)对于粗、细均质土，宜在压实后 2～4 h 内进行试验。

(3)测试面必须是平整无坑洞的地面，对于粗粒土或混合料造成的表面凹凸，应铺设一层 2～3 mm 厚的干燥中砂或石膏腻子。此外，试验面必须远离震源，确保实验精度。

(4)雨天或者风力大于 6 级时不得进行试验。

2. 试验过程

(1)天气条件及场地准备：试验时天气条件应符合要求；在已完成摊铺的路基面根据设计要求选取试验场地，先对场地进行整平并用扫帚和毛刷去除松土，由于该试验点所处工点纵坡小，认为试验面处于水平位置。

(2)试验仪器安装。

1)安装荷载板：先在试验点铺设一层 2 mm 厚中砂作为找平及垫层用，后将荷载板安放于中砂上并轻轻敲打，并确保与地基面完全接触并使用荷载板上的水准气泡调整荷载板处于水平位置。

2)安装反力装置：一般采用压路机作为反力装置，将压路机驶于试验点上方，确保压路机滚筒和后轮与荷载板外边缘间距离在 1 m 以上。

3)安装加载装置：将千斤顶安放于荷载板上，使用水平尺保证千斤顶垂直，同时调节丝杆使千斤顶顶端球铰座紧贴反力装置承载部位。

4)安装下沉量测定装置：双横杆平行布置测桥，将测表对角线安装于荷载板上，且与荷载板中心等距离，同时保证测桥支撑座设置于距离荷载板外边缘及压路机滚筒和后轮中心点 1 m 以上位置处。

(3)加载。

1)为了稳固荷载板，先行加载 0.01 kPa 荷载并持荷 30 s，稳定后卸载，此时将测表调零。

2)以 0.04 MPa 为增量逐级加载，每增载一级，在该级荷载下的下沉量稳定之后读取荷载强度和下沉量并记录在案。

3)当下沉量超过 1.25 mm 时，停止加载，试验结束。

4)当试验过程出现异常时(如荷载板严重倾斜，荷载板过度下沉)，应将试验点下挖相当于荷载板直径的深度，重新进行试验。

3. 数据处理

(1)根据试验结果绘出荷载强度与下沉量关系曲线。

(2)计算地基系数。从荷载强度与下沉量关系曲线得出下沉量基准值时的荷载强度，并按下式计算出地基系数：

$$K_{30}=\sigma_s/S_s \tag{5-1}$$

式中 K_{30}——直径 30 cm 的荷载板测得的地基系数，MPa/m(计算取整数)；

σ_s——荷载强度与下沉量曲线中 $S_s=1.25\times10^{-3}$ m 相对应的荷载强度，MPa；

S_s——下沉量基准值，1.25×10^{-3} m。

4. 工程实例

京津城际铁路永乐车站路基(DK44＋280～＋420)K_{30}平板载荷试验检测地基系数。

(1)现场检测频率要求。沿线路方向每100 m每填高约90 cm抽样检验地基系数K_{30} 4点,其中:距路基边线2 m处左、右各1点,路基中部2点。

(2)K_{30}平板荷载试验现场检测如图5-1所示。

图5-1 地基系数检测

(3)地基系数K_{30}试验报告样式见表5-1。

表5-1 京津城际轨道交通工程地基系数K_{30}试验报告

<table>
<tr><td colspan="2">施工单位</td><td colspan="3">中铁×局联合体中铁×局京津项目部</td><td>报告编号</td><td>(土表试3B)2007-177</td></tr>
<tr><td colspan="2">工程名称</td><td colspan="3">永乐车站路基(DK43＋900～DK45＋755)</td><td>试验日期</td><td>2007-8-14</td></tr>
<tr><td colspan="2">施工里程及部位</td><td colspan="3">DK45＋075～＋300 基床表层</td><td>报告日期</td><td>2007-8-14</td></tr>
<tr><td colspan="2">测点位置及高程</td><td colspan="3">DK45＋082 左中线左 9 m</td><td>填土层次</td><td>第2层</td></tr>
<tr><td colspan="2" rowspan="3">仪器设备</td><td colspan="2">压力表或测力计</td><td colspan="2">百分表编号</td><td>填料名称</td></tr>
<tr><td>编号</td><td>示值范围</td><td>1</td><td>2</td><td rowspan="2">级配碎石(表级碎03)
2007-023</td></tr>
<tr><td>5031</td><td>0～10 mm</td><td>407971</td><td>103677</td></tr>
<tr><td rowspan="2">加载顺序</td><td rowspan="2">压力表或测力计读数(MPa)</td><td rowspan="2">承载板荷载强度(MPa)</td><td colspan="3">沉降百分表读数(0.01 mm)</td><td rowspan="2">累计沉降量
S(0.01 mm)</td></tr>
<tr><td>测表1</td><td>测表2</td><td>平均</td></tr>
<tr><td>预压</td><td>0.3</td><td>0.01</td><td>15</td><td>18</td><td>16.5</td><td>16.5</td></tr>
<tr><td>复位</td><td>0</td><td>0</td><td>0</td><td>0</td><td>0.0</td><td>0.0</td></tr>
<tr><td>1</td><td>1.6</td><td>0.04</td><td>14</td><td>14</td><td>14.0</td><td>14.0</td></tr>
<tr><td>2</td><td>3.3</td><td>0.08</td><td>23</td><td>29</td><td>26.0</td><td>26.0</td></tr>
<tr><td>3</td><td>5.0</td><td>0.12</td><td>38</td><td>45</td><td>41.5</td><td>41.5</td></tr>
<tr><td>4</td><td>6.7</td><td>0.16</td><td>51</td><td>62</td><td>56.5</td><td>56.5</td></tr>
<tr><td>5</td><td>8.5</td><td>0.20</td><td>68</td><td>78</td><td>73.0</td><td>73.0</td></tr>
<tr><td>6</td><td>10.2</td><td>0.24</td><td>88</td><td>96</td><td>92.0</td><td>92.0</td></tr>
<tr><td>7</td><td>12.0</td><td>0.28</td><td>102</td><td>118</td><td>110.0</td><td>110.0</td></tr>
<tr><td>8</td><td>13.7</td><td>0.32</td><td>124</td><td>135</td><td>129.5</td><td>129.5</td></tr>
<tr><td>9</td><td>15.5</td><td>0.36</td><td>145</td><td>161</td><td>153.0</td><td>153.0</td></tr>
</table>

续上表

<table>
<tr><td>沉降 1.25 mm
对应荷载(MPa)</td><td>0.311</td><td rowspan="5" colspan="2">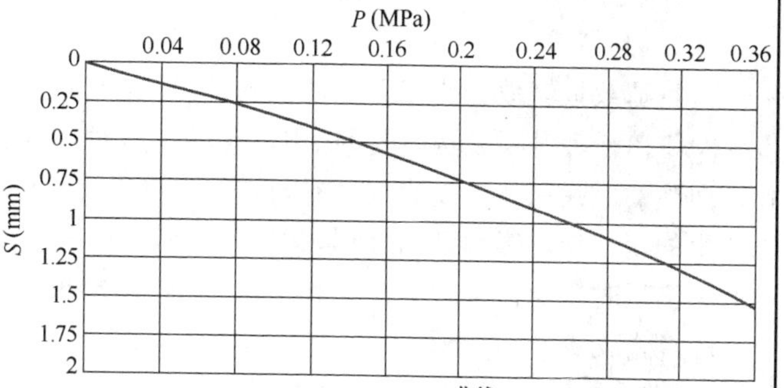

P—S 曲线</td></tr>
<tr><td>地基系数
K_{30}值(MPa/m)</td><td>249</td></tr>
<tr><td>规定值</td><td>≥190</td></tr>
<tr><td>实测值</td><td>249</td></tr>
<tr><td colspan="2">检测环境描述：
检测面平整无坑洞</td></tr>
<tr><td colspan="3">检测评定依据：
《铁路工程土工试验规程》(TB 10102—2004)</td><td>试验意见：
实测 K_{30}值满足设计要求</td></tr>
</table>

试验： 复核： 技术负责人： 单位(章)

5.3 动态变形模量(E_{vd})检测

动态变形模量 E_{vd}是土体在一定大小的冲击力和冲击时间的作用下，抵抗变形能力的参数。其数值能间接地反映列车在高速运行时动应力对路基的作用情况，同时，我国也把 E_{vd}作为了路基基床压实质量标准的指标之一，因此，动态变形模量 E_{vd}检测在控制路基施工质量方面有重大意义。

E_{vd}动态平板载荷试验是采用动态变形模量测试仪来监控检测土体承载力指标——动态变形模量 E_{vd}的方法，通过落锤试验和下沉量测定直接反应土体动态特性。

1. 试验仪器及条件

(1)动态平板载荷试验仪由落锤仪和沉陷测定仪组成。

(2)落锤仪主要有脱钩装置、落锤、导向杆、阻尼装置和荷载板等部分组成。

1)落锤质量为 10 kg，其误差不大于 0.1 kg。

2)荷载板：圆形钢板，直径 300 mm，厚度 20 mm。

3)脱钩装置：必须既能保证挂住落锤使落锤定位，又能使落锤顺利脱钩自由落下；同时既能保证试验时它与导向杆之间连接牢固无位置错动，又能在标定落高时调节其在导向杆上的位置。

4)阻尼装置：必须弹性系数可调、性能稳定、形状对称，外部设置防尘罩。

5)冲击持续时间(18±2)ms。

(3)沉陷定位仪主要由传感器、信号、处理、显示、打印和电源等部分组成。

(4)沉陷测试范围：(0.1～2.0)mm±0.05 mm；E_{vd}测试范围：10 MPa<E_{vd}<225 MPa。

2. 试验过程

(1)实验前准备。

1)天气条件及场地处理与地基系数测定试验相同。

2)检查导向杆的垂直度和测试面的倾斜度不大于5°,检查仪器标明的落距。

(2)试验步骤。

1)将荷载板轻放于待测面上,安装导向杆并保证垂直。

2)将落锤提升至脱钩装置的临界点位置,然后让落锤自由落下,在阻尼装置上产生冲击力后将回弹的落锤抓住。按照上述方式进行3次冲击(预冲击),其目的在于消除实验结果中可能产生的塑性变形影响,同时使荷载板处于精确的平整面。

3)测试时避免荷载板的跳动和位移,并记录数据。

3. 数据处理

根据试验所得结果按照平板压力公式计算:

$$E_{vd}=1.5r\sigma/S \tag{5-2}$$

式中 E_{vd}——动态变形模量,计算值精确至0.1 MPa;

r——圆形刚性荷载板半径,即$r=150$ mm;

σ——荷载板下的最大动应力,此值通过在刚性基础上,由最大冲击力$F_S=7.07$ kN且冲击时间$t_S=18$ ms时标定所得,$\sigma=0.1$ MPa;

S——实测荷载板下沉量,mm。

动态变形模量E_{vd}是由落锤冲击施加一定大小和作用时间荷载的平板试验测得的土体变形模量。通常荷载板的直径为300 mm,锤重为10 kg,最大冲击力为7.0 kN,荷载脉冲宽度18 mm。试验记录落锤冲击时板的沉降。在假定冲击力恒定和泊松比$\mu=0.21$的情况下,由弹性各项同性半空间体上圆形局部荷载的公式计算动态变形模量:

$$E_{vd}=0.79(1-\mu^2)d\sigma/S=1.5r\sigma/S=22.5/S \tag{5-3}$$

式中 d——荷载板的直径,此处为300 mm;

r——荷载板的半径,此处为150 mm;

σ——路基最大动应力,由最大冲击力7.0 kN且脉冲宽度18 mm时标定所得,$\sigma=0.1$ MPa;

S——荷载板的沉陷值,mm;

1.5——荷载板形状影响系数。

4. 工程实例

京津客运专线永乐车站路基(DK44+280~+420)E_{vd}动态平板载荷试验检测。

(1)现场检测频率要求。在基床部位,沿线路纵向每100 m每压实层抽样检验动态变形模量E_{vd}6点,其中:左、右距路肩边线1.5 m处各2点,路基中线2点。

(2)动态变形模量检测如图5-2所示。

(3)E_{vd}路基动态变形模量检测试验报告样式见表5-2。

图5-2 动态变形模量检测

表 5-2 京津城际轨道交通工程 E_{vd} 路基动态变形模量检测试验报告

施工单位	中铁×局联合体中铁×局京津项目部			报告编号		(土表试 3D)2007-018	
工程名称	永乐车站路基(DK43+900~DK45+755)			试验日期		2007-7-21	
施工里程及部位	DK44+230~+400 基床表层			报告日期		2007-7-21	
填料类型	(表层级碎 03)2007-014			压实方法		CA600 振动式压路机	
E_{vd}规定值(MPa)	≥60			试验方法		动态平板载荷试验	
里 程	层 次	填土厚度(cm)	试验位置	冲击顺序	沉陷值(mm)	平均沉陷值(mm)	E_{vd}值(MPa)
DK44+245	第 2 层	0.3	左中线 左 4 m	1	0.201	0.165	136.4
				2	0.146		
				3	0.149		
DK44+245	第 2 层	0.3	左中线 右 2.5 m	1	0.191	0.182	123.6
				2	0.177		
				3	0.178		
DK44+245	第 2 层	0.3	左中线 右 9 m	1	0.146	0.136	165.4
				2	0.138		
				3	0.126		
DK44+245	第 2 层	0.3	左中线 右 4 m	1	0.158	0.154	146.1
				2	0.145		
				3	0.160		
检测评定依据： 《铁路工程土工试验规程》(TB 10102—2004) 《客运专线铁路路基工程施工质量验收暂行标准》				试验意见： 依据 TB 10102—2004 规范检测，符合《客运专线铁路路基工程施工质量验收暂行标准》的要求			

试验： 复核： 技术负责人： 单位(章)

5.4 二次变形模量(E_{v2})检测

二次变形模量 E_{v2} 是用二次加载测得的承载板下应力和与之相对应的承载板中心沉降量计算的变形模量。虽然地基系数 K_{30} 也能反映路基土体强度及变形关系的参数，但其荷载—沉降曲线是一次加载得到的，其中也包含了填料的弹性及塑性变形，而二次变形模量 E_{v2} 试验的荷载—沉降曲线是在逐级加载后逐级卸载，再二次加载得到的，可认为第一次加载消除了填料的塑性变形，而二次加载测得的变形模量 E_{v2} 试验更能代表土基的真实模量。

1. 试验仪器及试验条件

主要试验仪器包括承载板、反力装置、加载装置、荷载量测装置和沉降量量测装置。

(1)承载板直径为(30±0.2)mm、厚度25 mm±0.2 mm的Q345圆形钢板,承载板表面粗糙度$R_a \leqslant 6.3\ \mu m$。

(2)反力装置承载力必须大于最大试验荷载10 kN以上。

(3)加载装置应符合下列要求。

1)千斤顶应通过高压油软管与手动液压泵连接。千斤顶顶端设置球铰,并配备可调节丝杆和加长杆件。

2)高压油软管长度不小于2 m,两端应装有自动开闭阀门的快速接头。

3)手动液压泵上应装有可调节减压阀,可准确地对承载板进行分级加载、卸载。

4)千斤顶两边应固定,并确保不倾斜。千斤顶活塞的行程不小于150 mm,试验中保证千斤顶高度不大于600 mm。

(4)荷载量测装置的量测表量程应达到最大试验荷载的1.25倍,最大误差不大于1%,显示值应能保证荷载板上的有效荷载至少达到0.001 MPa。

(5)沉降量量测装置应符合下列要求。

1)沉降量测装置由测桥和测表组成。

2)测桥的测量臂可采用杠杆式或垂直抽拉式且有足够的刚度。

3)承载板中心至测桥支撑座的距离应大于1.25 m,杠杆式测量臂杠杆比$h_P : h_M$可在1∶1至1∶2之间选择,选定后不得改变。

4)沉降量测表最大误差不大于0.04 mm,分辨率应达到0.01 mm,量程不小于10 mm。

(6)其他辅助工具包括铁锹、钢板尺(400 mm)、毛刷、刮铲、水准仪、铅锤、褶尺、干燥中砂、石膏粉、油、遮阳挡风设施等。

(7)传感器、测表应按照国家有关规定标定;变形模量E_{v2}测试仪必须每年标定一次。

2. 实验过程及结果

(1)天气条件与试验场地要求与地基系数测定试验相同。

(2)实验仪器安装及要点。

1)安装荷载板:先在试验点铺设一层2 mm厚中砂作找平及垫层用,后将荷载板安放于中砂上并轻轻敲打,并确保与地基面完全接触且使用荷载板上的水准气泡调整荷载板于水平位置。

2)安装反力装置:一般采用压路机作为反力装置,将压路机驶于试验点上方,确保压路机滚筒和后轮与荷载板外边缘间距离在0.75 m以上。

3)安装加载装置:将千斤顶安放于荷载板上,使用水平尺保证千斤顶垂直,同时调节丝杆使千斤顶顶端球铰座紧贴反力装置承载部位。

4)安装下沉量测定装置:安装测桥时将沉降量量测装置的触点自由放入承载板上测量孔中心位置,沉降量测表必须与测试面垂直。测桥支撑座与反力装置支撑点(即压路机滚筒及后轮中心点)的距离大于1.25 m。

5)试验过程中测桥与反力装置严禁晃动。

6)沉降量量测装置应做遮阳挡风处理。

(3)加载与卸载。二次变形模量E_{v2}试验分为预加载及两次加载、卸载。

1)预加载时,预先加0.01 MPa荷载并持荷30 s,稳定后卸载,此时将沉降量测表调零。

2)第一次加载分为6个加载等级,以大致相等的增量(0.08 MPa)逐级加载,持荷2 min

并保证荷载恒定，当沉降量达到 5 mm 时，停止加载并卸载，卸载按照最大荷载的 50%、25%、0 三级卸除荷载，每级加载与卸载过程在 1 min 之内完成。

3)第一次卸载完成后，按照第一次加载的操作步骤进行二次加载，二次加载使用第一次加载的加载等级，直至第一次加载最大荷载的倒数第二级。

4)记录第一次、第二次加载中每级加载的载荷及相对应的下沉量。

3. 数据处理

(1)将每一级荷载的应力 σ 和所对应的沉降量测表读数填写到记录表格中。承载板中心沉降量 S 应按下式计算：

$$S=S_M \cdot h_p/h_M \tag{5-4}$$

式中 S——承载板中心沉降量，mm；

S_M——沉降量测表读数，mm；

h_p/h_M——杠杆比。

(2)变形模量计算。

$$E_{vi}=1.5r/(\alpha_1+\alpha_2\sigma_{1max}) \tag{5-5}$$

式中 E_{vi}——变形模量，MPa；

r——承载板半径，mm；

σ_{1max}——第一次加载最大应力，MPa；

α_1——一次项系数，mm/MPa；

α_2——二次项系数，mm/MPa^2。

(3)绘制应力—沉降量曲线图。按相关规定要求，根据试验结果绘制应力—沉降量曲线图，并在曲线上用箭头标明受力方向。

4. 工程实例

京津城际铁路永乐车站路基(DK44＋280～＋420)变形模量 E_{v2} 现场试验检测。

(1)现场检测频率要求。沿线路纵向每 100 m 每填高约 90 cm 抽样检验 E_{v2} 4 点，其中：距路基边线2 m处左、右各 1 点，路基中部 2 点。

(2)E_{v2} 静态变形模量现场检测如图 5-3 所示。

图 5-3 E_{v2} 静态变形模量现场检测

(3)E_{v2} 路基静态变形模量检测试验报告样式见表 5-3。

表 5-3　京津城际轨道交通工程 E_{v2} 路基静态变形模量检测试验报告

施工单位	中铁×局联合体中铁×局京津项目部		报告编号	(土试 3C)2007-197	
工程名称	永乐车站路基(DK43+900~DK45+755)		试验日期	2007-6-13	
施工里程	DK44+420~+522.65		报告日期	2007-6-13	
测试部位	基床底层		压实方式	CA600 振动式压路机	
试验条件	填料名称	试验方法	测点桩号	填土层次	E_{v2}/E_{v1} 规定值
	细角砾土 B 组 (土 03)2007-009	E_{v2} 静态变形模量	DK44+433 左中线右 5 m	第 8 层	≤3.00
加卸载顺序号	荷载 F(kN)	应力 σ(MPa)	沉降量测表读数 S_M(mm)	承载板中心沉降量 S(mm)	
预压	0.71	0.01	—	—	
复位	0.00	0.000 0	0.00	0.00	
1	5.73	0.081 0	0.18	0.36	
2	11.31	0.160 0	0.32	0.64	
3	16.98	0.240 2	0.48	0.96	
4	22.62	0.320 0	0.58	1.16	
5	28.29	0.400 2	0.67	1.34	
6	31.84	0.450 4	0.76	1.52	
7	35.34	0.500 0	0.82	1.64	
卸载					
8	17.71	0.250 6	0.76	1.52	
9	8.86	0.125 3	0.66	1.32	
10	0.00	0.000 0	0.47	0.94	
第二次加载					
11	5.79	0.081 9	0.54	1.08	
12	11.29	0.159 7	0.62	1.24	
13	16.98	0.240 2	0.69	1.38	
14	22.68	0.320 8	0.75	1.50	
15	28.35	0.401 0	0.79	1.58	
16	31.82	0.450 1	0.81	1.62	
E_{v1}(MPa)	71.24	E_{v2}(MPa)	152.00	E_{v2}/E_{v1}	2.13
检测评定依据： 《变形模量 E_{v2} 检测规程(试行)》			试验意见： 实测 E_{v2} 值满足设计要求		

试验：　　　复核：　　　技术负责人：　　　单位(章)

5.5 压实系数检测

路基压实度检测主要通过现场取土样测定其湿密度 ρ 和含水率 ω，从而计算得到干密度

ρ_d，再与室内重型击实试验得到的最大干密度 ρ_{dmax} 再进行比较，得到路基压实系数 K，即：

$$\rho_d = \frac{\rho}{1+\omega} \tag{5-6}$$

$$K = \frac{\rho_d}{\rho_{dmax}} \times 100\% \tag{5-7}$$

式中　ρ——现场取土湿密度，g/cm^3；

ω——现场取土含水率；

K——压实系数；

ρ_d——现场取土干密度，g/cm^3；

ρ_{dmax}——室内试验所得土体最大干密度，g/cm^3。

1. 试验仪器

(1)灌砂法试验所用仪器。

1)灌砂法密度测试仪(由容砂瓶、灌砂漏斗和底盘组成，容砂瓶溶剂 4 L，灌砂漏斗高 135 mm、直径165 mm，颈部有孔径 13 mm 的圆柱形阀门，容砂瓶和灌砂漏斗之间用螺纹接头拼接，底盘承托灌砂漏斗和容砂瓶)。

2)天平(称量 10 kg，分度值 5 g；称量 500 g，分度值 0.1 g)。

3)小铁锹、小铁铲、盛土容器等。

(2)击实试验所用仪器。

1)击实试验用击实筒(配有钢护筒、底板和垫块)。

2)击锤(配备导筒且导筒与击锤间有间隙能使击锤自由下落，同时设有排气孔)。

3)螺旋式推土器、天平(称量 200 g，分度值 0.01 g)。

4)台秤(称量 15 kg，分度值 5 g)。

5)标准筛(孔径分别为 5 mm、20 mm、40 mm)。

6)黏土设备，喷水设备，切土刀，称量盒，烘箱等；含水率测定试验主要仪器有电热干燥箱(温度保持在 105～110 ℃)，天平(称量 200 g，分度值 0.01 g；称量 1 000 g，分度值 0.2 g)，干烘器，称量盒等。

2. 试验过程及结果

(1)现场取土灌砂法试验。

1)试验前先进行标准砂密度测定，步骤如下：

①选用粒径 0.25～0.5 mm，密度在 1.47～1.61 g/cm^3 的洁净干燥砂。

②将容砂瓶与灌砂漏斗经螺纹接头连接紧密并做以标记，以便以后使用时固定在同一位置，称量组装好的密度测定仪质量 m_1，精确至 5 g。

③将干燥洁净的密度测定仪竖立(灌砂漏斗口向上)放置于工作台，打开阀门，往测定仪中注水直至高出阀门，关闭阀门倒掉多余的水，称量注满水的密度测定仪的总质量 m_2，精确至 5 g，同时测定水温，精确至 0.5 ℃。重复以上操作 2 次，将 3 次测得的差值换算为水体积，两差值不超过 3 mL 时，视为测定合格，取此 3 值的平均值。

④将干燥洁净的密度测定仪竖立(灌砂漏斗口向上)放置于工作台，关闭阀门，向灌砂漏斗中灌满标准砂，打开阀门使漏斗中的砂漏入容砂瓶，一边继续往漏斗中添加标准砂，当标准砂停止流动时迅速关闭阀门。倒掉漏斗中多余砂，称量标准砂与密度测定仪的总质量 m_3，精确

至 5 g。注意试验过程中严禁振动。

⑤按照下式计算容砂瓶容积：

$$V=(m_2-m_1)/\rho_{wT} \tag{5-8}$$

式中 V——容砂瓶容积，L；

m_2——注满水的测定仪总质量，g；

m_1——密度测定仪的质量，g；

ρ_{wT}——试验温度下测得的水密度，g/mL。

⑥按照下式计算标准砂的密度：

$$\rho_s=(m_3-m_1)/V \tag{5-9}$$

式中 ρ_s——标准砂密度，g/cm^3；

m_3——灌满标准砂的密度测定仪总质量，g；

m_1——密度测定仪的质量，g；

V——容砂瓶容积，L。

2)测定灌满灌砂漏斗所需标准砂的质量按照以下步骤：

①按照标准砂密度测定步骤将容砂瓶灌满，称量总质量 m_3，精确至 5 g。

②将灌满标准砂的密度测定仪倒置(灌砂漏斗口向下)于一干燥洁净平面上，打开阀门直至砂停止流动同时迅速关闭阀门，称量剩余标准砂与密度测定仪的总质量，用之前测定的 m_3 减去该剩余质量即为灌满漏斗所需标准砂的质量 m_4。

③重复上述步骤 3 次，取平均值。

3)灌砂法测定现场取土湿密度步骤：

①取土：将灌砂法测定仪倒置并沿灌砂漏斗画一道轮廓线，在轮廓线范围内挖一个直径略大于150 mm、深度略大于 200 mm 的土坑，所取土用作试验；将所取土全部进行称量，精确至 10 g，记录称量数据 m_p，同时留取 100 g 土进行含水率测定。

②向容砂瓶内灌注标准砂，关闭阀门，称量灌满标准砂的密度测定仪的总质量，精确至 5 g。

③将密度测定仪倒置(灌砂漏斗口向下)于挖好的坑口上，打开阀门，使标准砂流入坑内，标准砂停止流动时迅速关闭阀门。

④称量密度测定仪和仪器内剩余标准砂的总质量 m_5，准确至 5 g，计算灌满土坑所用标准砂质量：

$$m_s=m_3-m_4-m_5 \tag{5-10}$$

⑤按照下列公式计算现场取土湿密度：

$$\rho=\frac{m_p}{\dfrac{m_s}{\rho_s}} \tag{5-11}$$

式中 ρ——现场取土湿密度，g/cm^3；

m_p——取自土坑内的土体总质量，g；

m_s——灌满试坑所用标准砂的质量，g；

ρ_s——经试验测得的标准砂密度，g/cm^3。

⑥按照下列公式计算现场取土干密度：

$$\rho_d=\frac{\dfrac{m_p}{1+0.01\omega}}{\dfrac{m_s}{\rho_s}} \tag{5-12}$$

式中 ρ_d——现场取土的干密度，g/cm^3；

m_p——取自试坑内的土体总质量，g；

ω——现场取土含水率；

m_s——灌满试坑所用标准砂的质量，g；

ρ_s——经试验测得的标准砂密度，g/cm^3。

(2)现场取土含水率测定按照以下步骤进行。

1)将现场取得的土样等分为两份(每份 50 g)分别放置于两个称量盒内，并称量湿土质量 m_w。

2)打开盒盖将装有土样的试验盒放入电热干燥箱，在 105～110 ℃温度下烘干。

3)按照规定时间烘干后，取出试验盒放入干燥器内冷却至室温时称量干土质量 m_d。

4)按照下列公式计算土样含水率：

$$\omega=\left(\frac{m_w}{m_d}-1\right)\times 100\% \tag{5-13}$$

式中 ω——所取土样含水率；

m_w——土样湿土质量，g；

m_d——土样干土质量，g。

5)在两次试验所得含水率 ω_1 和 ω_2 差值符合平行差值标准时，取平均值为现场所取土样含水率 ω。

(3)击实试验测定土样最大干密度步骤。

1)取天然含水率的土样碾碎过 5 mm、20 mm 筛，将筛下的土样拌制均匀，并按照含水率测定方法测定其天然含水率。根据土样的塑限估计最优含水率，取 5 份试样，一份保持天然含水率，其余 4 份分别进行风干或加水达到要求的含水率。

2)将试验仪器组装好，在击实筒和护筒内壁涂一薄层润滑油，分层装样并按照要求击数击实，保证每层试样高度基本一致，下层击实后将表面刮毛再加入上一层土再进行击实；最后一层击实后超出击实筒的余土高度不得大于 6 mm。

3)击实完成后拆除护筒，用切土刀修平击实筒顶部的土样，拆除底板，如土样底面超出筒外时也用切土刀修平，将筒外壁擦净后称量土样总质量，精确至 5 g。

4)计算击实后的试样的湿密度 ρ，并取两个代表性试样测定含水率 ω，两试样的含水率差值不得大于 1%。

5)重复进行其他含水率试样的击实试验。

6)按照下列公式计算击实后试样的干密度：

$$\rho_d=\frac{\rho}{1+\omega} \tag{5-14}$$

式中 ρ——现场取土湿密度，g/cm^3；

ω——现场取土含水率；

ρ_d——现场取土干密度，g/cm^3。

7)在直角坐标纸上以干密度为纵坐标,含水率为横坐标,绘制干密度与含水率的关系曲线。曲线上的峰值点分别表示该试样的最大干密度和最优含水率。

3. 工程实例

京津客运专线永乐车站路基(DK44+280~+420)灌砂法现场检测孔隙率 n 和压实系数。

(1)现场检测频率要求。沿线路纵向每 100 m 每压实层抽样检验压实系数 K(改良细粒土)或孔隙率(砂类土和碎石类土)6 点,其中:左、右距路肩边线 1 m 处各 2 点,路基中线 2 点,有反压护道地段每 100 m 增加处 1 个检测点。

(2)灌砂法现场检测如图 5-4 所示。

图 5-4 灌砂法现场检测

(3)灌砂法孔隙率试验报告样式见表 5-4。

表 5-4 京津城际轨道交通工程灌砂法孔隙率试验报告

委托单位	中铁×局联合体 中铁×局京津项目部		报告编号	(土表试 3A)2007-029
工程名称	永乐车站路(DK43+900~DK45+755)		试验日期	2007-8-14
取样地点	DK45+075~+300		检测部位	基床表层
土样报告编号	(表层级碎 03)2007-023		检验层次	第 2 层
最大干密度(g/cm³)	2.82		规定孔隙率值(%)	<18
试验结果				
测点桩号	含水率(%)	湿密度(g/cm³)	干密度(g/cm³)	孔隙率(%)
DK45+085 距左中线左 9 m	3.8	2.45	2.36	16.3
DK45+085 距左中线右 2.5 m	4.0	2.44	2.35	16.7
DK45+085 距左中线右 16 m	3.9	2.45	2.36	16.3
DK45+135 距左中线左 6 m	4.1	2.43	2.33	17.4
DK45+135 距左中线右 2.5 m	3.7	2.46	2.37	16.0
DK45+135 距左中线右 16 m	3.8	2.47	2.38	15.6
DK45+185 距左中线左 5 m	3.8	2.48	2.39	15.2

续上表

试　验　结　果				
测点桩号	含水率(%)	湿密度(g/cm³)	干密度(g/cm³)	孔隙率(%)
DK45＋185 距左中线右 2.5 m	3.9	2.46	2.37	16.0
DK45＋185 距左中线右 10 m	3.7	2.45	2.36	16.3
DK45＋185 距左中线右 30 m	4.0	2.48	2.38	15.6
DK45＋235 距左中线左 4 m	4.1	2.45	2.35	16.7
DK45＋235 距左中线右 2.5 m	3.8	2.48	2.39	15.2
检测评定依据：《铁路工程土工试验规程》(TB 10102—2004)	试验意见：实测孔隙率满足要求			

试验：　　　　复核：　　　　技术负责人：　　　　单位(章)

6　高速铁路路基沉降观测与评估

高速铁路无砟轨道要求轨道具有很高的平顺性，线路对路基沉降变形是十分敏感的，特别是工后沉降，而无砟轨道线路状态只能通过扣件系统调整，因此，与有砟轨道相比，无砟轨道对轨下基础变形要求更为严格，对路基变形控制要求更高。

高速铁路路基沉降与评估的目的主要有以下几个方面：一是评估无砟轨道铺设条件，科学确定无砟轨道铺设时间；二是为施工开展提供及时的反馈信息，验证和调整设计参数并采取措施；三是研究发展沉降变形预测方法；四是积累经验，提高工程设计水平。

6.1　路基沉降观测方案及观测技术要求

6.1.1　观测内容

路基沉降观测包括施工期、铺轨前静置期和铺轨完成运营期三个部分，主要观测内容有：路基面沉降观测、路基基底沉降观测、路基本体沉降观测。路基沉降观测项目见表 6-1。

表 6-1　路基沉降观测项目表

项　　目	观 测 元 件	测 量 仪 器	观测点数量	备　　注
路基面沉降	观测桩	水准仪	3	路基面和地基沉降观测点应设在同一横断面上，轨道铺设后每个断面观测桩减为 2 个，沉降板只保留断面中间 1 个
路基基底沉降	沉降板、单点沉降计	水准仪	1～2	
路基基底全断面沉降	剖面沉降管	PVC 管坡面沉降仪	1	
改良土填土沉降	单点沉降计	读数仪	1	

6.1.2　测点布设

(1)路基沉降观测应以路基面沉降和地基沉降观测为主。沉降变形观测断面应根据不同的地基条件，不同的结构部位等具体情况设置；测点的位置应满足设计要求，同时还应针对施工掌握的地质地形等情况调整或增设。

(2)观测点应设在同一横断面上，便于集中观测。同一观测频率，更便于观测数据的综合分析，也有利于观测点的看护。

(3)路基面观测断面沿线路方向的间距一般不大于 50 m；地势平坦、地基条件均匀良好的路堑、高度小于 5 m 的路堤可放宽到 100 m；地形条件变化较大的地段观测断面应适当加密。

(4)一般路基填筑至路基基床表层顶面，加堆载预压的路基填筑至基床底层表面后，在路基面设置观测桩，进行路面沉降观测，观测时间不小于 6 个月。根据阶段性观测结果，分析评价地基的最终沉降量、完成时间，及时调整设计措施使地基处理达到预定的控制要求。

(5)测点及观测元件的埋设位置应符合设计要求，且标设准确、埋设稳定。观测期间应对观测点采取有效的保护措施，防止施工机械的碰撞，人为因素的破坏，务必使观测工作能善始善终，取得满意成果。

观测断面的设置及观测断面的观测内容、元件的布设应根据地形、地质条件、地基压缩层厚度、路堤高度、地基处理方法、堆载预压等具体情况，结合沉降观测方法和工期要求具体确定。

6.1.3 观测频次

路基施工各阶段沉降观测频次应满足表 6-2 要求。

表 6-2 路基沉降观测频次

观测阶段	观测频次	
填筑或堆载	一般情况	1 次/d
	沉降量突变	2～3 次/d
	两次填筑间隔时间较长	1 次/3d
堆载预压或路基施工完毕	第 1 个月	1 次/周
	第 2、3 个月	1 次/10 d
	3 个月以后	1 次/2 周
	6 个月以后	1 次/月
无砟轨道铺设后	第 1 个月	1 次/2 周
	第 2、3 个月	1 次/月
	3～12 个月	1 次/3 月

6.1.4 技术要求

(1)所有高程水准测量应满足二等变形等级测量技术要求，按国家一等精密水准测量方法施测，测量精度为±1 mm，读数取位至 0.1 mm。由于沉降变形量较小，实际观测中，有必要提高标准，一般要求测量精度±0.1 mm，读数取位至 0.01 mm。

(2)单点沉降计采用人工智能频率检测仪器进行测试，单点沉降计量程 20 cm，精度 1%量程，灵敏度 0.05 mm。

(3)剖面沉降采用剖面沉降仪进行测试，适用于大变形，精度 8 mm/30 m，灵敏度 0.01 mm。

(4)静力水准仪采用智能频率检测仪器进行测试，静力水准仪量程 10 cm，精度 1 mm，灵敏度0.01 mm。垂直位移监测网的主要技术要求见表 6-3。

表 6-3 垂直位移监测网的主要技术要求

等级	相邻基准点高差中误差(mm)	每站高差中误差(mm)	往返较差、附合或环线闭合差(mm)	检测已测高差较差(mm)	使用仪器、观测方法及要求
一等	0.3	0.07	$0.15\sqrt{n}$	$0.2\sqrt{n}$	DS05 型仪器，视线长度≤15 m，前后视距差≤0.3 m，视距累计差≤1.5 m。宜按国家一等水准测量的技术要求施测

续上表

等级	相邻基准点高差中误差(mm)	每站高差中误差(mm)	往返较差、附合或环线闭合差(mm)	检测已测高差较差(mm)	使用仪器、观测方法及要求
二等	0.5	0.15	$0.3\sqrt{n}$	$0.4\sqrt{n}$	DS05 型仪器,宜按国家一等水准测量的技术要求施测
三等	1.0	0.30	$0.6\sqrt{n}$	$0.8\sqrt{n}$	DS05 或 DS1 型仪器,宜按二等水准测量的技术要求施测
四等	2.0	0.70	$1.40\sqrt{n}$	$2.0\sqrt{n}$	DS1 或 DS3 型仪器,宜按三等水准测量的技术要求施测

注:n 为测站数。

6.2 路基沉降观测主要设备及器具

高速铁路路基沉降变形现场原位观测主要观测设备及器具包括观测桩、沉降板、分层沉降仪、剖面沉降仪、单点沉降计等。

6.2.1 沉降观测桩

采用 ϕ20 mm 底端带弯头的钢筋,钢筋原长不小于 40 cm,底部做成带弯钩状。一般路基填筑至基床表层顶面,加载预压路堤填筑到基床底层顶面后,挖坑埋置于设计位置,坑深 30 cm,边长 15 cm,采用砂浆浇筑固定。路基面观测桩一般设在距左右线路中心 3.2 m 处。观测点钢筋头为半球形,高出埋设表面 5 mm,表面做好防锈处理。采用水准仪按国家一等精密水准测量方法测量观测沉降观测桩高程变化。

6.2.2 沉 降 板

由钢底板(50 cm×50 cm,厚 1 cm)、金属测杆(ϕ40 mm 厚壁镀锌铁管)、及保护套管(直径不小于ϕ75 mm,壁厚不小于 4 mm 的硬 PVC 管)组成,如图 6-1 所示。

(1)沉降板埋设位置应按试验设计测量确定,沉降板埋设在褥垫层顶部并嵌入其内 10 cm,采用中粗砂回填密实,再套上保护套管,保护套管略低于沉降板测杆,上口加盖封住管口,并在其周围填筑相应填料稳定保护套管,完成沉降板的埋设工作。

(2)采用水准仪测量埋设就位的沉降板测杆的杆顶高程作为初始读数,随着路基填筑施工逐渐接高沉降板测杆和保护套管每次接长高度以 1 m 为宜,接长前后测量杆顶高程变化量确定接高量。金属测杆用内接头连接,保护套管用 PVC 管外接头连接,如图 6-2 所示。

(3)沉降板埋设后,制作相应的标示旗或保护架插在上方,凡沉降板附近 1 m 范围内土方应采用人工摊平及小型机具碾压,不得采用大型机械推土及碾压,并配备专业人负责指导,以确保沉降板不受损坏。

6.2.3 分层沉降仪

分层沉降仪由两大部分组成:一是地下埋入部分,由沉降导管和底盖、沉降磁环组成;二是地面接收仪器—钢尺沉降仪，由测头、测量电缆、接收系统和绕线盘等部分组成，如图 6-3 所示。

图 6-1 沉降板

图 6-2 接高沉降板测杆

(a) 磁环式分层沉降管

(b) 分层沉降仪测头

图 6-3 磁环式分层沉降仪

分层沉降采用钻孔埋设，埋设及安置要点如下：

(1)埋设时间：砂垫层和塑料排水板打设完成之后，第一层地基土填筑以前。

(2)放线定位：采用全站仪测放定位，位置偏差控制在 20 cm 以内。

(3)造孔：在放好的点位上安放好钻机，调整钻机水平，选用 147 mm 的钻头全缎带套管钻进，直至设计要求的位置。钻孔倾斜度小于 0.5%，钻孔到位后，清理套管内的残留淤泥。

(4)安置磁环：居中放入端部封闭的塑料测管，提起钻孔套管，使空套管的下端位于需要布设磁环的位置。将磁环套在塑料测管上，注意应使磁环的弹性支撑方向向上。用特制的工具将磁环由上而下推入。

(5)堵孔固定：尽量将塑料测管保持竖直，投入粗砂将测管外壁与钻孔之间的空隙堵住，并固定测管。

(6)保护：测管顶应高出填土面小于 0.5 m，测管周边设护筒保护，护筒外表面应选用醒目的彩条布，为了防止夜间施工破坏沉降板，彩条布应涂上发光涂料。

(7)初始读数：基槽回填后应立即测度每个磁环的原始高程读数，24 h 后再进行复核，并确定其初始沉降。

6.2.4 剖面沉降仪

采用专用 PVC 塑料硬管,其抗弯刚度应能适应被测土体的竖向位移要求,柔韧性好,不易压碎,导管内十字导槽应顺直,管端接口密实。剖面沉降测量是将剖面沉降仪探头导轮卡至于预埋剖面沉降管的十字导槽内,从一端按一定间隔依次读数,起始端管口高程采用水准仪按国家一等精密水准测量方法进行测量,再通过数据处理计算求出不同位置处地基的沉降量。

剖面沉降管埋设要点如下:

(1)用全站仪测定管侧面的中心里程及埋设方向。

(2)剖面沉降管埋设在基底碎石垫层顶部,在碎石褥垫层顶面开槽埋设,在垂直线路方向开完出宽20 cm,深 30 cm 的沟槽,槽底采用 5 cm 左右中粗砂填平,剖面管顶面回填 5 cm 中粗砂并与褥垫层相平。

(3)剖面沉降管埋设时,应按设计用螺钉进行组装,导管用外接头连接至大于埋设长度约 2 m(两端各伸出 1 m 左右),两端用管盖封住,并预先在导管内穿一条镀锌钢丝绳作测试时来回牵引沉降仪用。

(4)剖面沉降管内十字导槽方向应与地面垂直,两头应砌筑观测井(井壁厚 30 cm,井内断面尺寸90 cm×120 cm,井深 100 cm),以方便观测并对孔口进行长期保护,同时应做好井内及其周围的排水。

(5)剖面沉降管连接时应特别注意导线槽对正,不得扭曲。连接方法是:每节测斜管上套入连接管的长度的一半,对正连接管上的槽接下一节管。检查各节管连接良好及导向槽对接正确后才能铺设。为防止泥沙从连接管段进入管内,在路堤外面的测斜管接管均应以 300 g/m^2 的无纱土工布包裹,外用塑料绳扎紧,无纱土工布接口处用电工胶布粘结。

(6)剖面沉降管铺设时(图 6-4),一对导槽应垂直放置,另一对导槽应水平放置,并预先在测斜管内穿入测绳(或细钢丝绳)一根,用于测量时拉测头用。

(7)待上部一层填料压实稳定后,连续监测数日,取稳定读数作为初始读数。

6.2.5 单点沉降计

1. 单点沉降计测量原理

单点沉降计由位移计、锚头、法兰沉降盘、测杆等部件组成,如图 6-5 所示。

图 6-4 剖面沉降管铺设

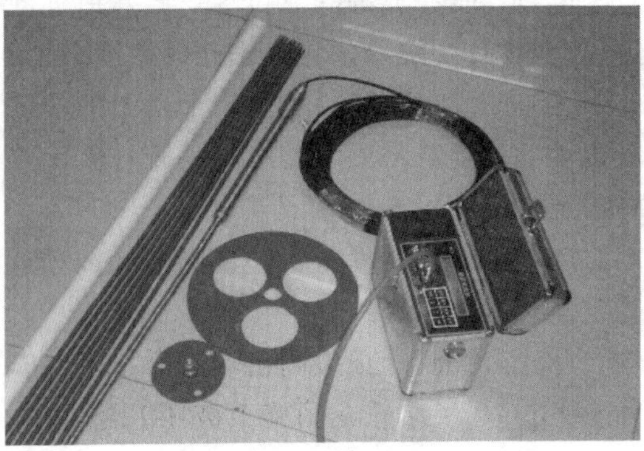

图 6-5 单点沉降计

单点沉降计适用于测量锚头与沉降盘之间土体的变形位移，可进行长期监测和自动化测量。其锚头设置在相对不动点(基岩)，沉降盘设置在监测高程，导线从侧面引出。当地基下沉时，沉降盘与地基同步下沉，使传感器的活动导磁体在其磁通感应线圈内发生相对滑移，通过读数仪测出位移量，实现沉降观测目的。单点沉降计量程要求 200 mm，精度为 1%量程，灵敏度 0.05 mm。

2. 安装时间及位置确定

根据设计的施工图纸在需要用单点沉降计进行沉降变形观测处，利用全站仪进行测量以确定好变形观测点位置。在查看标准设计图纸时，应明确单点沉降计的沉降变形观测目的是观测路基基底沉降还是路基填筑本体的沉降，以便于适时地进行埋设。

观测路基基底沉降：在线路的线路中心处，待施工场地平整，清理好场地后，路基填筑进行前(需要进行换填时，在换填以前土工模铺设前)，选择无雨雪等良好的天气情况下，进行钻孔预埋安装。

观测路基本体沉降：采用改良土施工填筑，在进行路基基床底层填筑前，清理好现场，选择无雨雪天气进行钻孔预埋安装。

3. 安装方法及步骤

(1)钻孔：在测点位置进行准确测量放样后即可进行钻孔，孔径大小以 ϕ90 mm～ϕ110 mm 为宜，使用铅垂测量钻孔的垂直情况。钻孔深度穿过软土层、大于地基压缩层厚度，直至基岩且应入岩 500 mm，应无塌孔、缩孔现象存在。若避免不了缩孔或塌孔等现象时，则应立即使用 ϕ110 mm PVC 套管护壁的方式，进行钻孔埋设。套管埋入的深度，大于缩孔或塌孔部位深度。

当进行改良土施工时，监测路基本体的沉降量，钻孔深度应钻至原地表面，这样还需要确定原地表面的高程及填筑高度。

(2)探孔：首先用等径接头连接好锚头与测杆，将接好锚头的测杆缓慢放入已钻好的钻孔内(锚头朝下，测杆朝上)。待测杆顶部离孔口高约 200 mm 时停住，且用等径接头加长测杆，再往下放置，直至锚头下放到孔底。根据下放至孔内测杆长度确定孔的实际深度。在进行探孔时要保证孔底无沉渣、淤泥等，保证单点沉降计的锚头与基岩直接接触。

(3)安装沉降计：为了更好地保护单点沉降计主体，要求法兰沉降盘应安装于地基基础面以下 10～20 cm，因此在探孔确定好孔深后，所需测杆总长应采用不同长度的测杆来配置。在确定好所需测杆后，将锚头、测杆与沉降主体连接好安装至孔内且锚头至基岩。

(4)注浆：为了将锚头与基岩更好地锚固成为整体，必须用注浆方式将锚头固定。首先，将注浆管直插到孔底，把注浆管的另一端与地质钻的出水管相连接，用地质钻进行注浆。水泥浆比例(水∶水泥＝1∶1)，孔底浆层深度为 1～2 m。

(5)安装法兰沉降盘：由于法兰沉降盘须安装在基础面以下 10～20 cm，因此在注浆后，拉伸沉降计主体至满量程，确定法兰沉降盘安装在基础面以下的实际深度，将孔口用沉降计的包装泡膜暂时堵住，防止泥土掉入孔内，再用铲子在沉降计安装孔上部挖一个 ϕ400 mm 的孔，孔深以能安装好法兰沉降盘为准，孔口应平整。挖好孔后，取出堵孔的泡膜，安装好法兰沉降盘，并用测试仪对单点沉降计进行测试，确保单点沉降计初装位移值在 170～180 mm 之间。

(6)灌砂：单点沉降计安装好，待水泥浆沉淀 2 h 后，往孔内灌砂回填，以防止安装孔塌孔而影响测试数据。灌砂时应缓慢灌注，以防孔被堵塞，在灌砂的同时用 2 m 长的竹竿或钢管将砂稍微夯实，使灌砂至法兰沉降盘以下 10 cm 处，再用混凝土填实至法兰沉降盘(防止施工后期雨水渗入孔内而影响路基结构),法兰沉降盘上部可用中粗砂回填至地基面。

(7)保护:单点沉降计及传输电缆的保护是安装后其成活率的关键所在,因此装好单点沉降计后,将传输电缆套上 ϕ20 mm 的 PVC 钢丝波纹管进行保护,钢丝波纹管首端应插入法兰沉降盘下,并挖深 300 mm、宽 100 mm 的布线槽,集中从观测箱一侧引出路基,有条件的可引入自动采集箱内,并注意使钢丝波纹管及导线适当松弛。布线槽用中粗砂回填至地基面。

4. 观测与数据记录、整理

(1)做好单点沉降计安装记录,存档。其内容包括:该段面里程、单点沉降计埋设的具体位置、埋设锚头深度、实验编号、单点沉降计编号、埋设安装日期、天气状况及安装人员。

(2)制作好相应的标示牌,插在法兰沉降盘位置及传输电缆布线位置,以作标示。在每次工序转换施工时要安排专人负责看管,以防单点沉降计因施工或自然因素而破坏。

(3)在单点沉降计安装好后 3～5 天内,法兰沉降盘上部不能碾压。待缩孔后采用读数仪对安装时的初始位移量进行测试,按照要求做好单点沉降计的埋设台账。

6.3 路基沉降观测数据及其处理方法

6.3.1 一般要求

(1)观测资料应齐全、详细、规范,符合设计及规范要求。所有测试数据应真实、可靠,并有可追溯性;记录必须清晰,不得擦改;测试、记录人员必须签名。

(2)人员测试数据应当天及时输入计算机,核对无误后在计算机内保存,自动采集测试数据应及时在计算机内备份。观测中有异常情况应及时通知相关各方及时处理。

(3)按照资料要求及时对测试数据进行整理、分析、汇总,绘制有关分析曲线及完成有关报告。

(4)路基填筑过程中应及时整理中心沉降观测点的沉降量,当路堤中心地基处沉降观测点沉降量大于 10 mm/d 时,应及时通知工程项目部,并要求停止填筑施工,待沉降稳定后再回复填土,必要时采用卸载措施。

(5)观测数据及观测报告作为铺设无砟轨道前评判路基工后沉降是否满足要求以及工程竣工验收的依据。

6.3.2 资料整理

(1)采用统一的高速铁路线下工程沉降观测记录,做好观测数据的记录与处理。

(2)根据观测资料及时完成有关图表的绘制,主要包括每个观测点的荷载—时间—沉降曲线,沉降与时间关系如图 6-6 所示。

(3)对沉降观测资料及时分析,尤其是在预压期,要对路基沉降的发展趋势进行分析,分析意见应及时上报,以便在必要时采取补救措施。

6.3.3 资料提交

(1)施工单位及相应监理单位应将高速铁路线下结构沉降观测数据以月报形式及时上报给分析评估单位(以电子文件形式),以便进行施工过程中的沉降发展情况分析,并提出意见和建议。

(2)当观测期满足设计要求,施工单位及相应建立单位可将沉降观测数据按规定的表格形

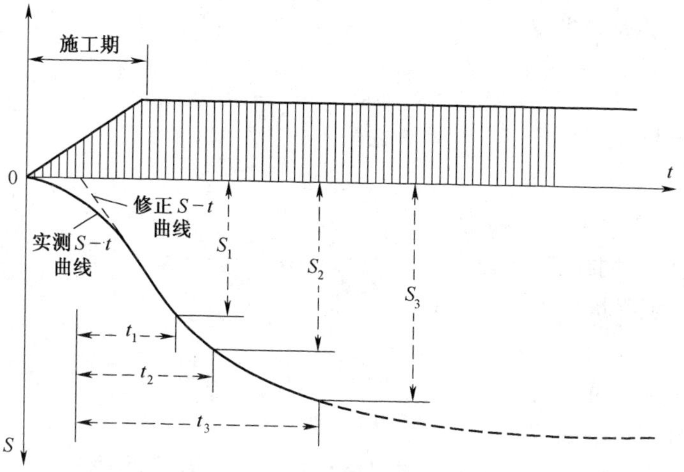

图 6-6 沉降—时间关系图

式整理后提交给评估单位进行评估，以确定是否进行下一步施工，同时提交下列相关资料：

1）观测点平面、纵断面和横断面布置图及观测控制点（水准基点、基准点、工作基点）与观测点布置图。

2）标示、标志规格及埋设图。

3）仪器检测及校正资料。

4）观测记录本（簿）。

5）平差计算、测量成果质量评定资料。

（3）当观测数据不足以评估或工后沉降评估不能满足要求时，应按评估单位的要求，采取延长观测期等措施。

6.4 路基沉降预测及变形评估

地基在荷载作用下，其沉降将随时间而发展。地基的沉降变形一般通过土体固结原理，结合各种土体的模型，计算最终沉降量。但由于各种理论计算方法本身的局限及工程地质条件的复杂性，加上钻探取样、试验方法可能导致的计算参数不准确，造成了理论分析结果只能是一个估算值，因此国内外为得到较准确的沉降值，大都通过沉降原位监测的实测资料来进行最终沉降的分析与预测。高速铁路的建设，对路基的地基勘察、加固处理、路基填筑质量均提出了高标准的要求，利用实测的荷载—时间—沉降资料进行地基沉降预测与评估，使设计估算总沉降量与通过实测资料预测的总沉降量尽可能接近。这样，一方面可为路基沉降控制提供依据，确保路基的稳定安全，同时，也有利于指导施工，实施有效的沉降控制措施。

地基沉降变形的预测，需要一定的监测时间，根据国内外的经验，一般不少于 6 个月。当监测数据不足以评估或预测沉降不能满足设计要求时，应继续监测或者采取必要的加速或控制沉降的措施，如超载预压等。

6.4.1 路基沉降预测的常用方法

1. 双曲线法

双曲线法是假定下沉平均速率以双曲线形式减少的经验推导法。从填土开始到任意时间

t 的沉降量 S_t 可用式(6-1)求得:

$$S_t = S_0 + \frac{t}{a + bt} \tag{6-1}$$

$$S_f = S_0 + \frac{1}{b} \tag{6-2}$$

式中 S_t——时间 t 时的沉降量,cm;

S_f——最终沉降量($t=\infty$),cm;

S_0——初期沉降量($t=0$),cm;

a,b——将荷载不再变化后的实测数据经过回归求得的系数。

沉降计算的具体过程如下:

(1)确定起点时间($t=0$),可取填方施工结束日为起点时间,即 $t=0$。

(2)就各实测值计算 $t/(S_t-S_0)$。

(3)绘制 t 与 $t/(S_t-S_0)$ 的关系图(图 6-7),并确定系数 a,b。

(4)计算 S_t,由双曲线关系推算出沉降(S)—时间(t)曲线(图 6-6)。

双曲线法要求恒载开始后的沉降实测时间至少 6 个月以上。

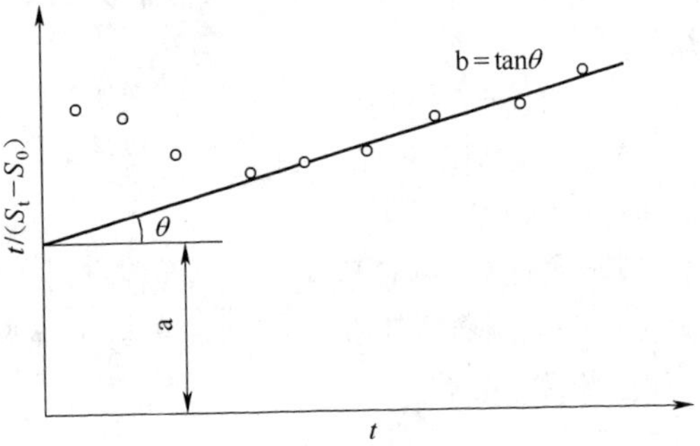

图 6-7 a、b 常数的意义

2. 指数函数法

指数函数法方程

$$S_t = (1 - Ae^{-Bt})S_f \tag{6-3}$$

式中 S_f——最终沉降量($t=\infty$),cm;

A,B——常数。

指数函数法和双曲线法简单实用,但是前提是假定荷载是一次施加或者突然施加的,这与实际情况不符,因此这两种方法尚待改进。下面的修正双曲线法、修正指数函数法将路堤荷载分为若干个加载阶段,将各级荷载增量所引起的沉降叠加。

3. 修正双曲线法与修正指数函数法

对于多级加荷、路堤沉降曲线台阶状发展的情况,可把常规的双曲线或指数函数模型拓展为:

$$S_t = \sum_{k=1}^{m}\left(S_{0k} + \frac{t}{a + bt}S_k\right) \tag{6-4}$$

$$S_t = \sum_{k=1}^{m}(1 - Ae^{-Bt})S_k \tag{6-5}$$

式中 m——加荷的总级数;

t——沉降预测时刻 t_i 到第 k 级荷载施加时刻 t_k 的时间间隔;

S_{0k}——未施加荷载增量的初始沉降量;

S_k——第 k 级荷载增量所引起的最终沉降量,当加荷速率与土层状况不变时,不考虑地基土的非线性特性,S_k 与荷载大小成正比,则有 $S_k=C\Delta P_k$,ΔP_k 为第 k 级荷载增量；

a,b,A,B,C——反映土体固结性质的参数，其与荷载的施加无关，视为常量。

上式(6-5)就变为：

$$S_t=\sum_{k=1}^{m}\left(d+\frac{t}{a+bt}\right)C\Delta P_k \tag{6-6}$$

$$S_t=\sum_{k=1}^{m}(1-Ae^{-Bt})C\Delta P_k \tag{6-7}$$

其中，$d=\dfrac{S_{0k}}{C\Delta P_k}$，根据沉降实测值，采用试算法确定式(6-3)中的参数 A、B；将已确定出的参数带回上述经验公式中，分别计算各级荷载在 t_i 时刻所引起的沉降量，将各级荷载在 t_i 时刻所引起沉降量进行叠加，即得 t_i 时刻总沉降量。如图 6-8 所示。

修正指数曲线法与修正双曲线法，还可以预测后期增加荷载(如对未设预压土地段、对后期增加的轨道及列车荷载)的沉降。设已有 m_1 级荷载有沉降监测资料，要预测 m_2 级荷载作用后的 t_i 时刻沉降，则先令 $m=m_1$，用实测资料拟合式(6-7)中的相关参数。再令 $m=m_2$，将拟合的参数代入，用以上两式中的任何一式可求得 t_i 时的沉降。参数拟合用 0.618 优选法，使各监测时刻的计算沉降与实测沉降之差的平方和最小者，即为所要求的参数。

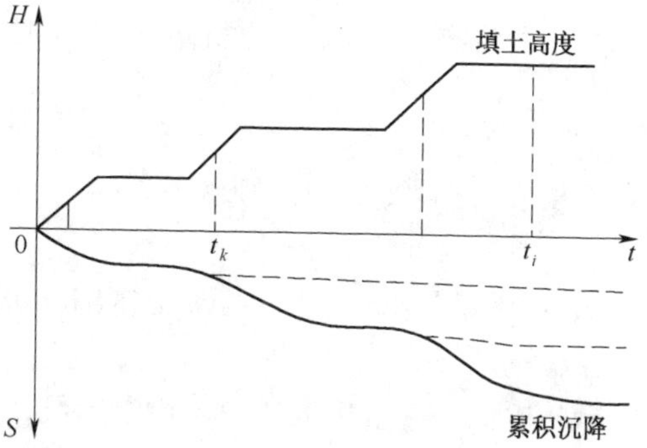

图 6-8 加荷与沉降发展曲线

对路堤，填土荷载宽度随路堤的升高而变小。荷载增量在地基中应力扩散影响的深度也变小。考虑这一因素，参照分层总和法计算沉降的原理，认为与沉降直接相关的是地基中的附加应力。沉降与附加应力沿深度分布图的面积成正比，而不是与作用在地面的荷载强度成正比，因此对不同荷载宽度，按在地基中相应的附加应力沿深度分布图的面积比，将上部填土荷载打折来计算沉降。

4. 泊松曲线法

泊松曲线预测模型也称 Logistic 预测模型，是一种属于增长类型的模型，反映事物发生、发展、成熟，然后达到一定极限的过程。宰金珉在研究沉降与时间的关系时发现，全过程的沉降量与时间的关系包括两个方面：一是 S—t 曲线不通过原点；二是 S—t 曲线呈“S”形。

(1)不通过原点的机理分析。对于饱和土来说，在荷载作用下会立即发生瞬时沉降(亦称初始沉降或不排水沉降)。其变形是在体积不变情况下由负载区域下的剪应变引起的。当黏土的渗透性很低时，则几乎不发生排水。在荷载中心线下，垂直压缩和侧向膨胀同时发生，这一沉降的组成部分更确切地说应是侧向的屈服。对非饱和土，荷载施加后，空隙中的气体可立即压缩，土骨架可变形，故开始荷载就由骨架、水和气三者来承担。随着水和气的排出，骨架进一步压缩，水和气的应力逐渐转移到骨架上。这表现到沉降过程线上存在一个瞬时的沉降，且饱和度愈小，初始沉降愈大。对工程上所涉及的土，通常都遭到扰动，在荷载的作用下也会存在瞬时沉降。综上所述，由于初始沉降的存在，故不通过原点。

(2)“S”形机理分析。成长曲线反映的实际上是事物的发生、发展、成熟并达到一定极限的过程。这一点和荷载逐步增加与测点逐步发生沉降的关系十分相似。加载过程中的沉降也可分为以下四个阶段。

1)发生阶段。在刚加载时,测点的土体尚处于弹性状态。随着荷载的增加,测点的沉降量近乎线性增加。

2)发展阶段。随着荷载的不断加大,测点土体所受的荷载也越来越大,并使其逐步进入到弹塑性状态。随着塑性区的不断开展,测点的沉降速率也在不断地增加,直到荷载不再增加为止。

3)成熟阶段。当荷载不再增加时,由于固结尚未完成以及土体的流变,测点的沉降将随着时间的推移而继续,但沉降速率递减。

4)到达极限。理论上讲,当时间为无穷大时,到达极限状态。事实上,取 t 足够大即可。如对于公路,t 取填筑完成后 15 年;而对于建筑物,t 取 5 年即可。

泊松曲线有人也称之为饱和曲线。在时间序列预测中,泊松曲线的表达式为

$$S_{\mathrm{t}}=\frac{k}{1+\mathrm{a}e^{-\mathrm{b}t}} \tag{6-8}$$

式中 S_{t}——t 时刻对应的预测值,cm;

t——时间,年;

a,b,k——待定参数且为正(a 无量纲,b 的单位为时间的倒数,k 的单位为与 S_{t} 相对应的长度单位)。

利用时间序列求出上述三个待定参数,即可建立泊松曲线方程,从而可以对 S_{t}进行预测。

5. 其他方法

路基沉降预测在实际中还可能会运用其他方法,如:三点法(固结度对数配合法)、抛物线法、沉降速率法、星野法、灰色理论和人工神经网络法等。

6.4.2 路基沉降变形评估

根据施工的进展情况,分阶段提出评估报告,可以很好地指导路基的动态设计与施工。

1. 调整预压期

路基填筑(包括预压土)完成至铺轨为预压期,设计预压期可根据理论计算的沉降量、允许工后沉降量及允许第一年沉降速率确定。此时,应满足:

$$S_{计\infty}-S_{计预}<S_{工后} \tag{6-9}$$

$$S_{(计预+1)}-S_{计预}<S_{速率} \tag{6-10}$$

式中 $S_{计\infty}$——理论计算最终沉降量,cm;

$S_{计预}$——至设计预压期时的沉降量,cm;

$S_{(计预+1)}$——至设计预压期一年后的沉降量,cm;

$S_{工后}$——允许工后沉降量,cm;

$S_{速率}$——允许工后第一年沉降速率。

施工时,根据工期安排,如实际预压期不能满足设计要求,可根据现场实测的沉降数据推算未来沉降,并据此调整预压土高度。调整预压土高度及预压土卸载时,应满足以下条件:

$$S_{推\infty}-S_{推预}<S_{工后} \tag{6-11}$$

$$S_{(推预+1)}-S_{推预}<S_{速率} \tag{6-12}$$

式中 $S_{推\infty}$——由实测资料推算的最终沉降量,cm;

$S_{推预}$——由实测资料推算至设计预压期时的沉降量,cm;

$S_{(推预+1)}$——由实测资料推算至设计预压期一年后的沉降量,cm。

2. 基床底层顶面抬高值的确定

在填筑级配碎石前,可对全线路基进行沉降分析,并根据沉降预测结果,调整基床底层顶面抬高值。抬高值的调整依据可按下面公式确定:

$$\Delta_1 = S_{交验} - S_1 \tag{6-13}$$

式中 Δ_1——基床底层顶面抬高值,cm;

$S_{交验}$——由实测资料推算至交验时的沉降量,cm;

S_1——由实测资料推算至设置基床底层顶面抬高值时的沉降量,cm。

3. 路肩抬高值的确定

基床表层施工完和交验一般并不同时,为保证交验时路肩高程满足要求,可以设置路肩抬高值。抬高值的计算按下式进行:

$$\Delta_2 = S'_{交验} - S_2 \tag{6-14}$$

式中 Δ_2——路肩抬高值,cm;

$S'_{交验}$——由实测资料推算至交验时的沉降量,cm;

S_2——由实测资料推算至设置路肩抬高值时的沉降量,cm。

基床底层顶面高程和路肩高程验收标准为一范围值,实际确定基床底层顶面和路肩抬高值时,应将交验标准与计算抬高值进行比较,当计算抬高值超出交验标准的允许范围时,方设置抬高。具体设置时,既要保证满足交验标准、路基工后沉降和沉降速率的要求,又要考虑施工因素,综合分析确定。

4. 铺轨前路基评估

高速铁路交验标准较高,对基床底层、表层、路基高程及道砟厚度等都有严格标准,对土质路基的工后沉降和沉降速率同样要求严格。

根据路基沉降预测结果可以确定铺轨后的路基工后沉降。工后沉降的评估应结合路基各监测断面以及相邻桥(涵)隧的沉降预测情况,从线路整体上进行评价。当预测的路基工后沉降值满足相应的沉降、沉降速率等标准时,方可进行上部轨道结构的铺设施工。

评估工作应根据下列资料综合分析:

1)路基沉降监测资料。

2)路基地段的线路设计纵断面图、工程地质纵横断面图、设计图纸和说明书、沉降计算报告(包括不同阶段的设计沉降值与时间的关系曲线)等相关设计资料。

3)施工过程、施工核查及填料、级配、地基和压实检验情况等施工资料。

4)施工质量控制过程和抽检情况等监理资料。

根据德国高速铁路的建设经验,一般先根据实测观测数据作多种曲线回归分析,当某种曲线作为预测曲线时,曲线回归的相关系数应不低于0.92,所确定的沉降变形趋势才是稳定的;间隔不少于一定时间(一般3个月)的两次预测,其最终沉降的差值不大于8 mm时,说明预测是可靠的。但要达到工后沉降的准确预测,还要求铺轨时间 t 应满足下列条件:

$$S(t)/S(t=\infty) \geqslant 75\% \tag{6-15}$$

式中 $S(t)$——预测时的沉降监测值,mm;

$S(t=\infty)$——预测的最终沉降值,mm。

6.4.3 工程实例

1. 工程概况

京津城际轨道交通工程,线路长度 116.55 km,全线共有 6 段路基,总计 16.25 km,主要分布在北京市二环以内,亦庄、永乐、武清车站以及天津市内。路堤填高 0~10 m,路基面宽度 13.6~38.5 m,地基均为软土及松软土。

结合沿线的地质、施工条件,地基主要采用 CFG 桩、PHC 管桩或钢筋混凝土灌注桩等进行加固处理,桩顶设碎石垫层加土工格栅的复合褥垫层或钢筋混凝土板结构。路基基床表层 0.4 m 范围填筑级配碎石,基床底层及以下填筑 A、B 组土,并按照要求进行分层压实。考虑到施工工期短,故采用堆载高度 3.5 m(必要时加高堆载高度)的预压方式促进路基工前沉降发生,设计要求预压时间不少于 8 个月。

2. 沉降监测断面及监测点布置

(1)根据地形地质条件、地基处理措施、路堤高度、堆载预压高度等具体情况,一般顺线路方向每 50 m 设置监测断面 1 处;每个路桥过渡段设置 2 个监测断面,分别设置于距离桥台 5 m 及 20 m 处;每个路堤与横向结构物过渡段中部设置 1 个监测断面。

(2)路堤高度 $H \geqslant 1.0$ m 时,监测断面设置剖面沉降管、监测桩及沉降板,设置挡土墙地段于线路两侧墙顶中部各设置不锈钢沉降监测标 1 处;路堤高度 $H<1.0$ m 时不设置剖面沉降管。

(3)剖面沉降管在桩顶混凝土板或加筋垫层施工完毕后,填土至 0.6 m 高度碾压密实后切槽埋设。沉降管敷设完成后,在两头设置 0.5 m×0.5 m×0.95 m 的 C15 素混凝土保护墩。并于一侧管口处设置监测桩,监测桩采用 C15 素混凝土灌注,断面为 0.5 m×0.5 m×1.0 m,并在桩顶预埋不锈钢监测标。

(4)沉降板于预压土施工前设置,预压土卸载时随预压土一起撤除。

(5)沉降板撤除、轨道板施工后应在轨道板相应位置选择测点(可结合轨道沉降监测进行)继续进行监测。

(6)京津城际轨道交通全线路基共布置 337 个沉降监测断面。

3. 路基沉降监测方法、周期与精度

(1)监测方法。

1)横剖面沉降。采用滑动式剖面沉降测试压力计和水准仪进行横剖面沉降监测。每次监测时,首先用水准仪测出横剖面管一侧的监测桩顶高程,再把滑动式剖面沉降测试压力计放置于监测桩顶测量初值,然后用横剖仪测量各测点,每 1.0 m 测量一点。

2)沉降板。采用水准测量方法,按测量精度要求和频次定期监测沉降板测杆顶面测点高程。沉降板监测时应在测杆头上套一个专用的测量帽。测量帽下部以刚好套入测杆为宜,测量帽上部以中心为一半球型的测点。在沉降板测杆接高时应同时测量接高前后的测杆高程。

3)监测桩。采用水准测量方法,按测量精度要求和频次定期监测路肩监测桩顶面测点高程。

(2)监测频次。施工期间一般每填筑一层进行一次监测,如果两次填筑时间间隔较长时,每天至少监测一次。路堤填筑完成后前 3 个月每 5 d 监测 1 次,3 个月后每 7~15 d 监测一次，半年后一个月监测1次，以后根据监测情况调整监测周期，并及时整理绘制“填土—时间—沉降”曲线图，监测应持续到工程验收交由运营管理部门继续监测。

(3)监测精度。高程测量按照国家二等水准要求测量；剖面沉降监测的精度不低于8 mm/30 m，滑动式剖面沉降测试压力计最小读数不大于0.1 mm，剖面沉降管沿横断面方向每1.0 m设置一个测点。

(4)其他要求。

1)为了监测到各部位的沉降，从路基填土开始，沉降监测也随即进行。基床表层的级配碎石铺设完成后，按照相关要求埋设正式的沉降监测桩，开始监测路基沉降。

2)沉降设备的埋设是在施工过程中进行的，施工单位的填筑施工要与设备的埋设做好协调，做到互不干扰、影响。监测设施的埋设及沉降监测工作应按要求进行，不能影响路基填筑质量。

3)监测过程中发现异常必须及时查明原因，尽快妥善处理。

4. 评估方法和判定标准

(1)评估方法。京津城际轨道交通工程路基沉降监测评估，主要采用双曲线法、指数曲线法、修正指数曲线法、修正双曲线法与星野法。

(2)评估判定标准。

1)根据路基填筑完成或堆载预压后不少于6个月(考虑工期紧张，部分地段实际按3个月)的实际监测数据作多种曲线的回归分析，确定沉降变形的趋势，曲线回归的相关系数不应低于0.92。

2)沉降预测的可靠性应验证，间隔不少于3个月的两次预测的最终沉降差值不大于8 mm。

3)路基填筑完成或堆载预压后，要求开始铺轨的时间t应满足式(6-15)，即：

$$S(t)/S(t=\infty)\geqslant 75\%$$

4)路基沉降的评估应结合路基各监测断面以及相邻桥涵的沉降预测情况进行，预测的路基工后沉降值不应大于15 mm；沉降比较均匀、长度大于20 m的路基，允许的最大工后沉降量为30 mm，并且调整轨面高程后的竖曲线半径应能满足下列要求：

$$R_{sh}\geqslant 0.4v_{sj}^2 \tag{6-16}$$

式中 R_{sh}——轨面圆顺的竖曲线半径，m；

v_{sj}——设计最高速度，km/h。

5)桥涵基础的沉降量按恒载计算，其工后沉降量应符合如下规定。

①墩台基础工后沉降量：墩台均匀沉降量 ≤20 mm；相邻墩台沉降量之差≤5 mm。

②涵洞工后沉降量：涵洞工后沉降量≤15 mm。

6)路桥、路涵交界处的差异沉降不应大于5 mm，过渡段沉降造成的路基与桥梁的折角不应大于1/1 000。

5. 武清站路基沉降变形评估

下面以武清站内DK82＋600～DK83＋252段路基的阶段评估工作为例，介绍路基沉降监测与评估的方法与过程。

(1)武清站路基概况。

1)地基的地层岩性。地表局部分布杂填土和素填土，下为河床～河漫滩相沉积层及湖沼相沉积层，主要岩性为淤泥质粉质黏土、黏土、粉质黏土、粉土及粉细砂，主要为灰褐色、黄褐色、褐黄色，底板埋深一般 4～8 m，层厚一般 4～6 m；浅海相层，主要岩性为淤泥、淤泥质黏土、黏土、粉质黏土、粉土、粉砂，以灰色、灰褐色为主，局部灰黑色，顶板埋深一般 4～8 m，底板一般埋深 12～15 m，层厚 5～10 m，含贝壳，含腐殖质；沼泽相和河床～河漫滩相沉积，主要岩性为粉质黏土、黏土、粉土，粉砂，以褐黄色、灰黄色为主，顶板埋深一般 12～15 m，底板埋深一般 25～29 m，层厚一般 3.5～18 m；滨海～潮汐带相沉积，主要岩性为黏土、粉质黏土，夹粉土、粉砂，以灰色、灰褐色、灰黄色为主，顶板埋深一般 25.0～29.0 m，底板一般埋深 30～33 m，层厚一般2～5 m，含贝壳。

2)地基加固处理。路堤填高 4.4～6.6 m，采用 CFG 桩加固，桩径 0.4 m，深度 28 m，间距 1.5 m×1.5 m，路堤坡脚处 2～3 排桩横向间距适当加大，桩顶设置 0.5 m 厚钢筋混凝土板。

3)施工进度。预压土填筑高度 3.5 m，填筑、卸载进度见表 6-4。

表 6-4 预压土填筑、卸载时间

起讫里程	预压土填筑完成时间	卸载时间	预压时间(d)	底座板浇筑完成时间	铺轨时间
DK82＋600～DK83＋252	2007-1-8	2007-7-13	184	2007-8-9	2007-12-12

(2)沉降变形预测。分析对象主要为堆载预压实测监测数据超过 6 个月的 17 个监测断面。现仅列出 4 个代表性断面，对沉降板监测数据采用双曲线法进行沉降预测。

1)其监测数据经整理后如图 6-9～图 6-12 所示。

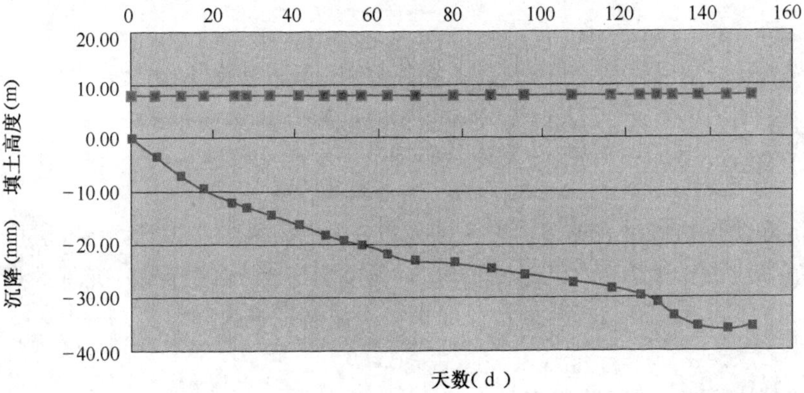

图 6-9 DK82＋600 沉降板时间－沉降曲线

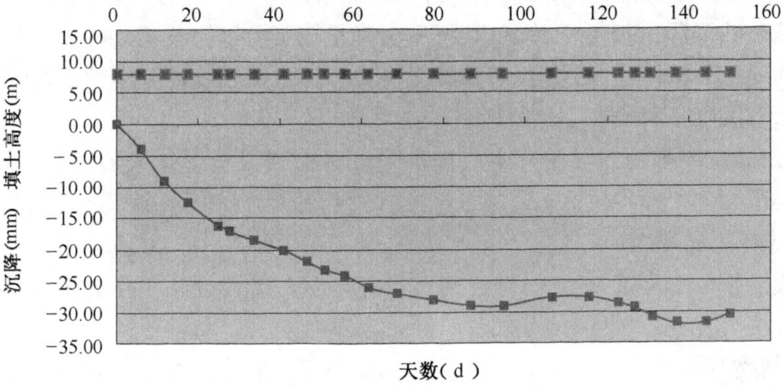

图 6-10 DK82＋750 沉降板时间－沉降曲线

2)预测结果见表 6-5、表 6-6。

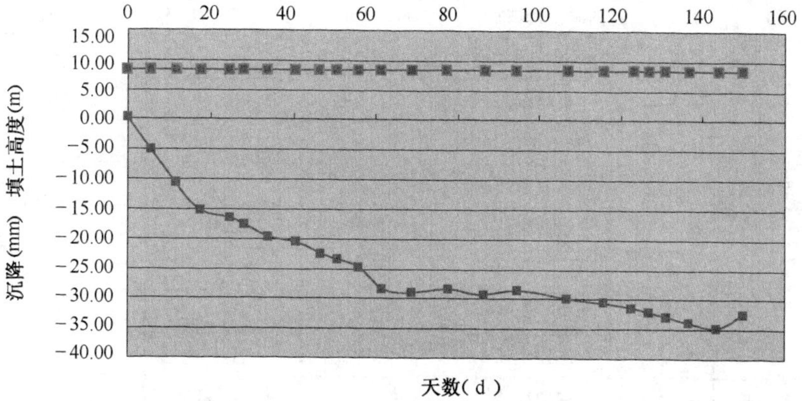

图 6-11 DK83+050 沉降板时间—沉降曲线

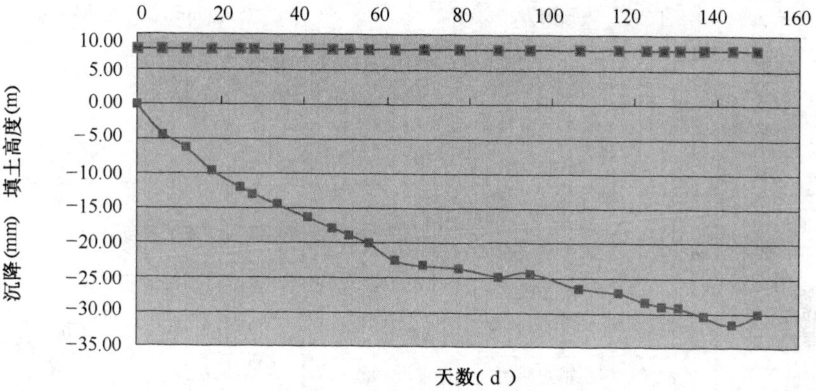

图 6-12 DK83+250 沉降板时间—沉降曲线

表 6-5 监测资料预测结果汇总表(一)

断面里程	监测类型	测量位置	预测方法	已发生沉降(mm)	预测沉降(mm)	工后沉降(mm)	相关系数
DK82+600	剖面管	路肩	修正指数法	27.80	32.80	5.00	0.978
			修正双曲线法		41.90	14.10	0.981
			双曲线法		41.90	14.10	0.977
		中心	修正指数法	29.70	41.60	11.90	0.971
			修正双曲线法		47.50	17.80	0.971
			双曲线法		47.10	17.40	0.950
		路肩	修正指数法	32.00	38.40	6.40	0.968
			修正双曲线法		46.00	14.00	0.974
			双曲线法		42.38	10.38	0.980
	沉降板	中心	双曲线法	35.50	54.78	19.28	0.975

续上表

断面里程	监测类型	测量位置	预测方法	已发生沉降(mm)	预测沉降(mm)	工后沉降(mm)	相关系数
DK82+750	剖面管	路肩	修正指数法	32.30	32.70	0.40	0.993
			修正双曲线法		44.10	11.80	0.986
			双曲线法		43.82	11.52	0.980
		中心	修正指数法	30.90	30.90	0.00	0.993
			修正双曲线法		32.10	1.20	0.986
			双曲线法		42.84	11.94	0.977
		路肩	修正指数法	33.20	33.20	0.00	0.994
			修正双曲线法		44.90	11.70	0.992
			双曲线法		47.91	14.71	0.970
	沉降板	中心	双曲线法	30.80	39.67	8.87	0.992

表 6-6　监测资料预测结果汇总表(二)

断面里程	监测类型	测量位置	预测方法	已发生沉降(mm)	预测沉降(mm)	工后沉降(mm)	相关系数
DK83+050	剖面管	路肩	修正指数法	30.20	32.40	2.20	0.994
			修正双曲线法		43.10	12.90	0.987
			双曲线法		40.89	10.69	0.985
		中心	修正指数法	33.90	33.90	0.00	0.992
			修正双曲线法		43.10	9.20	0.987
			双曲线法		44.03	10.13	0.972
		路肩	修正指数法	37.80	37.80	0.00	0.985
			修正双曲线法		44.80	7.00	0.981
			双曲线法		42.29	4.49	0.976
	沉降板	中心	双曲线法	32.90	42.12	9.22	0.996
DK83+250	剖面管	路肩	修正指数法	28.70	30.80	2.10	0.980
			修正双曲线法		38.70	10.00	0.980
			双曲线法		36.83	8.13	0.978
		中心	修正指数法	28.30	32.80	4.50	0.987
			修正双曲线法		41.80	13.50	0.980
			双曲线法		38.92	10.62	0.978
		路肩	修正指数法	30.00	33.20	3.20	0.984
			修正双曲线法		45.00	15.00	0.981
			双曲线法		41.74	11.74	0.967
	沉降板	中心	双曲线法	30.30	44.12	13.82	0.994

3)根据以上监测、预测结果及相关资料并借助相关软件(理正软件)绘制了纵断面方向实测及预测沉降曲线,如图 6-13～图 6-16 所示。

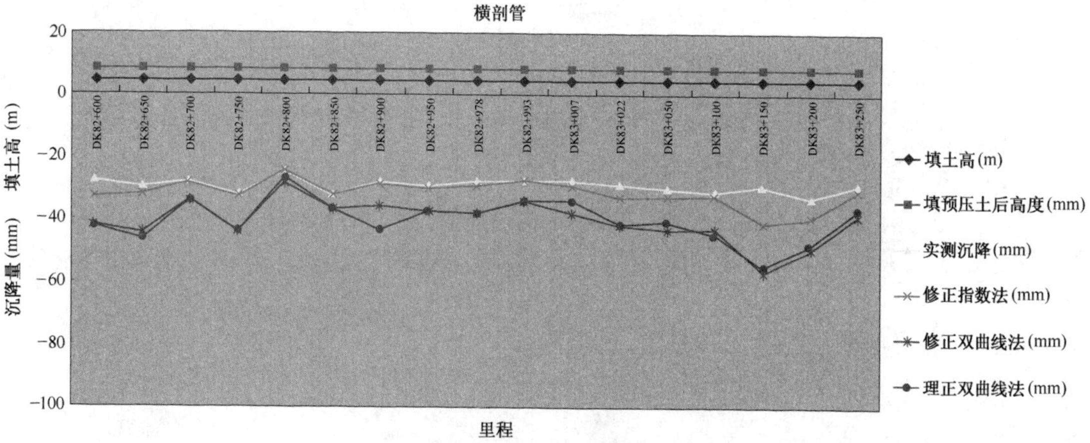

图 6-13 线路纵向沉降(左侧路肩)预测曲线

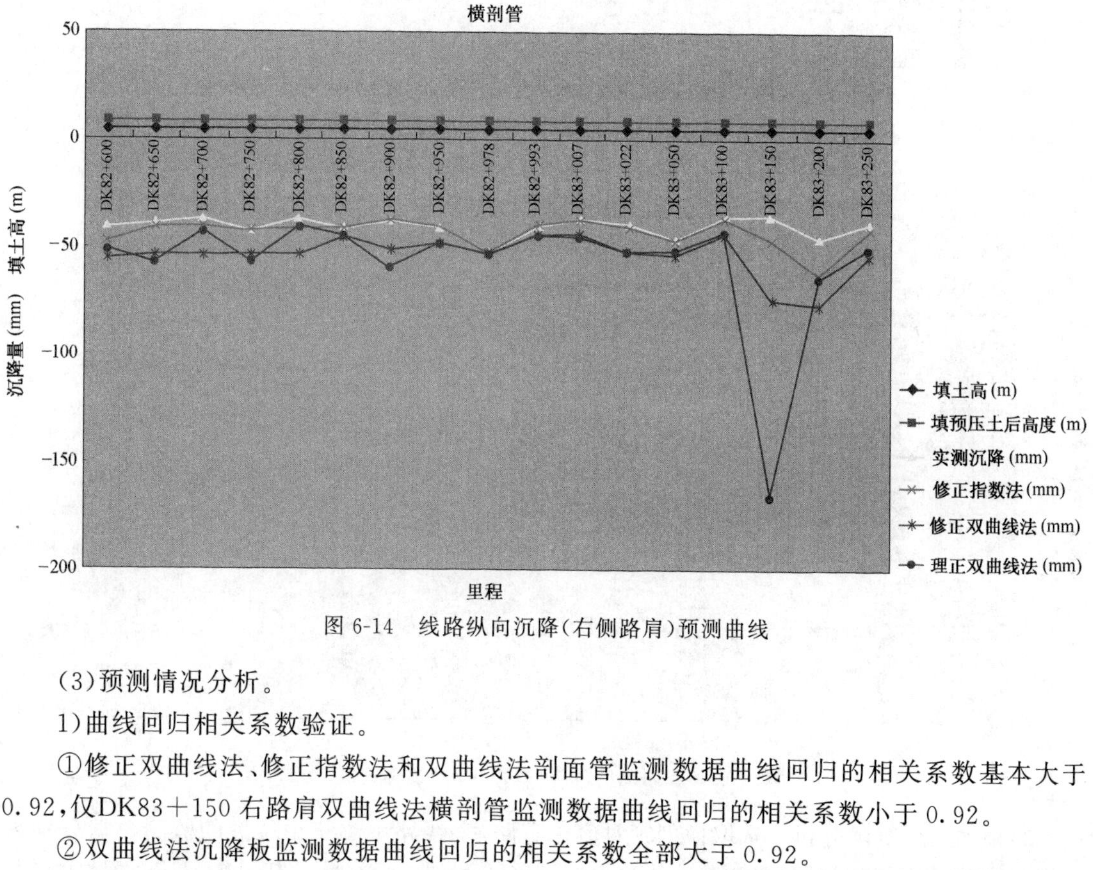

图 6-14 线路纵向沉降(右侧路肩)预测曲线

(3)预测情况分析。

1)曲线回归相关系数验证。

①修正双曲线法、修正指数法和双曲线法剖面管监测数据曲线回归的相关系数基本大于0.92,仅DK83+150右路肩双曲线法横剖管监测数据曲线回归的相关系数小于0.92。

②双曲线法沉降板监测数据曲线回归的相关系数全部大于0.92。

从以上数据可以看出,各种方法预测曲线回归的相关性较好,修正指数法的预测数据较其他两种方法的预测结果偏小。

2)沿线路纵向预测情况分析。根据沉降板监测数据采用双曲线法预测的填筑预压土后最终沉降值和工后沉降在线路纵向起伏相对较小;根据横剖面管监测数据预测最终沉降和工后沉降在线路纵向起伏较大。

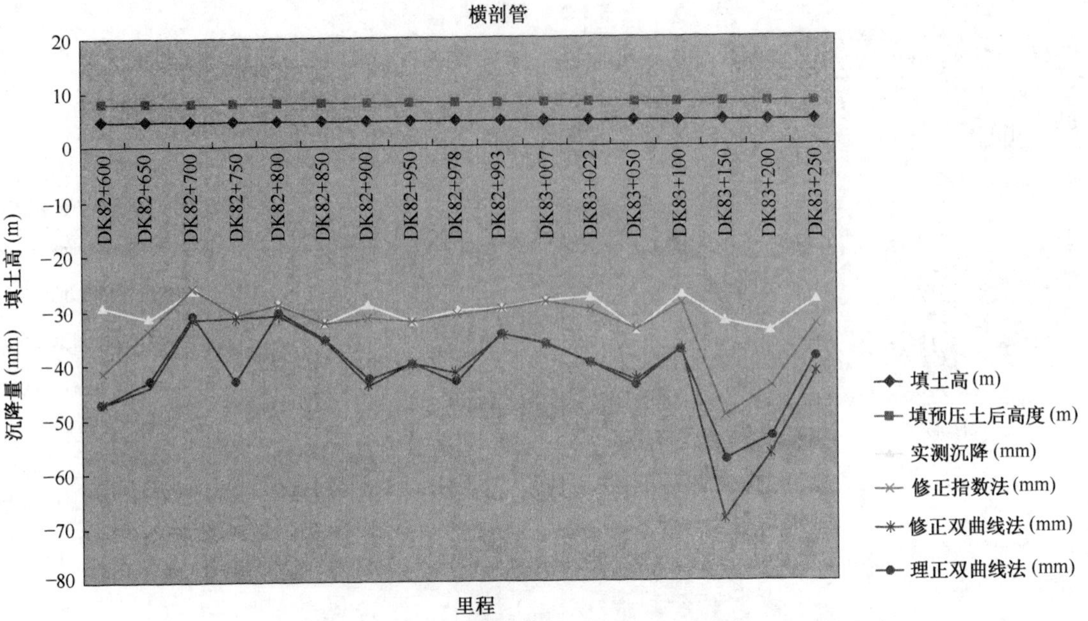

图 6-15 线路纵向沉降(线路中心)预测曲线一

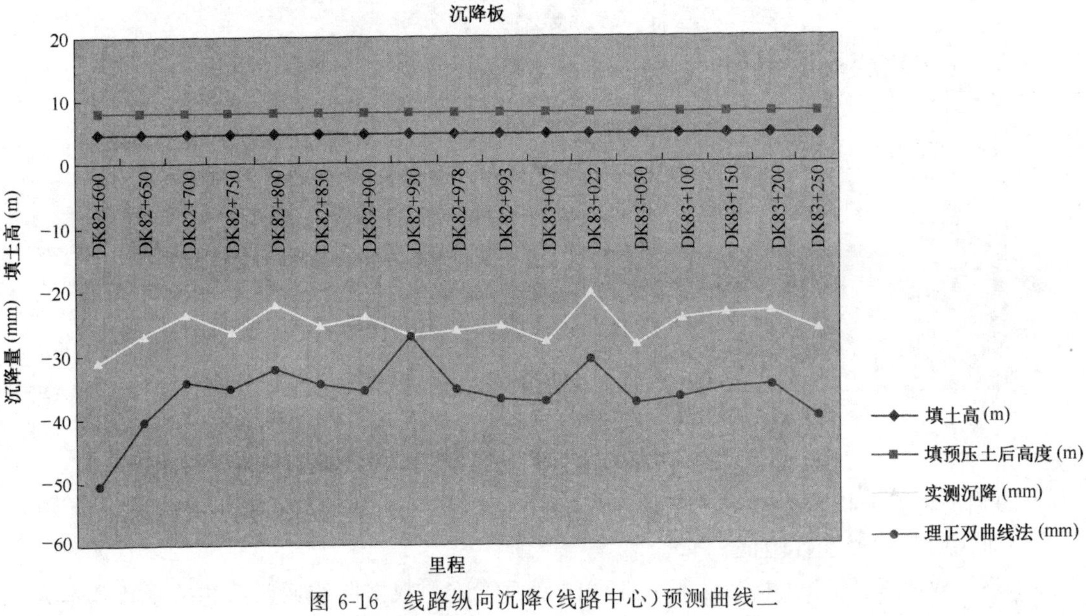

图 6-16 线路纵向沉降(线路中心)预测曲线二

3)预测工后沉降分析。选取横剖管对应左右路肩、线路中心三个位置的监测数据分别采用修正双曲线法、修正指数法和双曲线法进行沉降预测的工后沉降值超过 15 mm 的监测点共计 23 处,占 15%。

选取沉降板监测数据采用双曲线法进行沉降预测的工后沉降值超过 15 mm 的监测断面 1 处,占 6%。

(4)结论。各种回归曲线的相关系数较好,预测工后沉降值大部分小于 15 mm,但仍有部分大于15 mm,故本段尚未完全满足卸载条件,应继续预压一段时间。

参 考 文 献

[1] 中华人民共和国铁道部．TB 10751—2010 高速铁路路基工程施工质量验收标准．北京：中国铁道出版社，2010.

[2] 中华人民共和国铁道部．TB 10102—2010 铁路工程土工试验规程．北京：中国铁道出版社，2010.

[3] 中华人民共和国铁道部．TB 10001—2005 铁路路基设计规范．北京：中国铁道出版社，2005.

[4] 中华人民共和国铁道部．铁建设〔2010〕241 号 高速铁路路基工程施工技术指南．北京：中国铁道出版社，2010.

[5] 中华人民共和国铁道部．建技〔2009〕185 号 铁路路基工程施工作业要点示范卡片．北京：中国铁道出版社，2009.

[6] 建筑材料科学研究总院．GB 175—2007 通用硅酸盐水泥．北京：中国标准出版社，2007.

[7] 中华人民共和国铁道部．TB 10601—2009 高速铁路工程测量规范．北京：中国铁道出版社，2009.

[8] 中华人民共和国铁道部．TB 10424—2010 铁路混凝土工程施工质量验收标准．北京：中国铁道出版社，2010.

[9] 杜永昌，等．高速与客运专线铁路施工工艺手册．北京：科学技术文献出版社，2006.

[10] 中华人民共和国铁道部．TB 10414—2003 铁路路基工程施工质量验收标准．北京：中国铁道出版社，2003.

[11] 薛吉岗．客运专线铁路工程施工质量验收标准运用指南．北京：中国铁道出版社，2005.

[12] 中华人民共和国铁道部．客运专线铁路工程施工质量验收标准使用手册．北京：中国铁道出版社，2007 年．

[13] 中华人民共和国国家质量监督检验检疫总局．GB/T 5224—2003 预应力混凝土用钢绞线．北京：中国标准出版社，2003.

[14] 中华人民共和国铁道部．TB/T 3193—2008 铁路工程预应力筋用夹片式锚具、夹具和连接器技术条件．北京：中国铁道出版社，2008.

[15] 中华人民共和国国家质量监督检验检疫总局．GB 12523—2011 建筑施工场界环境噪声排放标准．北京：中国环境科学出版社，2011.

[16] 中华人民共和国铁道部．TB 10118—2006 铁路路基土工合成材料应用技术规范．北京：中国铁道出版社，2006.

[17] 中华人民共和国铁道部．建技〔2003〕7 号 铁路路基边坡绿色防护技术暂行规定．北京：中国铁道出版社，2003.

[18] 屈晓辉，崔俊杰．客运专线铁路路基设计技术．北京：人民交通出版社，2008.

[19] 林宗元．岩土工程试验监测手册．沈阳：辽宁科学技术出版社，1993.

[20] 天津大学、天津市建筑设计院．DB 29—20—2000 岩土工程技术规范（天津）．北京：中国建筑工业出版社，2000.

[21] 中华人民共和国住房和城乡建设部．JGJ79—2012 建筑地基处理技术规范．北京：中国建筑工业出版社，2012.

[22] 郑昕，苏向东，肖作声．德国高速铁路路基简介．铁道建筑技术，1994，(4).

[23] 李殿龙．日本新干线路基的设计与施工．中国铁路，1998，(9).

[24] 刘晓骏,等译.日本高速铁路路基设计及施工控制技术.北京:知识产权出版社.1998.

[25] 龚晓南.地基处理技术发展与展望.北京:中国水利水电出版社,2004.

[26] 铁道科学研究院.铁建设〔2005〕754号 客运专线无砟轨道铁路设计指南.北京:中国铁道出版社,2005.

[27] 铁道科学研究院.铁建设〔2006〕158号 客运专线铁路无砟轨道铺设条件评估技术指南.北京:中国铁道出版社,2006.

[28] 铁道第二勘察设计院.铁建设〔2006〕189号 客运专线无砟轨道铁路工程测量暂行规定.北京:中国铁道出版社,2006.

[29] 中华人民共和国铁道部.TB 10035—2006 铁路特殊路基设计规范.北京:中国铁道出版社,2006.

[30] 国家测绘局.GB/T 12897—2006 国家一、二等水准测量规范.北京:中国标准出版社,2006.

[31] 中华人民共和国交通运输部.JTG F10—2006 公路路基施工技术规范.北京:人民交通出版社,2006.

[32] 中铁二局股份有限公司.土木工程施工工艺:路基路面工程.北京:中国铁道出版社,2009.

[33] 陈忠达.公路挡土墙设计与施工及国家标准图集实施手册.北京:人民交通出版社,2008.